纺织高等教育“十一五”部委级规划教材
纺织服装经济与管理系列高等教材

纺织服装质量控制与管理

王亚超　主　编
吴　韫　刘　荣　副主编

中国纺织出版社

内 容 提 要

本书结合纺织服装业质量管理的特点，在全面论述现代质量管理原理的基础上，结合国内外的最新成果，以全面质量管理为基础，以质量控制、质量改进为主线，系统介绍了现代质量管理的基本理论和方法。结构上力求系统性、实用性和先进性相结合；选材上以管理原理为主，全面反映现代质量管理的最新进展；撰写方式上力求新颖，理论与案例结合，强调纺织服装企业的案例分析。

本书适合于纺织服装业经济、管埋类本科各专业的学生及相应层次各类学员，以及纺织服装企业的管理者和从事纺织服装企业质量管理咨询的工作者使用。

图书在版编目(CIP)数据

纺织服装质量控制与管理/王亚超主编. —北京：中国纺织出版社，2009.5（2024.2重印）
纺织高等教育"十一五"部委级规划教材
（纺织服装经济与管理系列高等教材）
ISBN 978-7-5064-5570-1
Ⅰ.纺… Ⅱ.王… Ⅲ.①纺织工业—工业企业管理：质量管理—高等学校—教材②服装工业—工业企业管理：质量管理—高等学校—教材 Ⅳ.TS941 F407.816.3 F407.866.3
中国版本图书馆 CIP 数据核字(2009)第 034010 号

策划编辑：崔俊芳 责任编辑：赫九宏 责任校对：余静雯
责任设计：李 然 责任印制：何 艳

中国纺织出版社有限公司出版发行
地址：北京市朝阳区百子湾东里 A407 号楼 邮政编码：100124
销售电话：010—67004422 传真：010—87155801
http://www.c-textilep.com
中国纺织出版社天猫旗舰店
官方微博 http://weibo.com/2119887771
北京虎彩文化传播有限公司印刷 各地新华书店经销
2024 年 2 月第 5 次印刷
开本：787×1092 1/16 印张：14.25
字数：285 千字 定价：36.00 元

出版者的话

全面推进素质教育，着力培养基础扎实、知识面宽、能力强、素质高的人才，已成为当今本科教育的主题。教材建设作为教学的重要组成部分，如何适应新形势下我国教学改革要求，与时俱进，编写出高质量的教材，在人才培养中发挥作用，成为院校和出版人共同努力的目标。2005年1月，教育部颁发了教高[2005]1号文件"教育部关于印发《关于进一步加强高等学校本科教学工作的若干意见》"（以下简称《意见》），明确指出我国本科教学工作要着眼于国家现代化建设和人的全面发展需要，着力提高大学生的学习能力、实践能力和创新能力。《意见》提出要推进课程改革，不断优化学科专业结构，加强新设置专业建设和管理，把拓宽专业口径与灵活设置专业方向有机结合。要继续推进课程体系、教学内容、教学方法和手段的改革，构建新的课程结构，加大选修课程开设比例，积极推进弹性学习制度建设。要切实改变课堂讲授所占学时过多的状况，为学生提供更多的自主学习的时间和空间。大力加强实践教学，切实提高大学生的实践能力。区别不同学科对实践教学的要求，合理制订实践教学方案，完善实践教学体系。《意见》强调要加强教材建设，大力锤炼精品教材，并把精品教材作为教材选用的主要目标。对发展迅速和应用性强的课程，要不断更新教材内容，积极开发新教材，并使高质量的新版教材成为教材选用的主体。

随着《意见》出台，教育部组织制订了普通高等教育"十一五"国家级教材规划，并于2006年8月10日正式下发了教材规划，确定了9716种"十一五"国家级教材规划选题，我社共有103种教材被纳入国家级教材规划。在此基础上，中国纺织服装教育学会与我社共同组织各院校制订出"十一五"部委级教材规划。为在"十一五"期间切实做好国家级及部委级本科教材的出版工作，我社主动进行了教材创新型模式的深入策划，力求使教材出版与教学改革和课程建设发展相适应，充分体现教材的适用性、科学性、系统性和新颖性，使教材内容具有以下三个特点：

（1）围绕一个核心——育人目标。根据教育规律和课程设置特点，从提高学生分析问题、解决问题的能力入手，教材附有课程设置指导，并于章首介绍本章知识点、重点、难点及专业技能，增加相关学科的最新研究理论、研究热点或历史背景,章后附形式多样的思考题等,提高教材的可读性,增加学生学习兴趣和自学能力,提升学生科技素养和人文素养。

(2)突出一个环节——实践环节。教材出版突出应用性学科的特点,注重理论与生产实践的结合,有针对性地设置教材内容,增加实践、实验内容。

(3)实现一个立体——多媒体教材资源包。充分利用现代教育技术手段,将授课知识点制作成教学课件,以直观的形式、丰富的表达充分展现教学内容。

教材出版是教育发展中的重要组成部分,为出版高质量的教材,出版社严格甄选作者,组织专家评审,并对出版全过程进行过程跟踪,及时了解教材编写进度、编写质量,力求做到作者权威,编辑专业,审读严格,精品出版。我们愿与院校一起,共同探讨、完善教材出版,不断推出精品教材,以适应我国高等教育的发展要求。

中国纺织出版社

教材出版中心

纺织服装经济与管理系列高等教材

编写委员会

（按姓氏笔画排序）

Foreword

前 言

产品质量是经济发展水平的表现，与社会利益、企业利益和消费者利益息息相关。质量是企业核心竞争力的基础，没有高质量的人才队伍以及高质量的产品和服务，企业将无法获得顾客和占领市场。质量管理是提升企业竞争力的主要内容，是企业管理工作永恒的主题。

质量管理是企业经营管理中重要的一环，只有建立良好的质量管理制度，企业才能在不断创新的基础上，保持质量的竞争优势。中国企业在原有的生产方式下的质量管理理念及模式与先进生产方式的要求相差很远，因此，加强质量管理，提高企业的质量管理水平是企业的当务之急。

从20世纪80年代至今，我国纺织服装加工企业已达5万多家，加工从业人员已达400多万人，终端销售人员多达4000多万人，平均1个人的产量有10个人在卖。由于纺织服装行业市场准入门槛低，企业的兴衰更替较为频繁。面对今天消费者逐渐成熟，市场竞争更加激烈的背景下，若想更好、更快捷地发展企业，就必须有一套行之有效的管理理论作为企业发展的指导。

纺织服装加工工艺技术日趋复杂，且需要有经验的人员，但企业激励机制滞后。因此，提高品质管理水平、降低生产成本，改善生产效率成为提升企业核心竞争力及增加市场占有率的必由之路；全面实施现代质量管理体系，用先进的质量管理理论武装企业，是实现以上目标的最有效的途径之一。

质量管理是指在质量方面指挥和控制组织协调的活动。在质量方面的指挥和控制活动，通常包括制订质量方针、质量目标、质量策划、质量控制、质量保证、质量改进。美国著名质量专家朱兰博士提出质量管理三部曲，即质量策划、质量控制、质量改进，可见质量控制是质量管理的一部分，致力于满足质量要求。

质量控制是一个设定标准、测量结果，判定是否达到了预期要求，对质量问题采取措施进行补救并防止再发生的过程，但质量控制不是检验。例如，为了控制采购过程的质量，采取的控制措施有：确定采购文件，通过评定选择合格的供方，规定对进货质量的验证方法，做好相关记录并定期对供方进行质量评定。这个过程也可以看做是质量控制。

在企业中，质量管理部门的工作涉及制订原料采购标准、企业产品标准;组织质量管理体系的审核工作;确保纠正预防措施的落实,如内审及外审的不符合项跟踪,组织相关部门进行不合格品的原因分析和跟踪,纠正措施的执行和有效性的验证;调查客户投诉原因;监控客户满意度,收集客户满意度信息。质量控制部门的工作主要有制订质量检验计划,编制检验指导书,对原料、中间产品或成品的质量特性进行检验,确保实验室仪器处于有效状态等。

本书作者在编写中参考了国内外相关领域的最新研究内容,案例是理论与企业实践相结合的科研成果。同时,本书吸收了来自不同院校参编教师在授课时积累的、学生感兴趣的一些教学实例。这此实例不仅能够提高学习乐趣,并且能够培养学生理论联系实际的应用能力。

本书共十一章,其中第一章由天津工业大学刘建凤编写,第二章、第六章由江南大学肖居霞编写,第三章、第七章由北京服装学院刘荣编写,第四章、第五章、第九章、第十章由天津工业大学吴韫编写,第八章、第十一章由天津工业大学王亚超编写。全书由王亚超主编统稿,天津工业大学的研究生马改参与了部分案例的编写。

本教材在编写过程中,参考、吸收了国内外许多学者的研究成果,对此表示由衷的感谢。由于作者的水平有限,本书难免会有疏漏和不足的地方,真诚地希望广大读者批评指正、不吝赐教。

编者

2009年1月

课程设置指导

本课程设置意义　本课程是一门从管理学科中分离出来的、发展中的边缘学科。质量管理学是研究和揭示质量形成和实现过程客观规律的科学。本课程的任务是研究使消费者完全满意，使企业在最经济的水平上生产，使企业各部门能相互协作，建立保持和改善纺织品质量的组织体系，并通过运用统计手段和各种科学技术标准，对纺织品质量和经济效益进行控制。本课程介绍了质量管理的基本理论和方法以及它们在纺织服装企业实际工作中的应用。

本课程教学建议　“纺织服装质量控制与管理”课程是现代纺织企业管理专业的主干课程，建议60课时，每课时讲授字数建议控制在4000字以内，教学内容包括本书全部内容。

本课程教学目的　通过本课程的学习，学生应掌握现代质量管理的基本理论和方法，掌握全面质量管理的特点及一般方法和常用工具，掌握各种控制工具的基本原理和作图方法。要求学生学会利用各种控制工具对质量进行分析控制，初步掌握新QC工具的概念，使学生具有一定的纺织服装企业质量管理和生产组织能力，为今后从事管理工作奠定基础。

Contents

目 录

第一章　质量与纺织品质量

本章知识点

1. 质量的概念。
2. 制造业产品质量形成的过程。
3. 质量的法规与标准化。
4. 纺织品的质量。

第一节　质量的概念

一、质量概念的发展

质量概念是在历史发展中产生的。随着历史的进步，质量概念也在不断地进行补充、丰富和发展。传统的质量概念，是界定在以产品生产为基础的经济方法上，即质量被认为是产品的某种特征。从制造技术发展的过程看，这种观念是与自动化大生产，为社会提供大批量、相同质的产品同步形成的。

在市场机制下，传统的质量观念得到不断扩展，人们逐渐地认为，质量不仅要符合耐用性标准，而且要包括可靠性、安全性、维修性等质量特征，这反映了价值观念的变化。应该说，对可靠性、维修性特征的要求，是质量特征在时间维度上的扩展。

20 世纪后期，质量的定性发生了根本变化，从按生产质量标准变为以用户的满意度来度量质量，而质量的主体——产品的概念也从实物产品发展为产品与服务，质量的主体也扩展为过程、系统、管理、工作等。

近半个世纪以来，对质量概念的认识大体上经历了以下三个阶段。

1. **符合性质量**　早期的质量概念非常简单，就是要符合产品的设计要求，达到产品的技术标准。这种符合性质量观表述比较直观、具体，要么是，要么非。它的不足之处在于只是从生产者的立场出发，静态地反映产品的质量水平，而忽视了最重要的方面——顾客的需求。

2. **适用性质量**　随着市场竞争日趋激烈以及生活水平的提高，人们发现很多产品即使符合设计要求，达到技术标准，却不一定能够为顾客所接受。朱兰将质量定义为“一种适用性”。这一定义可分解为四点，即：设计质量、质量一致性、可使用性和现场服务。设计质量涉及市场调查、产品概念及设计规范；质量一致性包括技术、人力资源及其管理；可使用性强调可靠性、维修性及物流支持；现场服务包括及时性、满意度及完整性。只有满足了这 4 个参数，才能体现适用性质量观的内涵。适用性质量概念的判断依据是顾客的要求。这一表述跳出了生产者的框框，把对质量的评判权交给了用户，具有动态意识，适应了时代发展的潮流，质量概念认识上的一个飞跃。

3. **全面质量** 20 世纪 90 年代后期，桑德霍姆、费根堡姆、克劳斯比等一批著名专家不约而同地先后提出“全面质量”的新概念，并逐渐被人们认同。

所谓全面质量，不仅指最终的产品质量，而且覆盖与产品相关的一切过程的质量，覆盖了产品的整个寿命周期，包括工作质量、服务质量、信息质量、过程质量、部门质量、人员质量、系统质量、公司质量、目标质量等。全面质量是一种以人为本的管理系统，其目的是以持续降低的成本，持续增加顾客满意。

二、质量的基本概念

质量是质量管理的对象，是事物的本质特性之一。正确、全面地理解质量的概念，对开展质量管理工作十分重要，对企业经营决策和提高经济效益，具有极其重要的意义。

国际标准 ISO 9000:2000 中对质量作了比较全面和准确的定义：一组固有特性满足要求的程度（ISO 9000:2000—3.1.1）。

（一）固有特性

特性（Characteristic）指可区分的特征，可以从以下三个方面理解特性：

（1）特性可以是固有的或赋予的。

（2）特性可以是定性的或定量的。

（3）有各种类别的特性。

（二）要求（Requirement）

要求是指明示的、通常隐含的或必须履行的需求或期望。

具体来说，“明示的”可以理解为规定的要求，如在销售合同中或技术文件中阐明的要求或顾客明确提出的要求。

“通常隐含的”是指组织、顾客和其他相关方的惯例或一般做法，所考虑的需求或期望是不言而喻的，如化妆品应对顾客皮肤具有保护性等。一般情况下，顾客或相关方的文件（如标准）中不会对这类要求给出明确的规定，供方应根据自身产品的用途和特性进行识别，并做出规定。

“必须履行的”是指法律法规要求的或有强制性标准要求的，如食品卫生安全法等。供方在产品实现的过程中，必须执行这类标准。

（三）质量的内涵

质量的内涵是由一组固有特性组成，并且这些固有特性是以满足顾客及其他相关方要求的能力加以表征的，质量具有广义性、时效性和相对性。

1. **质量的广义性** 质量不仅指产品的质量，也可以指过程的质量和体系的质量。组织的顾客及其他相关方对组织的产品、过程或体系都可能提出要求。

2. **质量的时效性** 组织的顾客及其他相关方对组织的产品、过程和体系的需求和期望是不断变化的，因此，组织应不断地调整对质量的要求，想方设法地满足顾客及其他相关方的要求,并争取超越他们的期望。

3. **质量的相对性**　组织的顾客和其他相关方可能对同一产品的功能提出不同的需求,也可能对同一产品的同一功能提出不同的需求。需求不同,质量要求也就不同,只有满足需求的产品才会被认为是质量好的产品。

质量的优劣是满足要求程度的一种体现,它必须在同一等级基础上做比较,不能与等级混淆。等级是对功能、用途相同但质量要求不同的产品、过程或体系所做的分类或分级。

三、与质量有关的术语

(一)过程(Process)

过程是一组将输入转化为输出的、相互关联或相互作用的活动。过程由输入、实施活动和输出三个环节组成。过程的输入通常是其他过程的输出。

(二)产品(Product)

一般认为,产品是过程的结果。

1. **有四种通用的产品类别**

(1)服务(如运输)。

(2)软件(如计算机程序、字典)。

(3)硬件(如发动机机械零件)。

(4)流程性材料(如润滑油)。

2. **产品由不同类别产品构成**　许多产品由不同类别的产品构成,服务、软件、硬件或流程性材料的区分取决于其主导成分。例如,外供产品汽车是由软件(如发动机控制软件、驾驶员手册)、服务(如销售人员所做的操作说明)、硬件(如轮胎)和流程性材料(如燃料、冷却液)所组成。

(三)质量特性(Quality Characteristic)

质量特性是产品、过程或体系与要求有关的固有特性。

硬件和流程性材料产品的质量特性有以下几方面:性能、适用性、可信性(可用性、可靠性、可维修性)、安全性、环境、经济和美学性。

服务质量特性可分为:服务的时间性、功能性、安全性、经济性、舒适性和文明性六种类型,不同的服务对各种特性要求的测量点会有所不同。

软件类产品的质量特性大致有功能性、可靠性、适用性、效率性、可维护性、可移植性、保密性和经济性。

(四)顾客(Customer)

顾客是接受产品的组织或个人。通常,顾客有狭义和广义之分。狭义的顾客是指产品和服务的最终使用者或接受者。广义的顾客,按照过程模型的观点,是指一个过程输出的接受者。企业可以看作是由许多过程构成的过程网络,其中某个过程是其前向过程的顾客,又是其后向过程的供方。对于一个企业来说,顾客包括内部顾客和外部顾客。

1. **外部顾客**　外部顾客是指在企业外部市场环境中,在流通领域与企业有(或可能会有)产品、服务和货币交换关系的组织(群体)或个人。它主要包括消费顾客、中间顾客、资本顾客和公众顾客四种类型。

2. **内部顾客** 内部顾客是一个广义的概念,包括企业内部从业人员,如基层员工、部门主管、经理,也包括股东。

(五)顾客满意

顾客满意程度是指顾客对其要求已被满足的程度的感受。

按照预期期望理论,所谓顾客满意是指顾客的感觉状况水平,这种水平是顾客对企业的产品和服务所预期的绩效和顾客的期望进行比较的结果。如果预期的绩效不及期望,那么顾客就不满意;如果所预期的绩效与期望相称,那么顾客就满意;如果所预期的绩效超过期望,那么顾客就十分满意。摩托罗拉公司质量总裁戴尔从企业的角度指出:"顾客满意是成功地理解某一顾客或某部分顾客的偏好,并着手为满足顾客需要做出相应努力的结果。"

四、质量的法规与标准化

(一)质量的法律法规

随着经济的国际化进程的发展,产品的生产、销售和消费的国际性越来越普遍。产品责任及其相应的法律、法规也必然从国内法发展到国际法。由于各国关于产品责任含义、理论的差异,使跨国的产品责任案件日益增多。

就我国而言,现行的产品质量责任法律制度主要是围绕国家的质量监督体制和产品的质量问题。我国涉及产品质量的法律法规主要包括三个方面。

(1)产品质量的基本法,即《产品质量法》。

(2)产品质量涉及的专门法律,如《标准化法》、《计量法》、《食品卫生法》、《药品管理法》、《进出口商品检验法》等。

(3)有关产品质量的综合性法律,如《经济合同法》、《消费者权益保护法》、《商标法》、《反不正当竞争法》等。

(二)标准与标准化

1. **标准的定义** 标准是规范性文件之一,其定义是:为了在一定的范围内获得最佳秩序,经协商一致制订并由公认机构批准,共同使用的和重复使用的一种规范性文件(GB/T 20000.1—2002)。换句话说,标准就是为在一定范围获得最佳秩序,为各种活动或其结果提供使用和重复使用,经协商一致制订并由公认机构批准的一种规范性文件。标准与其他规范性文件的区别是:经协商一致制订并由公认机构批准。只有符合这两点才称为标准。

ISO 和 IEC 将标准基本上分两部分:可公开获得的标准是指国际标准、国家标准和地方标准;其他标准是指企业标准、公司标准。

2. **标准化的定义** 标准化,是为了在一定范围内获得最佳秩序,对现实问题或潜在问题制订共同使用和重复使用的条款的活动(GB/T 20000.1—2002)

(1)标准化是一项制订条款的活动。条款是这个概念的关键词,它是"规范性文件内容的表达方式,一般采用陈述、指示、推荐或要求等形式”。可见,将一组相关的条款集中起来就构成了规范性文件的实质内容,即条款组成了规范性文件。标准化过程由三个关联的环节组成,即制订、发布和实施标准。标准化三个环节的过程已作为标准化工作的任务列入《中华人民共和国标准化法》的条文中。《标准化法》第三条规定:“标准化工作的任务是制定标准、组织实施标准和对标准的实施进行监督。”这是对标准化定义内涵的全面清晰的概括。

(2)条款的特点是共同使用和重复使用。条款的对象是现实的问题或潜在的问题。标准化活动过程在深度上是一个永无止境的循环上升过程,即制订标准,实施标准,并在实施中随着科学技术进步和生产经验的总结对原标准适时进行总结、修订,再实施。每循环一周,标准就上升到一个新的水平,充实新的内容,产生新的效果。这个活动过程是一个不断扩展的过程。

(3)标准化的目的。标准化的目的是“为了在一定范围内获得最佳秩序”。最佳秩序可以体现在多个方面,如在各项管理工作中,按照 ISO 9000 族标准建立质量管理体系,可持续改进产品质量,增强顾客满意度,保护消费者和社会利益;同时可以消除贸易壁垒,扩大国际贸易和交流等。

(4)规范性文件。规范性文件是为各种活动或其结果提供规则、导则或规定特性的文件(GB/T 20000.1—2002)。

就标准而言,定义中的“各种活动或其结果”就是“产品、过程和服务”;文件是有意义的数据及其载体。规范性文件是标准、技术规范、规程和法规等文件的总称,这些规范性文件都有各自的特点。

第二节　制造业的产品质量

一、产品质量的形成过程

(一)生产系统观

产品是如何形成的?一般的组织活动是这样进行的:组织要将其可得的资源转化成产品——商品或服务,这样的过程被称为生产,而生产系统就是这些生产行为和运作的集合。尽管人们总是认为制造业组织是典型的生产系统,实质上服务业组织也是一个生产系统。

一个生产系统包含以下三个要素:

(1)输入:原材料、资本、生产设备、人员以及能源等。

(2)输出:产品或服务。

(3)转换:加工、装配、贷款审核等将输入转化为输出的行为。

传统的生产系统观将这样的三个连续的生产过程看做是内在封闭的,只包含于组织,并没有考虑顾客(无论是内部的或是外部的)与供应商的参与。这样的观点在那时是可以理解的:企业生产什么、如何生产,完全取决于自己的计划,消费者只能对摆在货架上的商品做出选择。随着市场环境与技术条件的变化,买方市场的形成,使得企业必须将消费者纳入自己的生产系统中来，并且成为最重要的因素。在1950年，当戴明博士来到日本帮助进行战后经济重建时，他提出了一种新的生产系统观。新的系统观不仅描述了在输入、输出和转化过程之间相互的关系，而且重点强调了顾客和供应商对生产系统的重要性、各个运作程序之间的相互依赖程度、消费者研究的有效性以及持续改进的机制等。戴明博士建议，要想在竞争激烈的市场中占据一席之地，必须积极主动地正确理解消费者需求，然后通过对产品和生产过程的持续改进不断满足消费者需求。在采用他的建议后，短短四五年内，日本商品以崭新的形象出现在国际市场上，获得了巨大的成功。

（二）质量的三个层次

戴明的新的生产系统观，极大地改变了人们对组织中生产运营的传统观念。以往在考察一个组织时，往往是首先观察它的组织结构图，通过了解它的垂直结构链来获得对组织的认识。这种研究途径有一个必然的前提，就是它假定组织的运作是有效果的，也就是说，组织在做正确的事情。但是，组织是一个包含着各种各样转化过程的系统，不断将输入逐步转化为输出。组织内部各项工作的展开，或是相互平行，或是相互交叉，而不是分等级的。因此，组织必须在关注它的垂直结构的同时，注意组织的横向交流，以保证组织的运作是有效率的，也就是保证其在正确地做事情。

在这样一个系统内，管理者所作的每一项决策，员工完成的每一项任务，都对企业产品的质量产生积极或消极的影响。因此，为了能够向顾客提供符合或超出他们需求的产品或服务，一个组织必须正确理解整个系统对质量的冲击和影响。我们发现，能够改进组织绩效的最大机会，存在于组织部门之间的结合处，也就是组织结构图中的各个方框间的空白地带。

组织内部的横向交流是非常重要的。一个要想在质量上做出些成绩的企业，必须抛弃掉在部门间分割质量责任的旧的做法。质量是组织的目标，站在整个组织系统的层面上，可以在各个层次上来考察质量。

1. *组织层*　在这一层面上，应对的主要质量问题是如何符合外部顾客需求，如何在规范有序的基础上将顾客需求输入系统中。通过以下这些问题，可以更好地理解这一层次的质量职能：现有的哪些产品和服务满足您的要求？哪些是不合格的？哪些是您不需要的？您还有什么样的要求等。以顾客为导向的绩效标准，应该作为基础在这一层面上被建立起来。

2. *运作层*　组织的生产单元通常是按照职能划分的，比如营销、产品设计、开发、生产、财务、采购等。我们知道产品质量的形成要跨越各个职能部门，那种只注重本部门利益的行为，很有可能是以整体质量的受损为代价的。以下这些问题是这些部门的管理者应该明白理解的：哪些产品和服务是顾客最需要的？哪些过程提供这些产品？本程序的关键输入是什么？内部顾客是谁并且他们的需求是什么？

3. *实务层*　这一层次直接的任务便是提供合格产品的输出，而产品合格的标准是基于质量和顾客服务的要求做出来的。这些是在组织层和运作层中规定好的。这些标准可能包括产品的精确性、完整性、创新性、成本等。对于这一层次中每一个员工的输出，必须通过以下问题来检查:顾客(内部或外部)的要求是什么?如何测量产品要求?每项测量的特别要求是什么等。对这些问题的回答直接推动了有效的质量控制系统的发展。

通过在以上三个层次上来考察质量,可以对质量的形成有更加深刻的理解。

(三)质量的全过程管理

产品质量是如何形成的?人们已经意识到,质量不是检验出来的。从某种意义上讲,检验是对资源浪费的容忍。那么,产品质量能否被认为是生产出来的呢?试想,如果产品设计和开发与市场的实际需求有所偏离,或者产品的销售导向和售后服务不尽如人意,那么即使生产过程完全满足符合性要求,从顾客的立场来看,这样的产品是不能让他们满意的。

显然,产品质量是产品实现全过程的结果。产品质量有一个产生、形成到实现的过程,在这一过程中的每一个环节都直接或间接地影响产品的质量。在ISO质量标准中,将质量的产生和形成过程分为12个阶段,用一个首尾相接的环表示,称为质量环。作为一个产品质量系统,系统目标的实现取决于每个环节质量职能的落实和各个环节之间的协调。12个环节构成一个循环,产品的质量在一轮又一轮的循环中不断提高。在整个产品的寿命周期中,要实施全过程的质量控制。

就实质而言,产品质量的全过程管理可以概括为三个管理环节:质量计划、质量控制和质量改进。这三个环节用来反映产品质量形成的客观规律和指导质量管理全过程的实施,简洁清晰,重点突出。无论是制造业还是服务业,它们的质量活动也许在具体方法、侧重点、合格标准上存在差异,但是他们的质量管理过程是相同的。

二、制造业中的质量

制造产品有如下一些质量属性:

(1)性能:是指产品的重要运行特性。

(2)特征:是指产品的独特之处。

(3)可靠性:是指在规定时间内、规定的条件下,完成规定功能的能力。

(4)一致性:是指产品的特性与规定的标准的符合程度。

(5)耐久性:是指产品损坏或替代之前的可使用量。

(6)可维护性:是指迅速简便修复产品的能力。

(7)美观性:是指产品给人的视觉、触觉、听觉、味觉和嗅觉等感受。

(8)感知质量:对产品外观 品名的主观评价。

上述质量属性大多数以产品设计为中心。制造业中的质量管理通常以一致性为基础,特别是规格一致性。规格是指由产品和服务设计者决定的产品目标值和偏差。很多高层管理者意识到好的一致性质量只是“游戏登陆口”,更好的途径是通过改进产品设计以实现产品独特性和愉悦顾客。

制造业作为传统产业,已经建立起较为成熟的质量管理体系。许多经典的质量管理理论,其主要研究对象也都是制造业中的产品。根据产品质量形成的过程原理将制造系统中的关键职能环节逐个分解,研究质量在每一个环节中的关注焦点,可为有效地进行质量管理提供信息。

1. **营销和市场调研** 与以往相比，今天的营销人员要承担更多的质量责任。他们不只是要努力宣传自己的产品，收集和分析消费者的需求与期望也是他们的职责。他们需要及时了解顾客期望的产品以及愿意为此支付的价格。如果企业产品不符合顾客的要求，销售人员应通过收集顾客反馈来使设计和技术人员意识到这些问题。这些信息将有助于企业在其内部资金与技术的约束条件下，对哪些是其应该满足的顾客需求做出决策。并且，在一切可能的条件下，销售人员应向顾客提供所需的帮助，以保证顾客满意。

2. **产品设计与开发** 制造产品有如下一些质量属性：性能、特征、可靠性、一致性、耐久性、可维护性、美观性、感知质量。这些属性大多以产品设计为中心。这一环节的主要职能是为产品和生产过程开发出技术规格与参数，以满足在营销职能中所确定的顾客需求。由于设计环节中出现问题，而导致企业失败的事例屡见不鲜。过于简陋的产品由于满足不了消费者的要求，自然会被淘汰；而过于奢华精致的产品，则有可能超出了消费者的需求范围，处于曲高和寡的尴尬市场地位。这些都说明了设计环节在获取制造业质量中的重要性。良好的设计环节将有助于预防制造环节中的缺陷，并且降低了生产系统对不产生附加值的检验环节的需求。

3. **采购与接收** 质量合格的原材料的采购以及保证及时交付，对企业来说是相当关键的。采购部门承担着相当重要的质量职责。选择可靠的供应商；确保采购合同符合设计开发部门确定的原材料质量要求；与供应商建立基于信任的长期关系，并保持密切沟通以应对各种设计与生产的变化；向供应商提供持续质量改进培训。高质量的原材料采购还可以减少对接收检验的需求，而原材料的接收则要求确保接收材料是合格的。特别是对于现今快速多变的生产系统，许多企业减少了库存，对原材料的质量提出了更高的要求。

4. **生产计划与调度** 为了满足顾客订单要求以及预期需要，企业要规划短期和长期的生产计划调度；为保证企业的生产流程可以连续顺利进行，在合适的时间地点配备合适的人选、设备与原材料等。例如，由于拙劣的生产安排而导致工期紧迫产生质量问题；而在生产计划调度方面，技术工具和方法的改进，譬如即时生产（JIT）等，则有效地提高了产品质量并节约了成本。

5. **制造与装配** 这一环节的主要任务是生产出合格的产品。作为设计与工艺部门的下一流程，一旦进入生产环节，任何缺陷都是不可接受的。因为事后的检测和纠正措施都是要花费成本的。如果出现问题，就要通过检测来发现并消除问题原因。为了保证生产系统的稳定，精确的测量设备与熟练掌握测量技术工具的员工都是不可缺少的。在每一个生产环节，无论是操作人员还是专门的检验人员都要尽力收集和分析生产系统的信息，以便及时做出必要的调整。

6. **设备检修与校准** 在生产与检验中使用的设备与工具，必须得到适当的维修与校准。失修的机器可能生产出不合格的产品，而未得到校正的检验设备提供的是不正确的系统信息。这些都导致了产品的质量问题。

7. **工业工程与流程设计** 生产系统必须能够持续生产出符合规格的产品来。而工业工程的设计者们要与产品设计者们一起开发出实际的生产规格参数。除此之外，他们还要选择合适的工艺流程、生产设备和技术方法，并将这些要素合理地组织起来形成顺畅的生产流程，将可能产生质量问题的风险降至最低。

8. **成品检验**　成品检验可以获得生产系统的信息，发现和消除系统中可能存在的问题，还可以避免不合格品进入市场。如果可以保证产品的质量是合格的，这种检验的必要性将大打折扣。要记住，无论在什么情况下，成品检验都应被视作是一种收集有助于质量改进信息的手段，它的目的不仅仅只是检出不合格品。

9. **包装、运输和存储**　在产品离开生产线后，如何在包装、运输 存储中保护产品的质量，就是这一环节应该承担的质量职责。由于包装错误、运输损坏以及储存而导致的产品质量问题并不少见。

10. **安装运行和服务**　顾客在获取商品后，为了正确地使用，必须得到相应的指导，这需要安装人员的帮助。而一旦发生问题，良好的售后服务是必不可少的。事实上，顾客对产品质量的感知与顾客忠诚度的建立在很大程度上依赖于售后服务的质量。正是因为如此，许多企业在售后服务方面建立起了和产品质量要求一样严格的标准。

11. **其他的生产辅助职能**　除了与生产制造直接相关的环节，还有其他一些生产辅助职能也对质量有着重要的意义，如总体管理、财务会计、人力资源管理、法律服务等。

显而易见，质量是系统中每一个人的职责。制造系统可以看做是一系列服务的集合，或者是一条顾客链，每一个环节都是下一个环节的服务提供者。以顾客为中心的质量哲学使我们明白，企业不仅要关心注意它的制造质量水平，更要密切关注组织中所有可以满足顾客期望的行为。组织中的所有人、所有环节都必须加入提高质量的行动中。

三、质量与制造业的生产效率

质量与生产率的关系一直都是经营者津津乐道的话题。许多工厂经理的经验是：质量与生产率是相互矛盾的，质量的获得是以生产率和利润的损失为代价的。

事实真的是这样吗？

现代质量管理的观点是质量的改进促进了生产率的提高。生产率一直是企业关心的重要指标，它通常被用来衡量企业使用资源的合理程度。它的一般表达形式为：

$$生产率=\frac{输出}{输入}$$

输入通常是指资本、劳动、原材料、能量等生产投入，输出的定义却因人而异。一些企业以产品总数作为总的输出，尽管其中包含有不合格品。这样看来，生产产品的数目越多，生产率自然越高，而花在提高产品质量上的投入自然变成了“浪费”，质量自然变成了生产率提高的阻碍。这是一种狭隘的质量观点。

提高生产率的途径有很多。许多企业将改进工艺技术和更换机器设备作为重要的改进措施。的确，技术与设备在生产率提高方面具有非常明显的作用。比如，在危险工作场所机器人的使用，极大地提高了产量和工人安全。但是，很多情况下，质量改进作为一种提高生产率的手段被很多人忽视了。获得好的产品质量必然要求更为宽松的时间要求,更为严格的产品检验,自然要耗费一些输入。但是拙劣的产品质量带来了更为严重的浪费。不合格品的返工、维修,增加的监督检验以及顾客满意度的降低等,所有这些造成的成本增加远远超过了高的生产率带来的利益。质量提高了,就会把浪费在处理不合格品的时间转为生产更好的产品与服务。之后。则是一连串的连锁反应:更低的成本、更有利的竞争地位、更快乐的员工以及更多的工作机会。因此,不能孤立地看待生产率,而应该将质量、成本、顾客满意度这些要素都纳入分析框架中。在生产中,许多决策既可以增加生产率,又可以促进质量的提高。例如,加强对工人的技术培训,实施预防性的措施以及更先进的生产线的引进等,都可以既减少不合格品,又能提高生产效率。但是无论什么时候,质量改进作为一项提高生产率的手段的重要性都不应该被忽视。

第三节　纺织品的分类与质量

一、纺织品的分类

纺织品是各类机织物、针织物、非织造布、线类、带类、绳类等纺织工业产品的总称。

(一)按生产方式分类

1. **线类**　由两根以上的纱捻合而成,线既可作为半成品供织造(机织、针织或编织)用,又可作为成品(如缝纫线、绣花线、麻线、绒线等)供家用或工业用。

2. **带类**　狭幅或管状织物,广泛用于衣着(如松紧带、裤带、鞋带、吊袜带等)、装饰(如花边、饰带等)和工业生产(如商标带、背包带、安全带、传送带、水龙带、打字带、人造血管、降落伞带等)。

3. **绳类**　由多股纱或线捻合而成,由两股以上的线经复捻后成为“绳”,直径更粗的称为“索”,如捆扎用的打包绳,船舶用的缆绳,起重装卸用的吊索等。

4. **机织物**　以纱线作经纬,按各种织物组织(包括原组织、变化组织、复杂组织、提花组织和联合组织等)结构相交织造的织物,可经染整加工成为漂白布、染色布、印花布,也可采用轧花、涂层、防缩、防水、阻燃、烂花、防污等各种特殊整理而具有特殊功能。采用有色纱线织造的织物称为色织布。

5. **针织物**　用织针将纱线构成线圈,再把线圈相互串套而成,可以先织成坯布,经裁剪、缝制而成各种针织品。也可以直接织成全成形或部分成形产品(如袜子、手套、毛衫等)。按编织时所使用的针床数分单面针织物和双面针织物两类。按线圈在织物中联结的特征分原组织、变化组织、花式组织和复合组织。按生产方法分为纬编针织物和经编针织物。除作内衣、外衣、袜子、手套、帽子、床单、床罩、窗帘、蚊帐、地毯、花边等服装用、家居用外,在产业(工业、农业、医疗卫生等领域)用方面也有广泛的应用。

6. **非织造布(非织造织物)**　是一种不经过传统的纺织工艺,由纤维梳理成网或由纺丝方法直接制成杂乱排列或者定向铺置的纤维层形成薄片状的纺织品,生产方法主要有干法、湿法、纺丝成网法、射流喷网法和组合法。它是利用纤维间的摩擦力或者自身的黏合力,或外加黏合剂的黏着力，或者两种以上的力而使纤维结合在一起的方法，即通过摩擦加固、抱合加固或黏合加固的方法制成的纤维制品。可用作服装衬里、过滤布、土工布、一次性用布（如内衣裤、手术衣、尿布、卫生巾、纸巾和揩布等），也适用于家庭装饰、地毯、涂层基布等方面。

按使用的原料不同，可分为棉型织物、麻型织物、毛型织物、丝型织物、纯化纤织物五类。但目前比较常用的分类方法是按其最终用途分为服用、家居用和产业用。

（二）按使用领域分类

1. **服用纺织品** 服用纺织品，也称衣用纺织品，包括制作服装用的纺织面料、里料、衬胆料、辅料、绒线以及针织成形产品（如袜子、手套）等。它要求具有实用、舒适、卫生、装饰等基本功能，以满足人们工作、休息、运动等多方面需要，并能适应环境、气候等条件的变化。

2. **家用纺织品** 家用纺织品又称装饰用纺织品，是起美化装饰作用的纺织品。它在品种结构、外观与实用效果相结合、织纹图案和色彩搭配与总体布置相一致等方面较其他纺织品具有更突出的特点。家用纺织品可分为床上用品、家具织物、室内装饰用品、餐厅和盥洗室用品及户外用品五类。

3. **产业用纺织品** 产业用纺织品在工业、农业、渔业、交通运输、医疗保健、文体用品、石油、化工、国防、航天、宇航、城市建设、食品加工等各个领域都有广泛的应用。一般可分为16大类，即：农业栽培用纺织品，渔业和水产养殖业用纺织品，土工织物，传动、传送、通风等管带、轮胎的骨架纺织品，篷盖布、帆布，工业用呢、毡、垫等，产业用线、带、绳、缆类纺织品，革、毡、瓦等的基布，过滤材料及筛网，隔层材料及绝缘材料，包装材料，各类劳保、防护用材料，文娱、体育用品的基布，医疗卫生及妇婴保健材料，国防工业用材料，其他。对产业用纺织品的要求，视产品的不同用途有不同的要求，一般要求有高强度、高模量、耐高温、阻燃、耐腐蚀、抗静电、抗辐射、抗菌、化学稳定性好等。

随着生产的发展，产业用纺织品的需求日益增长。它与衣着用纺织品和家用纺织品一起形成纺织品的三个重要的使用领域。

二、纺织品的质量

（一）纺织品质量的概念及内涵

纺织品质量是指纺织品按照其用途满足人们穿着、使用或进一步加工需要的各种特性的总和。

纺织品的特性很多，但只有与用途需要有关的那些特性才构成其质量。用途决定了纺织品的使用条件，如大气成分、空气的温湿度、纺织品本身的温度和回潮率、太阳的辐射强度、洗涤程度、穿用者的个性（年龄、工作活动和其他活动的特性、使用习惯和知识等）以及其他条件。使用条件不同，人们对纺织品质量的要求也不同。人们的需要也会随着纺织科学技术和生产的发展以及生活水平的提高而不断地改变。因此，所谓“各种特性的总和”，其内涵不仅因纺织品种类的不同而异，而且对于同一种纺织品，尤其是多用途纺织品来说，也会因用途不同而不一样。例如，用作外衣者着重强调外观风格、耐光色牢度、抗静电、抗起球、抗折皱等特性，而对吸湿、吸汗和放湿性以及柔软舒适性却并不用过多考虑，但这两个特性恰恰是用作内衣者所着重要求的，外观风格和耐光色牢度等特性却不为内衣用途所重视。

构成纺织品质量的特性很多，它们对质量都有一定的贡献，但其重要程度却不相同，并且因用途不同而变化。在纺织品质量的评价过程中，应该权衡轻重，尽量简化，选择少数（一般以 3～5 项为宜）对质量起决定作用的特性，按其重要程度分别赋予不同权重，综合成消费者或用户真正期望的质量，以提高质量评价的效率和经济效益。

（二）纺织品的质量特性

消费者对纺织品的直接质量要求称为纺织品的真正质量特性，如耐用、舒适、耐洗、耐晒、防水、防火等。真正质量特性一般很难或不可能直接衡量，如果不把它们转化为技术经济的语言——具体的尺度，就无法实现纺织品生产者、经营者的质量管理以及政府、顾客对其质量的有效监督。通常依据现有的测量技术和对纺织品的综合分析，选定某些与真正质量特性密切相关且影响较大的替代性质量指标（技术参变数）即代用质量特性，间接地反映纺织品的质量。

有些纺织品质量特性难以用仪器准确测量，要直接从外观上凭借人的视觉、触觉等器官的感觉反应来辨别判断，如表面疵点、表面光洁性、条干均匀性、纹路清晰性、色泽以及毛型感、丝型感等特性，这些通常称为外观特性，用来评价外观质量；有些则需要除实际穿用或加工外，常常还要借助模拟各种穿用或加工条件的仪器进行测量。如测量强力、耐磨、抗皱、抗起球、抗静电、耐燃、保温、染色牢度、尺寸稳定、缝纫等特性，这些称为内在质量特性，用于评价内在质量。纺织品质量是其外观质量与内在质量的综合、平衡的统一体。

测量纺织品质量指标所得到的数值，称为质量特性值。能用连续的量值表示的质量特性值，称为计量特性值，这样的质量特性称为计量特性，如纺织品的强力、重量质量、折皱回复性、悬垂性、刚柔性、透气性、透湿性、保温性等。不能用连续的量值表示，只能简单地分为合格与不合格或分成若干等级，或者用某类缺陷的个数衡量的质量特性值，称为计数特性值，这些质量特性称为计数特性。计数特性又分为计件特性和计点特性。计件特性只能简单地分为合格与不合格或分成若干等级，一般是与标准样对照或与标准物质对比，或以文字描述作为标准由检验人员凭经验判断，如抗起球性、抗钩丝性、毛织物的实物质量等。计点特性是用某类缺陷的个数衡量，其判别也可规定一个界限值作为标准，如外观疵点等。

（三）纺织品的生态质量特性

所谓纺织品的生态性，是指纺织品及其原料在生产和制造过程中不会对环境造成污染，或在使用过程中对人体健康和周围环境无害，或在最终处置中不会产生有害物质的质量特性。在纺织品贸易中，纺织品服装配额已被取消，进入后配额时代。配额取消后，并不意味着国际纺织品贸易保护随之而消失，相反将会以新的形式长期存在下去，对我国纺织品出口的影响将出现新的变化。关税、反倾销、特别保护措施、技术性贸易壁垒和社会责任认证将可能成为欧、美等发达国家和地区后配额时代常用的贸易限制手段，尤其是纺织品的生态性将成为替代配额的杀手锏。同时，随着人们环保意识的日益增强，生态纺织品在国内市场也越来越受到国人的关注，生态纺织品已成为消费的热点，并且已成为提高产品附加值和国际竞争力的主打产品。

生态纺织品的质量除满足普通纺织品的质量特性外，还必须达到环保性的质量要求。根据 Oeko-Tex Standard 100（生态纺织品标准 100）的规定，在染色时严格禁止使用禁用偶氮染料、致癌染料和致敏染料。要求纺织品中可萃取重金属、杀虫剂等残余化合物含量指标必须达到标准要求。虽然生态纺织品的生态质量指标较多，但限于检测仪器和检测手段等客观条件，目前还只能对其中一部分指标进行检测。

案例

品质部部长碰了"软钉子"

2007 年入夏以来，某棉纺有限公司的产品索赔率连续两个月居高不下，每个月有 7 次索赔案件发生。为此，公司于 8 月开展了"查问题原因，补管理漏洞，全面提高质量意识"的质量月活动。品质保证部一时成为全公司最忙的部门，品质保证部部长叶军则成为全公司最忙的人：整天忙着组织调查原因、寻找对策、进行质量教育……

根据质量月中各部门自查、互查中发现的问题，叶部长将其归纳为以下几类：

1. 新员工素质较差（90% 为初中生），教育不够，质量意识淡薄，对产品质量认识比较模糊，不能严格按照操作规程操作。

2. 技术文件不规范，个别工序有随意更改、涂写图纸和按领导口头指示作业的现象。这造成过程参数值和质量特性值不清晰、不准确，导致过批量性的加工错误。

3. 工序间的质量控制力度不够，产品质量仅靠最终检查保证。只重视事后处理，缺乏事前预防控制措施，直接导致不合格品失控。

4. 缺乏完善的质量保证体系，对不合格品的产生原因及对策，缺乏深层次的探讨，因而，导致同类质量问题多次重复出现。

为了解决目前出现的各种质量问题、提高公司经营管理水平、为公司的进一步发展奠定坚实的基础，经公司董事会研究决定准备根据 ISO 9000 系列标准建立高水平的质量管理和质量保证体系，同时授权品质保证部组织实施，要求尽快通过认证审核，并取得认证证书。

但是各部门经理参加的认证准备会上，这个决定却并未得到积极响应。原因很简单：一是认为造成近期质量问题的主要原因是新员工较多，操作不熟练、教育不够、监督不利，只要加强教育、监督、指导，完全可以减少和避免类似事故；二是大家对 ISO 9000 系列标准概括性太强，理解起来很困难，执行中易于流于形式，成为空架子，不如原有的 TQC 质量体系来得实在。因而，大家未能就进行 ISO 9000 系列标准认证活动取得共识。一些人开玩笑地说品质保证部叶部长碰了一个"软钉子"。

会后，叶部长又重新研究了有关 ISO 9000 系列标准的资料，并将之与 TQC 作了仔细比较，分析了各自对企业发展的意义，又重新树立起推行 ISO 9000 系列标准的信心。为了便于大家的理解和接受，叶部长根据自己多年质量管理工作的经验，将 ISO 9000 系列标准的内容高度概括为十二个字：有章可循，有章可依，有据可查，即：与标准要素要求相关的业务都要有规章制度和工作基准可以遵守，有了规章制度和作业标准必须遵循，是否按规章制度和作业标准办事要有证据可以查验。看着自己的“杰作”，他不禁生出几分得意。

兴奋之余，叶部长又组织召开了 ISO 9000 系列标准学习会，但与会者的反应仍很冷淡。仍有一些人坚持认为现有的质量管理体系和质量保证的方式（TQC）完全可以满足需要，搞什么 ISO 9000 系列标准认证纯属多此一举；还有人说现有的质量管理和质量保证体系已运行几年了，公司上下都已适应了它的要求，如果再适应新的体系弄不好会引起混乱；甚至还有人强调说现在生产太忙，再搞什么认证，恐怕没有时间……叶部长听了之后，得意之情一扫而光，不觉又陷入迷茫之中。

思考题

1. 谈谈你对质量概念的 3 个阶段的理解。
2. 质量的基本概念是什么？
3. 从质量概念的形成和发展中所表现出来的质量概念的基本要点有哪些？
4. 谈谈你对与质量有关的术语的理解。
5. 制造业中的质量包含哪些内容？
6. 纺织品质量的概念及内涵是什么？
7. 结合本章中对质量的描述，谈谈你对纺织企业质量的认识。

第二章　质量管理的概论

本章知识点

1. 质量管理的发展阶段。
2. 质量管理。
3. 质量管理体系。
4. 质量管理专家及其学说。
5. 质量管理的原则。

第一节　质量管理的发展阶段

质量管理的发展过程是漫长的，人类自有商品生产以来，就有了质量管理，当时的质量管理主要以成品检验为主。根据历史文献记载，我国早在2400年以前，在周青铜制刀枪武器的过程中，就有了质量检验制度。随着社会生产的发展，科学技术的进步，解决质量问题的手段和方式在不断演变。从传统手工业时代的质量检验管理，到引入数理统计方法后的统计质量管理，再到后来的全面质量管理、卓越质量经营，质量管理在不断发展（如现在又提出了更为完善的质量管理工程的概念）。

从现代质量管理的实践来看，按照解决质量问题的手段和方式，它的发展过程大致可以划分为以下四个历史阶段。

一、质量检验阶段

20世纪初，资产阶级工业革命成功之后，资本主义的工厂逐步取代了分散经营的家庭手工业作坊，机器工业生产取代了手工作坊式生产，劳动者集中到一个工厂内共同进行批量生产劳动，于是产生了企业管理和质量检验管理。质量检验就是通过严格检验来控制和保证出厂或转入下道工序的产品质量。质量检验所使用的手段是各种检测设备和仪表，方式是严格把关，进行百分之百的检验。

1918年前后，美国出现了以泰勒（Frederick W. Taylor）为代表的“科学管理运动”。“科学管理”提出了在人员中进行科学分工的要求，把管理人员与操作人员进行合理分工，将计划职能和执行职能分开，同时增加中间检验环节，以便监督、检查对计划、设计、产品标准等项目的贯彻执行，从而形成了计划设计、生产操作、检查监督各有专人负责职能管理体制（泰勒制）。这在历史上是第一次将检验职能从操作职能中分离出来，也是第一次将检验人员从操作工人中分离出来，其结果是直接操作的工人减少了，但同时产生了一支专职检查队伍。

这种由现代化大生产而引起的在分工上的大变化，使劳动生产率、固定资产利用率、产品质量都得到迅速提高，从而取得了明显的经济效果。

但采用事后把关的办法来管理产品质量存在以下三个问题：

(1)如何经济和科学地制订质量标准。如果所制订的质量标准在经济上不合理，使用上不能满足用户要求，那么即使已通过检验，也不能保证产品质量。

(2)怎样防止在制造过程中产生不合格品。因为质量检验是对产品生产出来以后所作的检验，只能起把关作用，它属于“事后检验”，无法在生产过程中完全起到预防、控制的作用。一经发现废品，就是“既成事实”，造成人力、物力、财力的损失。

(3)对全部成品进行检验是否可行。显然，在小规模生产的情况下，对全部生产的产品进行检验或许可行，但在生产规模扩大或大批量生产的情况下，对全部产品进行检验是做不到的。尤其是对不破坏就无法进行检验的产品，更行不通。

我国在解放初期工业产品质量检验管理中就一直沿用了苏联 20 世纪 40～60 年代使用的百分比抽样方法。

二、统计质量控制阶段

这一阶段的特征是数理统计方法与质量管理的结合。第一次世界大战后期，美国的贝尔电话实验所的休哈特(W. A. Shewhart)博士将数理统计的原理运用到质量管理中来，并发明了控制图。他认为质量管理不仅要进行事后检验，而且在发现有废品产生的先兆时就进行分析改进，从而预防废品的产生。控制图就是运用数理统计原理进行这种预防的工具。因此，控制图的出现，是质量管理从单纯事后检验进入检验加预防阶段的标志，也是形成一门独立学科的开始。

第二次世界大战结束后，由于采取质量控制的统计方法给企业带来了巨额利润，美国许多企业扩大了生产规模，除原来生产军火的工厂继续推行质量管理方法以外，许多民用工业也纷纷采用这一方法，而且很多国家都开始积极开展统计质量控制活动，并取得成效。

但是，统计质量管理也存在着缺陷，它过分强调质量控制的统计方法，忽视其组织管理工作，使人们误认为质量管理就是统计方法，是“质量管理专家的事情”。在计算机和数理统计软件应用不广泛的情况下，人们对质量管理产生了一种“高不可攀、望而生畏”的感觉。这在一定程度上限制了质量管理统计方法的普及推广。

我国从 20 世纪 70 年代末开始制订数理统计标准，1981 年 11 月成立了全国统计方法应用标准化技术委员会，推进数理统计方法标准体系建设。该标准体系主要有六个方面的标准：数理统计方法术语与数据标准，数据的统计处理和解释，控制国标准，以数据统计方法为基础的抽样检查方法标准，测量方法和结果的精度分析标准，可靠性统计方法标准。这一体系在质量管理过程中的实施，大大改进了产品质量，使“事后检验”转变为“事前预防”，从而较有效地控制了产品或工程质量。

三、全面质量管理阶段

20 世纪 60 年代，随着社会生产力迅速发展，科学技术日新月异，质量管理也出现了很多新情况。这些情况主要反映在以下五个方面：

(1)人们对产品质量的要求更高更多了。从过去注重于产品的使用性能到现在又增加了耐用性、美观性、可靠性、安全性、可信性、经济性等要求。

(2)在生产技术和质量管理活动中广泛应用系统分析的概念。它要求用系统的观点分析研究质量问题，把质量管理看成是处于较大系统(例如企业，甚至整个社会)中的一个子系统。

(3)管理科学理论又有了一些新发展。其中突出的一点就是重视人的因素，职工参与管理，强调要依靠广大职工搞好质量管理。

(4)保护消费者权益运动的兴起。20 世纪 60 年代初，许多国家的广大消费者为保护自己的利益，纷纷组织起来同伪劣商品的生产销售企业抗争。美国著名质量管理专家朱兰(J. M. Juran)博士认为，保护消费者权益运动是质量管理学在理论和实践方面的重大发展动力。

(5)随着市场竞争，尤其是国际市场竞争的加剧，各国企业越来越重视产品责任(PL)和质量保证(QA)问题。

在上述背景条件下，显然仅仅依赖质量检验和运用统计方法已难以保证和提高产品质量，也不能满足社会进步要求。1961 年，美国通用电气公司质量经理菲根堡姆(A. V. Feigenbaum)提出了全面质量管理的概念。他指出："全面质量管理是为了能够在最经济的水平上并考虑充分满足用户要求的条件下进行市场研究、设计、生产和服务，把企业各部门的研制质量、维持质量和提高质量的活动构成为一体的有效体系。"20 世纪 80 年代后期，全面质量管理得到了进一步的扩展和深化，逐渐由早期的 TQC(Total Quality Control)演化成为 TQM(Total Quality Management)，其含义远远超出一般意义上的质量管理的领域，而成为一种综合的、全面的经营管理方式和理念。在这一过程中，全面质量管理的概念也得到了进一步的发展。ISO 9000:1994 标准中对全面质量管理的定义为：一个组织以质量为中心，以全员参与为基础，目的在于通过让顾客满意和本组织所有成员及社会受益而达到长期成功的管理途径。这一定义反映了全面质量管理概念的最新发展，也得到了质量管理界广泛共识。

我国自 1987 年推行全面质量管理以来，在实践和理论上都发展较快。全面质量管理正从工业企业逐步推行到交通运输、邮电、商业企业和乡镇企业，甚至有些金融、卫生等方面的企事业单位也积极推行全面质量管理。质量管理的一些概念和方法先后被制订为国家标准。广大企业在认真总结全面质量管理经验与教训的基础上，通过宣传和贯彻 GB/T 19000 系列标准，进一步全面深入地推行了这种现代国际通用质量管理方法。

四、卓越质量经营阶段

卓越绩效是 20 世纪 80 年代后期美国创建的一种世界级企业成功的管理模式，其核心是强化组织的顾客满意意识和创新活动，追求卓越的经营绩效。卓越绩效管理模式得到了美国企业界和管理界的公认，被世界各国众多企业和组织引入实施。一些国际知名企业正是运用卓越绩效管理模式,取得了经营硕果。从 1988 年美国首次颁发波多里奇国家质量奖以来,卓越绩效管理模式已被上百万个美国的企业或组织所采用。这些企业通过利用波多里奇国家质量奖评定标准进行自我审核及培训,从而实现了竞争力和经营绩效的提升。

“卓越绩效”这四个字,已不再只是其字面上所表达的简单含义,而成了一个具有特定含义的术语,亦即“一组综合的组织绩效管理模式”。卓越绩效体现了全面质量管理(TQM)从指导思想到技术方法的变革与发展趋势。它源自 TQM 的基本思想和方法,是对以往的全面质量管理实践的标准化、条理化和具体化,也是对 TQM 的创新和发展。从一定意义上来讲,卓越绩效管理模式的各项准则可以看做是 TQM 的具体实施细则。

卓越绩效追求的“质量”不再只是表示狭义的产品和服务的质量,而是成为企求卓越经营质量的代名词。卓越绩效以追求“组织的效率最大化和顾客的价值最大化”为目标,实现企业的综合绩效和提升永续经营的能力。了解顾客的需求并满足顾客的需求,让顾客满意、超期望满意的产品,才是真正的高质量。

卓越绩效管理模式反映了现代经营管理的先进理念和方法,是世界级企业成功经验的总结。它为人们提供了一个沟通的平台,使得人们能够用一种语言来讨论和沟通企业的经营管理问题,知道满足了哪些方面才算得上是“卓越”,认清自身的强弱,明确相对于他人的位置,明确改进效果的进展如何,激励人们为了荣誉和成就而付出非凡的努力。

为了适应经济全球化和国际竞争的需要,激励和引导企业在全面协调的可持续进程中,追求卓越质量,增强竞争实力,有效提高我国的产品质量和质量管理水平,实现从优秀到卓越的奋斗目标,在总结中外质量管理成功经验的基础上,2004 年 9 月 2 日,国家质检总局向社会发布了 GB/T 19580—2004《卓越绩效评价准则》国家标准及其指导性技术文件 GB/Z 19579—2004《卓越绩效评价准则实施指南》。《卓越绩效评价准则》结合我国实际情况,特别是加入了诚信经营、名牌战略、可持续发展等内容,从组织领导、战略、顾客与市场、资源、过程管理、测量、分析与改进以及经营结果等方面规定了组织卓越绩效的评价要求,为国家质量奖的评定和企业提升质量水平、实现卓越绩效进行自我学习、自我评价提供了依据。

第二节　质量管理的主要概念

一、质量管理

技术和管理是国民经济系统中两个相互独立又相互依存的组成部分。技术很重要,管理更重要,“三分技术、七分管理”就是一个形象的说明。质量管理是指在质量方面指挥和控制组织的协调的活动。在质量方面的指挥和控制活动,通常包括制订质量方针和质量目标及进行质量策划、质量控制、质量保证和质量改进。上述定义可从以下三个方面来理解:

(1)质量管理是通过建立质量方针和质量目标,并为实现规定的质量目标进行质量策划,实施质量控制和质量保证,开展质量改进等活动予以实现的。

(2)组织在整个生产和经营过程中,需要对诸如质量、计划、劳动、人事、设备、财务和环境等各个方面进行有序的管理。由于组织的基本任务是向市场提供符合顾客和其他相关方要求的产品，围绕产品质量形成的全过程质量管理是组织的各项管理主线。

(3)质量管理涉及组织的各个方面，是否有效地实施质量管理关系到组织的兴衰。组织的最高管理者应正式发布本组织的质量方针，在确立质量目标的基础上，按照质量管理的基本原则，运用管理的系统方法建立质量管理体系，为实现质量方针和质量目标配备必要的人力和物质资源，开展各项相关的质量活动，这也是各级管理者的职责。

二、质量管理体系

质量管理体系(QMS，Quality Management System)是建立质量方针和目标，并实现这些目标的相互关联、相互作用的一组要素。其中包括组织结构、过程、资源和程序等基本要素。任何一个持续、有效地提供产品和服务的组织，都有自己的质量管理体系。虽然其组织结构、产品和服务提供过程和方法、人力物力资源等各不相同，各个要素相互作用形成的具体结构有所差别，但都具有共同的系统特征。

自20世纪80年代中期以来，为了在世界范围促进经济和国际贸易的发展，国际标准化组织(ISO)质量管理与质量保证委员会(TCI76委员会)，在总结全球开展全面质量管理活动实践经验的基础上，经过多年的研究与协商，制订了一系列质量管理与质量保证标准。2000年发布了第三版的ISO 9000:2000质量管理体系标准。ISO 9000标准在全球150多个国家和地区得到广泛的采用，我国也采用了这套标准，并取名为GB/T 19000族质量管理标准。

三、质量策划

质量策划是质量管理的一部分，致力于设定质量目标并规定必要的运行过程和相关资源以实现其质量目标。质量策划的目的是保证最终的结果能满足顾客的需要。质量策划的内容主要包括：

1. **产品或服务策划**　包括确定产品的质量特性、质量目标和要求、产生服务规范等，并规定相应的作业过程和相关资源以实现质量目标。

2. **管理和作业策划**　企业为了不断完善质量管理体系并使之有效运作，必须对人员进行培训，包括学习质量管理理论、方法和ISO 9000标准，确定质量管理体系的过程内容，提出质量管理体系各过程的控制目标和要求等。

3. **编制质量计划**　为满足顾客的质量要求，企业要根据自身的条件开展一系列的筹划和组织活动，提出明确的质量目标和要求等，并制订相应的质量管理体系要素和资源的文件。质量管理体系要素包括了质量惯例、职责的分配和活动的顺序。

四、质量方针

质量方针是由组织的最高管理者正式发布的该组织总的质量宗旨和方向，是企业经营总方针的组成部分，是企业管理者对质量的指导思想和承诺。企业最高管理者应确定质量方针并形成文件。不同的企业可以有不同的质量方针，但都必须具有明确的号召力。如宝钢公司的质量方针为:争创世界一流实物质量水平,最大限度地满足用户需求;上海大众公司的质量方针为:向顾客提供最好的大众车和最好的服务,保持上海大众在中国轿车市场的领先地位。从内容上看,质量方针应与组织的宗旨相适应,包括对满足要求和持续改进的两项承诺。所谓满足要求包括满足顾客要求和法律法规要求,顾客要求又包括明确的(如合同要求)和潜在的要求。质量方针还应提供制订和评审质量目标的框架,也就是为制订质量目标提供依据。

如何编制质量方针呢?可以向全体职员征集,然后评选出合适的质量方针,这样做本身就是一次很好的质量教育活动。也可以只要求组织领导、部门负责人等分别编制,然后在相应会议上讨论决定。不管以何种方式编制,都要注意符合组织实际。

五、质量目标

质量目标的定义是:在质量方面所追求的目的。从质量管理学的理论来说,质量目标的理论依据是行为科学和系统理论。

质量目标就是以行为科学中的"激励理论"为基础而产生的,但它又借助系统理论向前发展。按照系统论的观点,一个企业是一个目的性系统,它又包括若干个带有目的性的子系统,子系统又包括若干个带有目的性的子系统。以系统论思想作为指导,从实现企业总的质量目标出发,协调企业各个部门乃至每个人的活动,这就是质量目标的核心思想。

ISO 9000:2000 族标准要求在组织的相关职能和层次上建立质量目标,就是不仅要有组织级质量目标,各职能部门、各级各层都要分别制订质量目标。关于质量目标内容,应包括满足服务要求所需的内容。质量目标应是可测量的,并与质量方针保持一致。通过质量目标的实现,达到质量方针的落实。

关于质量目标的具体指标的确定,应在统计分析以往数据资料的基础上确定,本着经过努力可以实现的原则制订。

制订好的质量目标需经过审批下达,在日后的工作中经常检查实现情况,差距较大时应分析原因制订补救措施,如果发现已制订目标与实际出入较大,应及时修改质量目标。

六、质量控制

质量控制是致力于满足质量要求的活动。企业实施质量控制的目标是确保产品质量能满足企业自身、顾客及社会三方面所提出的质量要求。质量控制的范围涉及产品质量形成的全过程,其目的是通过一系列作业技术和活动对全过程影响质量的人、机、料、法、环(Man,Machine,Material,Method,Environment,4M1E)诸因素来进行控制,并排除会使产品质量受到损害而不能满足质量要求的各项原因,以减少经济损失,取得经济效益。

质量控制是为了通过监视质量形成过程,消除质量环上所有阶段引起不合格或不满意效果的因素,以达到质量要求,获取经济效益而采用的各种质量作业技术和活动。在企业领域,质量控制活动主要是企业内部的生产现场管理,它与有否合同无关,是指为达到和保持质量而进行控制的技术措施和管理措施方面的活动。质量检验从属于质量控制,是质量控制的重要活动。

“作业技术”是控制手段和方法的总称;“活动”则是人们对这些作业技术的有计划、有组织的系统运用,是一种科学的质量管理方法。前者偏重于方法、工具,后者偏重于活动过程。质量控制的目的在于以预防为主,管因素保结果,确保达到规定要求,实现经济效益。

质量控制的主要功能就是通过一系列作业技术和活动将各种质量变异和波动减少到最低程度。它贯穿于质量产生、形成和实现的全过程。除了控制产品差异,质量控制部门还参与管理决策活动以确定质量水平。

七、质量改进

ISO 9000:2000 族标准对质量改进的定义是:质量管理的一部分,致力于增强满足质量要求的能力。

产品质量是企业在竞争中取胜的重要手段,为了增强企业的竞争力,有必要进行持续的质量改进。为此,企业应确保质量管理体系能推动和促进持续的质量改进,使其质量管理工作的有效性和效率能使顾客满意,并为企业带来持久的效益。

在质量改进的工作中,必须以客观的数据资料为基础,通过科学、合理地分析,制订相应的决策。所以,正确地使用有关的工具和技术,便成为质量改进成功的关键;如何培训有关人员使之掌握这些工具和技术,就成为质量改进的一项重要的工作内容。

第三节　专家论质量管理

在现代质量管理的实践活动中,质量管理专家中的核心人物发挥了积极的作用,正是这些著名质量管理专家,如戴明、朱兰、克劳士比等,使人们对质量及质量管理有了进一步的认识,对质量管理的发展和进步产生了巨大影响。

一、现代管理之父戴明

(一)戴明博士简介

威廉·爱德华兹·戴明(William Edwards Deming)是耶鲁大学的物理学博士。早年的戴明博士以统计抽样专家的形象活跃于世,坚持“质量管理是企业成功的关键”的理念,与休哈特共同致力于研究提升质量效率的技巧。他对休哈特倡导的应用于工业生产过程的“统计控制”方法很感兴趣,并着手进行研究。

戴明从事繁忙的全球顾问工作,时间超过 40 年。戴明的学说,对于美国的制造业与服务业影响十分深远。他所倡导的品质革命旋风,大幅提升了美国的竞争地位。戴明博士一生著有多本著作与 171 篇论文,他一生接受的奖章数不胜数。美国统计协会都会分会(The Metropolitan Section)于 1990 年成立年度戴明奖(Deming Prize),颁发给对改进质量与生产力有贡献的人士。

(二)质量管理的精髓——戴明14点

“戴明之道”即戴明管理方法的精神,主要体现在他所著作的《新经济》一书中“不断提高管理和生产效率的14条原则”,即“戴明14点”。

(1)树立坚定不移地改进产品和服务质量的长久目标,以使企业保持竞争力,确保企业的生存和发展并能够向人们提供工作机会。

(2)接受新的理念。在一个新的经济时代,管理者必须意识到自己的责任,直面挑战,领导变革。

(3)不要将质量依赖于检验。要从一开始就将质量渗透或融入产品之中,从而消除检验的必要。

(4)不要只是根据价格来做生意,要着眼于总成本最低。要立足于长期的忠诚和信任,最终做到一种物品只同一个供应商打交道。

(5)通过持续不断地改进生产和服务系统来实现质量、生产率的改进和成本的降低。

(6)做好培训。由于缺乏充分的培训,人们常常因不懂得如何工作而不能把工作做好。

(7)进行领导。领导意味着帮助人们把工作做好,而非指手画脚或惩罚威吓。监督人员的目标应是帮助员工更好地完成工作。

(8)消除恐惧,使每一个人都能为组织有效地工作。许多雇员害怕提问或拿主意,即使在他们不清楚自己的职责或不明白对错时。他们或是继续用错误的方式做事,或者干脆什么都不做。由于恐惧而导致的经济损失是惊人的。要确保质量和生产率,就必须使每个人都具有安全感。“最愚蠢的提问也胜于不提问”。

(9)拆除部门间的壁垒。不同部门的成员应当以一种团队的方式工作,以发现和解决产品、服务在生产和使用中可能会遇到的问题。

(10)取消面向一般员工的口号、训诫、追求零缺陷和新生产率水平这样的目标。质量和生产率低下的大部分原因在于系统,一般员工不可能解决所有这些问题。

(11)排除那些剥夺了计时工人有权以其技能而自豪的障碍。取消定额或指标。定额关心的只是数量而非质量。人们为了追求定额或目标,可能会不惜任何代价,包括牺牲组织的利益在内。

(12)排除那些剥夺管理人员和工程人员有权以其技能而自豪的障碍。这意味着废止绩效评级和目标管理等方法。人们渴望把工作做好,但不得法的管理者、不适当的设备、有缺陷的材料等会对人们造成阻碍。这些因素必须加以消除。

(13)开展强有力的培训教育和自我提高活动。组织的每一个成员都应不断发展自己,以使自己能够适应未来的要求。

(14)使组织中的每个人都行动起来去实现转变。转变是每一个人的工作。

二、朱兰的质量螺旋和80/20原则

(一)朱兰博士简介

朱兰(Joseph M. Juran)博士是世界著名的质量管理专家,他所倡导的质量管理理念和方

法始终深刻影响着世界企业及其质量管理的发展。他的“质量计划、质量控制和质量改进”被称为“朱兰三部曲”。他最早把帕累特原理引入质量管理。由朱兰博士主编的《质量控制手册》(*Quality Control Handbook*)被称为当今世界质量控制科学的名著。为奠定全面质量管理(TQM)的理论基础和基本方法做出了卓越的贡献。

质量螺旋和80/20原则是朱兰博士的基本学说“突破历程”中的第七个环节的精髓。

(二)质量螺旋理论和朱兰螺旋图

1. **质量螺旋理论**　质量螺旋(Quality Spiral)也称为质量环(Quality Loop),是朱兰博士提出的一个关于质量控制的重要理论。质量螺旋模型是从识别需要到评价这些需要是否得到满足的各个阶段中,影响质量的相互作用活动的概念模式,用以表征产品质量形成的整个过程及规律性。全过程包括11个环节,即市场研究、产品计划设计、制订产品规格、制订工艺、采购、仪器仪表配置、生产、工序控制、检验、销售、售后服务,这11个环节构成一个系统。朱兰模型说明系统目标的实现取决于每个环节质量职能的落实和各环节之间的协调,任何一个环节的失误都会导致产品质量的下降和成本的上升。这些环节又在整个过程的周而复始的循环中螺旋式上升。因此,它也可被称为“质量进展螺旋”。

2. **朱兰螺旋图**　朱兰螺旋图是美国质量管理专家朱兰率先采用表达产品质量产生、形成、发展的客观规律的一条螺旋上升曲线,该曲线对品质管理有重要的指导作用。

朱兰螺旋图的主要内容包括:

(1)产品的质量形成过程包括市场研究、产品开发、设计等如前所述的11个环节。各个环节之间相互依存,相互联系,相互促进。

(2)产品质量形成的过程是一个不断上升、不断提高的过程。为了满足人们不断发展的需要,产品质量要不断改进、不断提高。

(3)要完成产品质量形成的全过程,就必须将上述各个环节的品质管理活动落实到各个部门以及有关的人员,要对产品质量进行全过程的管理。

(4)品质管理是一个社会系统工程,不仅涉及企业内各部门及员工,还涉及企业外的供应商、零售商、批发商以及用户等单位及个人。

(5)品质管理是以人为主体的管理。朱兰螺旋曲线所揭示的各个环节的品质活动,都要依靠人去完成。人的因素在产品质量形成过程中起着十分重要的作用,品质管理应该提倡以人为主体的管理。此外,要使“循环”顺着螺旋曲线上升,必须依靠人力的推动,其中领导者是关键,要依靠企业领导者做好计划、组织、控制、协调等工作,形成强大的合力推动质量循环不断前进、不断上升、不断提高。

(三)80/20原则

朱兰的80/20原则提出了质量责任的权重比例问题。朱兰认为:美国产品的质量危机源于产品质量差所导致的庞大附加成本;同时,外来产品的“入侵”也削减了美国产品的竞争力。上层管理人员急需进行培训,这样才能根本解决大部分质量问题。只有上层领导对质量有了更新的想法,企业才能安然度过这场危机。80/20原则,就是朱兰针对上述观点提出来的。在质量进展螺旋的工作实践中,他依据大量的实际调查和统计分析提出,在所发生的质量问题中,追究其原因,只有 20% 来自基层操作人员,而恰恰有 80% 的质量问题是由于领导责任所引起的。此外,他还得出 80% 的质量问题是在 20% 的环节中产生的。同时,在 ISO 9000国际标准中,与领导者责任密切相关的一些因素占有相当大的比例,这种关系在客观上也证实了 80/20 法则在质量管理中的普遍存在。

三、零缺陷之父克劳士比

(一)克劳士比简介

菲利浦·克劳士比(Philip B. Crosby),1926 年 6 月 18 日出生于美国西弗吉尼亚州的惠灵市,2001 年 8 月 18 日在北卡罗来纳州高地市家中病逝。克劳士比拥有 50 余年亲历亲为的质量管理和企业经营经验。他发起了一场唤醒美国商界质量意识的革命,让全世界分享了他的永恒的理念与远见卓识。克劳士比被誉为"最伟大的管理思想家"、"零缺陷之父"、"世界质量先生"。

(二)零缺陷理论

零缺陷管理理论是一种现代质量管理学说,现已风行各个质量领域。零缺陷管理是一套系统的管理方法。其核心思想是改变人们做人做事的态度,引导人们"第一次把正确的事件做正确"。零缺陷管理认为从来就没有什么质量问题,所谓的质量问题是由于人们缺乏知识和缺少注意,没有第一次把事件做对而造成的缺陷和失误。零缺陷质量,要求企业的产品质量和工作质量标准都是零缺陷。围绕实现这一管理目标建立以"零缺陷"为标准的核心预防系统,坚持质量改进过程。在每一环节上追求第一次做对,消除不增值的活动,避免失误及返工产生的浪费。

四、其他质量管理专家

(一)因果图发明者石川馨

石川馨(Ishikawa Kaori)是日本著名质量管理专家,1972 年著有《质量控制制南》一书。他是因果图的发明者,日本质量管理小组(QC 小组)的奠基人之一,是将国外先进质量管理理论和方法与本国实践相结合的一位专家。

石川馨认为:质量不仅是指产品质量,从广义上说,质量还指工作质量、部门质量、人的质量、体系质量、公司质量、方针质量等。他认为,全面质量管理(TQC)在日本就是全公司范围内的质量管理。

他认为推行日本式的质量管理是经营思想的一次革命,其内容可归纳为 6 项:质量第一,面向消费者,下道工序是顾客,用数据、事实说话,尊重人的经营,机能管理。

因果图又叫"石川馨图",也称为鱼刺图、特性要因图等。它是利用"头脑风暴法",集思广益,寻找影响质量、时间、成本等问题的潜在因素,然后用图形形式来表示的一种十分有用的方法,它揭示的是质量特性波动与潜在原因的关系。

因果图有三个显著的特征:

(1)是对所观察的效应或考察的现象有影响的原因的直观表示。

(2)这些可能原因的内在关系被清晰地显示出来。

(3)内在关系一般是定性的和假定的。

(二)六西格玛质量理论与桑德霍姆

桑德霍姆(Lennart Sandholm)是国际质量领域最著名的专家之一,其理论和著作在世界多个国家被广泛流传。他是美国质量协会的董事会员,中国质量协会荣誉顾问,乌拉圭标准化学院以及多个国家质量协会的荣誉成员,曾获得亚太质量组织颁发的"亚太质量工作杰出贡献奖"和美国质量协会的 Grant 荣誉和 Lancaster 荣誉,在国际质量领域享有很高的声誉。

桑德霍姆先生说,六西格玛意为"6 倍标准差",在质量上表示每百万个机会中次品率少于3.4。系统的六西格玛质量理论和实施方法,则着眼于提示每百万个机会当中有多少缺陷或失误,这些缺陷和失误包括产品本身,产品生产的流程、包装、转运、交货延期、系统故障、不可抗力等。

作为当前国际上最先进的质量管理模式,六西格玛管理模式在摩托罗拉公司、GE 公司、宜家公司、沃尔沃公司等大型跨国企业中的运营都取得巨大成功。

第四节 质量管理的原则

基于质量管理的实践经验和理论研究,在质量管理领域形成了一些有影响的质量管理的基本原则和思想,不同的学者和专家对这些原则和思想有不同的表述。并且,他们的理念和思想已在质量界传播并用于指导实践。

为奠定现代质量管理的理论基础,使之更有效地指导组织实施质量管理,ISO/TC176/SC2 从 1995 年开始专门成立了一个工作组(WG15),承担征集世界范围一批质量管理专家的意见,总结和吸取世界各国质量管理理论的精华,经历约两年的时间,整理并编撰了八项质量管理原则。

质量管理八项原则是:关注顾客、领导作用、全员参与、过程方法、管理的系统方法、持续改进、基于事实的决策、互利的供方关系。正确理解八项原则的内涵,对指导企业质量管理和质量经营具有重要意义。充分融合当代国际质量管理理论和实践发展成果的八项原则,涵盖一个领导人在成功运作企业时应关注的重点、应具备的思想和工作方法以及正确处理各种利益关系时的准则和正确态度,其意义已远超出质量管理的领域和范畴,它将为企业整体化管理提供一条正确的思路。

八项质量管理原则实质上也是组织管理的普遍原则,是现代社会发展、管理经验日渐丰富、管理科学理论不断演变发展的结果。八项质量管理原则充分体现了现代管理科学的原则和思想,因此使用这八项原则还可以对组织的其他管理活动,如环境管理、职业安全与卫生管理、成本管理等提供帮助和借鉴,真正促进组织建立一个改进其全面业绩的管理体系。

一、以顾客为关注焦点的原则

组织依存于其顾客,因此,组织应当理解顾客当前和未来的需求,满足顾客要求并争取超越顾客的期望。失去顾客,企业就没有存在的必要,而且一定破产。顾客永远是对的。

(一)要点

顾客是每个组织存在的基础,组织应把顾客的要求放在第一位。因此,组织首先要明确谁是自己的顾客,要检查顾客的需求是什么,要研究怎么满足顾客的需求。所谓顾客是指"接受产品的组织或个人"。这说明顾客既指组织外部的消费者、购物者、最终使用者、零售商、受益者和采购方,也指组织内部的生产、服务和活动中接受前一个过程输出的部门、岗位或个人。

随着经济发展,供应链日趋复杂,除了组织直接面对的顾客(可能是中间商)外,还有顾客的顾客、顾客的顾客的顾客,直至最终使用者。最终的顾客是使用产品的群体,对产品质量感受最深,他们的期望和需求对于组织也很有意义。对潜在的顾客也不容忽视,虽然他们对产品的购买欲望暂时还没有成为现实,但是如果条件成熟,他们就会成为组织的一大批现实的顾客。还要认识到市场是变化的,顾客是动态的,顾客的需求和期望也是不断发展的。因此,组织要及时调整自己的经营策略和采取必要的措施,以适应市场的变化,满足顾客不断发展的需求和期望;测量顾客的满意程度并根据结果采取相应的活动或措施,使自己的产品或服务处于领先的地位。

(二)实施本原则的主要利益

1. 综合表现

(1)由于始终关注顾客要求并及时加以满足,就能使组织及时抓住市场机遇,做出快速而灵活的反应,从而提高市场占有率,增加收入,提高经济效益。

(2)由于始终满足顾客要求,可以提高顾客对组织的忠诚度,从而保持一批基本的老顾客,使业务能持续进行而不致萧条。

2. 分项表现

(1)在方针和战略的形成方面,可使全组织了解顾客及其他相关方的需求。

(2)在目标制订方面,可确保有关的目标和指标直接与顾客的需求和期望相联系。

(3)在运作管理方面,可改进组织满足顾客的需求和期望的业绩。

(4)在人力资源管理方面,可确保员工具有为满足顾客的需求和期望所需的知识和技能。

(三)实施本原则采取的主要措施

(1)全面了解顾客的需求和期望,如对产品、交货、价格、可靠性等方面的要求。

(2)确保组织的各项目标,包括质量目标能直接体现顾客的需求和期望。

(3)确保顾客的需求和期望在整个组织中得到沟通,使各级领导和全休员工都能了解顾客需求的内容、细节和变化,并采取措施来满足顾客的要求。

(4)有计划地、系统地测定顾客满意程度并针对测量结果采取改进措施。

(5)处理好与顾客的关系,力求顾客满意。

(6)在重点关注顾客的前提下,确保兼顾其他相关方的利益,使组织得以全面、持续的发展。

企业的质量管理应关注顾客的需求,并在质量方针中加以体现。将顾客明确的、隐含的要求转换为产品的设计和质量控制要求,在企业的组织结构中传达和实施,并且通过各种措施和手段予以保证和实现。

关注顾客是质量管理的核心,这个指导思想不仅各级领导要明确,还要在整个企业中获得沟通,取得共识。要正确处理好与顾客的关系,确保顾客和其他相关方的利益。必须在产品寿命期内,关注顾客需求。将顾客满意作为顾客和相关方利益的判断准则,作为对产品质量的最终评价,这是市场经济本身的客观必然性和规律性。顾客对产品的选择决定了产品在市场上的最终命运,产品对顾客的适用程度的差异决定企业竞争的最终结果。

此外,顾客的需求是不断变化的,企业应合理地理解顾客的需求,不断改进产品质量,持续地满足顾客的需求和期望。企业通过贯彻这一指导思想,可获得相应的市场回报:一是对市场环境变化和机会的快速反应,提升其产品的市场占有率;二是提高服务水平,吸引更多的顾客,提高顾客的重购率(回头客);三是提高企业经济增长的质量。

二、领导作用的原则

领导者确立组织统一的宗旨及方向,应当创造并保持使员工能充分参与实现组织目标的内部环境。

(一)要点

一个组织的领导者,即最高管理者是“在最高层指挥和控制组织的一个人或一组人”。最高管理者要想指挥好和控制好一个组织,必须做好确定方向、策划未来、激励员工、协调活动和营造一个良好的内部环境等工作,使别人同自己一起实现既定目标的活动。其中,控制包括指定标准、按标准衡量工作成效、纠正偏离标准的偏差。最高管理者的领导作用、承诺和积极参与,对建立并保持一个高效的质量管理体系,并使所有相关方获益是必不可少的。此外,在领导方式上,最高管理者还要做到透明、务实和以身作则。

(二)实施本原则的主要利益

1. 综合表现

(1)由于领导者创造了一个比较宽松、和谐、有序的环境,全体员工能够理解组织的目标并动员起来去实现这些目标。

(2)由于领导者规定了各级、各部门的工作准则,所有的活动能以一种统一的方式加以评价、协调和实施。

(3)领导者可以通过先进部门、先进员工的范例来推广先进经验,以促进持续的改进。

2. 分项表现

(1)在方针和战略的形成方面,可以对组织的未来勾画一个清晰的远景,并在组织内沟通,让全体员工都了解组织的奋斗方向。

(2)在目标制订方面,可以把远景规划细化为各项可测量的目标和指标。

(3)在运作管理方面,赋予员工职责范围内的自主权,并吸收他们充分参与组织所指定的工作。

(4)在人力资源管理方面,可以建立一支职责明确、积极性高、组织严密、稳定的员工队伍。

(三)实施本原则采取的主要措施

(1)全面考虑所有相关方的需求。相关方包括:顾客、所有者、员工、供方、当地社区乃至整个社会。

(2)做好发展规划,为组织勾画一个清晰的远景。

(3)在整个组织及各级、各有关部门设定富有挑战性的目标。

(4)在组织各级创造并坚持一种共同的价值观,树立职业道德榜样,形成企业的精神文化和企业文化。

(5)使全体员工工作在一个比较宽松、和谐的环境之中,建立信任,消除疑虑。

(6)为员工提供所需的资源、培训。

(7)激发、鼓励并承认员工的贡献。

(8)提倡公开和诚恳的交流和沟通。

(9)实施为达到目标所需的发展战略。

由于顾客的需求是期望通过规范来体现的,质量管理就是创造一种环境,确保产品形成过程是适用的、满足规范的。领导者应根据市场决定改进措施、产品结构调整和产业重组。质量管理面临的最大挑战就是创新。管理体系的不断调整和创新,实现整体意义上的优化,这是企业领导者最核心的职责。抓住了这一点,就抓住了企业管理之纲:纲举则目张。

三、全员参与的原则

各级人员都是组织之本,只有他们的充分参与,才能使他们的才干为组织带来收益。

(一)要点

全体员工是每个组织的基础。组织的质量管理不仅需要最高管理者的正确领导,还有赖于全员的参与。所以要对员工进行质量意识、职业道德、以顾客为关注焦点的意识和敬业精神的教育,激发他们的积极性和责任感。此外,员工还应具备足够的知识、技能和经验,才能胜任工作,实现充分参与。

(二)实施本原则的主要利益

1. 综合表现

(1)使全体员工动员起来,积极参与,努力工作,实现承诺,从而实现组织的方针和目标。

(2)使员工感到他们对自己的业绩负有责任,工作不好会给组织带来损失,从而树立工作责任心。

(3)使员工渴望参与持续改进并做出贡献,主动地、积极地寻找改进的机会,从而树立事业心。

2. 分项表现

(1)在方针和战略的形成方面,员工能更有效地为实现组织的方针和战略做出贡献。

(2)在目标制订方面,员工能分担实现组织目标的责任。

(3)在运作管理方面,员工能积极参与某些决策和过程改进。

(4)在人力资源管理方面,员工对他们的工作越来越满意,更积极地投身于个人的成长和发展,从而为组织带来收益。

(三)实施本原则采取的主要措施

(1)要对员工进行职业道德的教育,使员工了解他们贡献的重要性和在组织中的作用。

(2)教育员工要识别影响他们工作的制约条件,使他们能在一定的制约条件下取得最好的效果。如果制约条件属于自己的知识或技能水平,则应努力学习或实践,打破这些制约条件。

(3)在本职工作中,应让员工有一定的自主权,并承担解决问题的责任。

(4)应把组织的总目标分解到职能部门和层次,让员工看到并贴近自己的目标,激励员工为实现目标而努力,并评价员工的业绩。

(5)启发员工积极寻找机会提高自己的能力、知识和经验。

(6)在组织内部,应提倡自由地分享知识和经验,使先进的知识和经验成为共同的财富。

全员参与,能使产品实现的所有活动(过程)处于受控状态,使顾客需求贯穿于产品实现的全过程,从而达到顾客期望的全面实现和满意。

四、过程方法的原则

过程方法即有系统地识别企业的各个活动(过程)、相关资源及其运行接口和相互作用,并把相关资源和活动作为过程进行管理,以获得高效和期望的结果。过程方法强调过程活动与资源的有机结合,以顾客的要求和期望为投入,以提供给顾客的产品作为产出,将活动和相关的资源作为过程进行管理,高效地得到期望的结果。

(一)要点

过程是管理的基础。任何利用资源并通过管理,将输入转化为输出的活动均可视为过程。系统地识别和管理组织所应用的过程,特别是这些过程之间的相互作用,就是过程方法。

过程方法的目的是获得持续改进的动态循环,并使组织的总体业绩得到显著的提高。过程方法通过识别组织内的关键过程,随后加以实施和管理并不断进行持续改进来达到顾客满意的效果。

过程方法鼓励组织要对其所有的过程有一个清晰的理解。过程包含一个或多个将输入转化为输出的活动。通常一个过程的输出直接成为下一个过程的输入,但有时多个过程之间形成比较复杂的过程网络。这些过程的输入和输出与内部和外部的顾客相连。在应用过程方法时,必须对每个过程,特别是关键过程的要素进行识别和管理。这些要素包括输入、输出、活动、资源、管理和支持性过程。

(二)实施本原则的主要利益

1. **综合表现**

(1)由于采用了过程方法,可以通过有效地使用资源,使组织具有降低成本并缩短周期的能力。

(2)由于对过程的各要点进行了管理和控制,可获得改进的、一致的和可预测的结果。

(3)可集中注意每个过程可以改进的机会,并按其影响大小的优先次序进行改进。

2. 分项表现

(1)在方针和战略的形成方面,在组织内利用规定的过程,可导致更可预测的结果、更好的资源利用、更短的周期和更低的成本。

(2)在目标制订方面,由于掌握了过程能力,可以制订更富有挑战性的目标和指标。

(3)在运作管理方面,在所有运作中采用过程方法可以降低成本、预防差错、控制变异、缩短周期、得到更可预测的结果。

(4)在人力资源管理方面,可建立更经济的人力资源管理过程,如采用聘用、教育和培训等方法,使这些过程更符合组织的需要,建成一支更能干的职工队伍。

(三)实施本原则采取的主要措施

(1)识别质量管理体系所需要的过程,包括管理活动、资源管理、产品实现和测量有关的过程,确定过程的顺序和相互作用。

(2)确定每个过程为取得所期望的结果所必须进行的关键活动,并明确为了管理好关键过程的职责和义务。

(3)确定对过程的运行实施有效控制的准则和方法,并实施对过程的监视和测量,包括测量关键过程的能力,为此可采用适当的统计技术。

(4)对过程的监视和测量的结果进行数据分析,发现改进的机会,并采取措施,包括提供必要的资源,实现持续的改进,以提高过程的有效性和效率。

(5)评价过程结果可能产生的风险、后果及对顾客、供方及其他相关方的影响。

(6)过程方法适用于简单的过程和过程网络。

过程方法的原则要求:识别关键活动(过程)及其目标;确定工作界面、接口及其职能,包括活动准则、资源要求、相互作用及其风险;评价过程风险、关键活动的结果及其对顾客和其他相关方的影响。

五、系统方法的原则

管理的系统方法,即将相互关联的过程作为系统加以识别、理解和管理,有助于组织提高实现目标的有效性和效率。系统的特征具有整体性、集合性、目的性和环境适应性。系统存于环境之中,必然与环境(外界)进行物质、能量和信息交换。企业作为一个系统,必须用系统方法进行管理,才能适应市场变化,特别是全球经济一体化趋势。

(一)要点

所谓系统,就是相互关联或相互作用的一组要素。系统的特点之一就是通过各分系统协同作用、相互促进,使总体的作用往往大于各分系统作用之和。

所谓系统方法,实际上可包括系统分析、系统工程和系统管理三大环节。它以系统地分析有关的数据、资料或客观事实开始,确定要达到的优化目标;然后通过系统工程,设计或策划为达到目标而应采取的各项措施和步骤以及应配置的资源,形成一个完整的方案;最后在实施中通过系统管理而取得有效性和高效率。在质量管理中采用系统方法，就是要把质量管理体系作为一个大系统，对组成质量管理体系的各个过程加以识别、理解和管理，以达到实现质量方针和质量目标。

系统方法和过程方法关系非常密切。它们都以过程为基础，都要求对各个过程之间的相互作用进行识别和管理。但前者着眼于整个系统和实现总目标，使得组织所策划的过程之间相互协调和相容。后者着眼于具体过程，对其输入、输出、相互关联和相互作用的活动进行连续的控制，以实现每个过程的预期结果。

（二）实施本原则的主要利益

1. 综合表现

（1）使各过程彼此协调一致，能最好地取得所期望的结果。

（2）增强了把注意力集中于关键过程的能力。

（3）由于体系、产品和过程处于受控状态，组织能向重要的相关方提供对组织的有效性和效率的信任。

2. 分项表现

（1）在方针和战略的形成方面，可以制订出一个全面、富有挑战性的规划，此规划与部门职能及过程结果相联系。

（2）在目标制订方面，各个过程的目标和指标可以与组织的关键目标保持一致。

（3）在运作管理方面，可以对过程的有效性有更全面的了解，从而可以发现问题的根源，及时采取措施。

（4）在人力资源的管理方面，可以为实现共同的目标提供更好的理解，从而减少部门之间的隔阂，改进团队工作。

（三）实施本原则采取的主要措施

（1）建立一个以过程方法为主体的质量管理体系。

（2）明确质量管理过程的顺序和相互作用，使这些过程相互协调。

（3）控制并协调质量管理体系的各过程的运行，应特别关注体系内某些关键或特定的过程，并应规定其运作的方法和程序。

（4）通过对质量管理体系的测量和评审，采取措施以持续改进体系，提高组织的业绩。

系统方法解决问题的程序是：提出问题→选择目标→系统综合→系统分析→系统选择→方案优化→计划实施。系统管理强调系统性、综合性和最佳化，强调企业的运作过程，以适应企业一体化管理的需要，确保企业整体效益最佳。

质量管理作为企业的一个子系统，要处理好与财务、生产、技术、设备、人事等管理的关系，以体现质量管理活动的整体性。用管理的系统方法进行质量管理，能高效实现企业的质量目标，是实现过程方法模式的最好选择。

管理的系统方法是系统科学方法论在质量管理中的应用，体现了全面质量管理思想，它反映系统内部过程之间相互依存和相互作用的关系，追求质量体系之间的融合并保持与企业战略的一致性。将过程方法和管理的系统方法列入质量管理原则，是现代管理科学的新发展。系统管理将使企业充分适应高新技术产品的发展，适应国家经济政策、产业结构调整和世界经济发展潮流，最终成为市场经济的适应系统。

六、持续改进的原则

持续改进体现了当今质量管理的精髓及其理念。它使质量管理的思想从单纯的管理发展到创新，从追求符合发展到追求最佳化，反映了质量管理理论的实践与发展。持续改进整体业绩应当是组织的一个永恒目标。

（一）要点

所谓持续改进就是增强满足要求能力的循环活动。为了改进组织的整体业绩，组织应不断改进其产品质量，提高质量管理体系及过程的有效性和效率，以满足顾客和其他相关方日益增长和不断变化的需求与期望。只有坚持持续改进，组织才能不断进步。最高管理者要对持续改进做出承诺、积极推进，全体员工也要积极参与持续改进的活动。持续改进是永无终点的，因此持续改进应成为每个组织永恒的追求、永恒的目标。

ISO 9000 标准的一个新变化是适应质量追求完美的世界潮流和趋势。质量的新含义就是持续地达到顾客满意，它融合国际上最先进的质量理念，突出满足顾客和相关方的需求。由于其需求是在不断变化的，企业为取得竞争优势，必然要持续改进产品和服务质量。

持续改进意味着企业要将其作为一种质量战略方针的一个组成部分，贯彻到员工职责、生产、服务和营销流程中。其直接目的是致力于提高企业产品质量活动（过程）的有效性和效率，以适应企业长远竞争优势和对顾客要求的快速反应，它是企业各级管理者永恒的目标。

（二）实施本原则的主要利益

1. 综合表现

（1）由于坚持持续改进，从而提高了组织的能力，增强了组织的竞争优势。

（2）由于主动地、积极地寻找改进的机会，提高了组织对改进机会快速而灵活的反应能力。

2. 分项表现

（1）在方针和战略的形成方面，通过战略和业务规划，把各项持续改进集中起来，可以形成更有竞争力的业务计划。

（2）在目标制订方面，可以制订现实而富有挑战性的改进目标并提供资源以实现此目标。

（3）在运作的管理方面，可以吸收广大员工参与组织的持续改进活动。

（4）在人力资源的管理方面，可以向组织的员工提供各种工具、机会、方法以鼓励他们改进产品、过程和体系。

（三）实施本原则采取的主要措施

（1）在整个组织内采用始终如一的方法来推行持续改进，即持续改进应成为一种制度。

（2）对员工提供关于持续改进的方法和工具的培训。

(3)使产品、过程和体系的持续改进成为组织内每个员工的目标。

(4)应为跟踪持续改进规定指导和测量的目标。

(5)承认改进的结果,并对改进有功的员工通报表扬和奖励。

持续改进的基本要求是全员参与。因为企业的每一个活动都存在着改进的机会,可通过循环渐进或创新的方式展开,而不是出了问题,再去寻找改进的机会。质量管理体系存在的价值在于运行,其生命就是持续改进。企业要有一套始终如一的办法来推行持续改进,在思路上要突破守旧和无所作为的思想,员工的积极性和创造性思维才能发挥出来。

(四)持续改进的步骤和内容(PDCA 循环)

(1)分析企业现状,评价其经营情况,识别改进和创新的机会。

(2)对各种来源的数据综合分析,确定改进项目的总体要求。

(3)确定因果关系和改进区域,判断关键原因,策划改进方案和活动。

(4)实施改进,测量、评估改进过程的有效性和效率,评价改进结果。

(5)将新的解决问题的办法、有效措施及成熟的经验教训,纳入标准化和相关文件。必要时,对相关人员进行培训,以保持改进的成果。

(6)继续新的改进,将遗留问题转入下一个 PDCA 循环。

七、基于事实决策方法的原则

基于事实的决策方法,即从实际出发,以事实为依据,将事实分析的结果用于决策。它解决的是事件本身的不确定性,为防止决策失误,有效的方法是对数据和信息的逻辑分析和直觉判断。数据和信息是客观存在和体现事物特征的普遍形式,而质量信息则是过程控制和企业管理的重要工具。有效决策是建立在数据和信息分析基础上的。

(一)要点

决策是组织中各级领导的职责之一。所谓决策就是针对预定目标,在一定约束条件下,从诸方案中选出最佳的一个付诸实施。达不到目标的决策就是失策。正确的决策需要领导者用科学的态度,以事实或正确的信息为基础,通过合乎逻辑的分析,做出正确的决断。盲目的决策或只凭个人主观意愿的决策是不可取的。

决策的基础是真实的数据和信息。数据和信息必须经过逻辑推理和直观分析判断,通过客观的、合乎逻辑的分析,使管理者尽可能地用数据说话,避免决策失误。企业应建立利用质量信息管理系统进行辅助决策的工作程序,信息系统的关键过程是对数据和信息进行整理和加工。

(二)实施本原则的主要利益

1. 综合表现

(1)组织的各级领导能提供有信息根据的决策。

(2)组织可以增强通过实际来验证过去决策正确性的能力。

(3)组织可以增强对各种意见和决策进行评审、质疑和更改的能力,发扬民主决策的作风,使决策更符合实际。

2. 分项表现

(1)在方针和战略的形成方面,建立在有关的数据和信息基础之上的战略是比较现实的,也是可以实现的。

(2)在目标的制订方面,利用可比较的数据和信息可以制订出现实而又富有挑战性的目标。

(3)在运作管理方面,以数据和信息作为了解过程和体系业绩的基础,可以促进改进,防止出现问题。

(4)在人力资源的管埋方面,通过对来自人员调查、建议,关键小组的数据和信息的分析,有助于人力资源政策的形成。

(三)实施本原则采取的主要措施

(1)通过测量结果或有意识地收集与目标有关的各种数据和信息,明确规定收集信息的种类、渠道和职责。

(2)通过鉴别,确保数据和信息的准确性和可靠性。

(3)采取各种有效方法,对数据和信息进行分析。分析时,应采用适当的统计方法。

(4)应确保数据和信息能为使用者得到和利用。

(5)根据对事实的分析、过去的经验和直觉判断做出决策并采取行动。

基于事实决策方法的有效应用,将使企业增强科学决策能力,包括证实历史,对各种意见进行判断、质疑和修正,使企业的管理者根据实际情况和经验判断与分析,进行有数据根据的决策并采取行动。

八、与供方互利关系的原则

供方是产品和服务链上的第一环节,影响着企业的生产进度。供方的过程是产品质量形成过程的组成部分,其质量影响着产品和服务的最终质量,企业的质量效益包含供方的贡献。供方提供的产品(配套)对企业的产品可能会产生重要影响,供方甚至制约企业的发展与生存。组织与供方是相互依存的。互利的关系可增强双方创造价值的能力。

(一)要点

供方向组织提供的产品将对组织向顾客提供的产品产生重要的影响,因此处理好与供方的关系,影响到组织能否持续稳定地提供顾客满意的产品。在专业化和协作日益发展、供应链日趋复杂的今天,与供方的关系还影响组织对市场的快速反应能力。因此对供方不能只讲控制,不讲合作互利,特别对关键供方,更要建立互利关系。这对组织和供方双方都是有利的。

企业是否有一个巩固的供方,将影响企业产品的持续性和稳定性。当今世界经济的融合度大大增加,各国、各企业之间经济相互联系和依存得更加紧密。从战略角度出发,全方位地考虑运作企业,对供方既讲控制,也讲合作返利。经济全球化使一家企业根本无法进行全球竞争。企业间只有联合起来,结成经济同盟或战略联盟,有利共享,共同发展,这才是与供方互利关系的含义所在。

(二)实施本原则的主要利益

1. 综合表现

(1)与供方的合作可以增强供需双方创造价值的能力。

(2)与供方的合作可以增强对市场的变化联合做出灵活和快速的反应。

(3)与供方建立合作关系可以降低成本,使资源的配置达到最优化。

2. 分项表现

(1)在方针和战略的形成方面,通过发展战略联盟和供方的参与可以创造竞争优势。

(2)在方针的制订方面,通过供方的及早参与,能制订更富有挑战性的目标和指标。

(3)在运作管理方面,建立和管理好与供方的合作关系可以确保供方提供的产品更为可靠、及时和无缺陷。

(4)在人力资源管理方面,通过对供方的培训和双方合作改进,可以发展和提高供方的能力。

(三)实施本原则一般要采取的主要措施

(1)识别并选择重要供方。

(2)在建立与供方的关系时,既要考虑眼前利益,又要考虑长远利益。

(3)与重要供方共享专门技术、信息和资源。

(4)创造一个通畅和公开的沟通渠道,及时解决问题。

(5)确定联合改进活动。

(6)激发、鼓励和承认供方的改进及其成果。

与供方建立互利关系,首先要建立评价和选择供方的程序,正确识别关键供方。与供方建立良好的互惠关系,信息公开,使双方都有利可图,必要时,与供方建立长期合作伙伴关系,共享专门技术和资源。

与供方建立关系时,既要考虑眼前利益,又要从战略目标出发,考虑长远利益,使企业成本和资源得到优化配置。供方应按企业要求建立质量体系和相关质量认证制度,通过互利关系,增强企业及其供方创造价值的能力。

综上所述,质量管理八项原则是相互联系和相互影响的,关注顾客是质量管理的指导思想,不断满足顾客要求是持续改进的目标,持续改进依靠领导作用、全员参与和互利的供方关系这些基本条件来保证。采用的是过程方法、管理的系统方法和基于事实的决策,而这些基本方法正是控制论、系统论和信息论在质量管理中的应用。

思考题

1. 谈谈你对质量管理的发展阶段的理解。
2. 质量管理的基本概念是什么?
3. 质量管理体系的由来是怎样的?
4. 质量控制与质量改进的含义与意义是什么?

5. 谈谈你对戴明关于质量管理的精髓——戴明14点的理解。

6. 结合自己对朱兰的质量螺旋和80/20原则的了解，谈谈如何应用好80/20原则。

7. 石川馨对质量管理的贡献是什么？

8. 怎么理解“以顾客为关注焦点的原则”？

9. “全员参与的原则”为何重要？

10. “持续改进的原则”对质量管理的意义是什么？

第三章　纺织服装企业质量管理体系的建立与运行

本章知识点

1. ISO 9000:2000 族标准的结构。
2. 质量管理体系认证。
3. 纺织服装企业质量管理体系策划。
4. 纺织服装企业建立质量管理体系的方法。
5. 纺织服装质量管理体系的运行。
6. 纺织服装企业产品实现过程的质量控制。

第一节　质量管理体系概述

一、质量管理体系的内容

（一）质量管理体系的产生

第二次世界大战之后，随着世界经济的迅猛发展，全球贸易的竞争形势也日趋激烈。市场的竞争就是产品与技术的竞争，各个国家不同的技术标准与质量保证要求为贸易自由化树立了难以逾越的障碍。随着国际合作的进一步深入，统一各国对产品和服务的质量保证标准的要求越来越强烈。在英国标准化学会（British Standards Institution, BSI）的建议下，国际标准化组织（International Standardized Organization, ISO）成立了质量管理和质量保证委员会，即 TC176，专门研究国际质量保证领域内的标准化问题，并负责制订质量管理和质量保证国际标准的工作。

在各国专家的共同努力下，质量管理和质量保证委员会于 1986 年至 1987 年正式颁布了"质量管理和质量保证"系列标准，被人们称为 87 版 ISO 9000 系列国际标准。87 版 ISO 9000系列标准包括 6 个标准：ISO 8402:1986《质量——术语》；ISO 9000:1987《质量管理和质量保证标准——选择和使用指南》；ISO 9001:1987《质量体系——设计、开发、生产、安装和服务质量保证模式》；ISO 9002:1987《质量体系——生产和安装质量保证模式》；ISO 9003:1987《质量体系——最终检验和试验的质量保证模式》；ISO 9004:1987《质量管理和质量体系要素——指南》。

1987 年正式颁布了 ISO 9000 系列标准之后，ISO/TC176 又于 1994 年颁布了修订版的 ISO 9000 系列标准，在修订中对标准结构没有做大的调整，仅对标准内容进行了小范围的调整，因此称 94 版的 ISO 9000 系列标准为"有限修改"。

之后，ISO/TC176 继续对标准进行修订，并做了"彻底修改"，于 2000 年正式颁布了最新版的 ISO 9000 系列标准,即 ISO 9000:2000。

(二)2000 版 ISO 9000 族标准

1. ISO 9000:2000 **族标准构成** ISO 9000:2000 族标准与 94 版相比使用范围更加广阔,更注重质量管理体系的有效性和持续改进,同时减少了对程序化文件的硬性要求,并考虑了所有相关方的利益需求。"标准"的主要构成内容如下表所示。

ISO 9000:2000 族标准的结构

核心标准	ISO 9000 《质量管理体系——基础和术语》
	ISO 9001 《质量管理体系——要求》
	ISO 9004 《质量管理体系——业绩改进和指南》
	ISO 19011 《质量和环境管理体系审核指南》
支持性标准	ISO 10012 《测量控制系统》
技术报告(TR)	ISO/TR 10006 《质量管理——项目管理质量指南》
	ISO/TR 10007 《质量管理——技术状态管理指南》
	ISO/TR 10013 《质量管理体系文件指南》
	ISO/TR 10014 《质量经济性管理指南》
	ISO/TR 10015 《质量管理——培训指南》
	ISO/TR 10017 《统计技术指南》
小册子	《质量管理原则》
	《选择和使用指南》
	《小型企业的应用》

2. ISO 9000:2000 **核心标准** 如上表所示,ISO 9000:2000 族标准中的核心标准包含以下四部分内容。

(1)ISO 9000:2000《质量管理体系——基础和术语》。ISO 9000 标准表述了族标准中质量管理体系的基础知识及相关术语,明确了组织改进业绩、获得持续成功的八项质量管理原则,表述了建立和运行质量管理体系需要遵循的 12 个方面的质量管理体系基础,阐明了 ISO 9000族标准所应用的 80 个术语及术语的使用方法、术语间的关系。

(2)ISO 9001:2000《质量管理体系——要求》。ISO 9001 标准是用于审核和第三方认证的唯一标准。该标准规定了对质量管理体系的要求,是用于内部和外部评价组织提供满足组织自身要求和顾客、法律法规要求的产品的能力。标准以质量管理的八项原则为基础,采用过程管理模式,鼓励组织在建立、实施和改进质量管理体系,提高其有效性时,采用过程方法,以满足顾客要求增强顾客满意度。标准是通用的,适合于各行各业。国际上目前没有专门针对纺织服装行业的体系认证,因此我国许多纺织服装企业都选择进行 ISO 9001 认证。

(3)ISO 9004:2000《质量管理体系——业绩改进和指南》。ISO 9004 标准以质量管理八项原则为基础,应用了以过程为基础的质量管理体系模式的结构,提供了超出 ISO 9001 标准要求的指南和建议，旨在帮助组织以高效的方式识别并满足顾客及其相关方的需求和期望，通过实现、保持和改进组织的总体业绩而提高各相关方的满意度。该标准给出了自我评价和持续改进过程的示例，以帮助组织获得成功。

(4) ISO 19011:2000《质量和环境管理体系审核指南》。ISO 19011 标准对于质量管理体系和环境管理体系审核的基本原则、审核方案的管理、审核的实施以及对审核员的资格要求提供了指南，适用于所有运行质量或环境管理体系的组织，直到其内部和外部的审核工作，并体现了"不同的管理体系可以有共同管理和审核要求"的原则。

二、质量管理体系与其他管理体系的关系

(一)质量管理体系与管理体系

管理体系是指"建立方针和目标并实现这些目标的体系"(ISO 9000:2000—3.2.1)。一个组织的管理体系包括若干个不同的管理体系，如质量管理体系、财务管理体系、环境管理体系、职业卫生与安全体系等，他们是相互管理、相互影响的。

质量管理体系是组织的管理体系的一部分，致力于使与质量目标有关的输出(结果)适当地满足相关方的需求、期望和要求。组织的质量目标与其他目标如与增长、资金、利润、环境及职业健康与安全有关的目标相辅相成。一个组织的管理体系的各个部分，可以同质量管理体系相整合，从而形成一个一体化的管理体系。这将有利于策划、合理资源配置、确定互补的目标并评价组织的总体有效性。这些管理体系有各自的方针和目标，组织的质量目标应当与其他目标相辅相成，构成组织的总体目标。

最初，由于在国际贸易过程中的非关税壁垒、绿色壁垒及客户的特殊要求，我国许多纺织服装行业在通过 ISO 9001:2000 认证的基础上，不得不还要取得其他的认证证书，如环境体系认证、SA8000 认证等，但在认证的过程中提高了企业的综合管理能力，为企业全面提高在国际市场上的竞争力增加了砝码。

ISO 9001 标准的许多管理理论和方法，如八项质量管理原则、PDCA 循环模式、持续改进、文件和资料控制、记录控制、审核与评审、资源管理、不合格控制等，都可以在企业环境、职业健康安全等管理方面得以运用。

(二)行业质量管理体系

尽管 ISO 9001:2000 的通用性较强，适合各行各业，但当企业依据标准建立质量管理体系时，需结合产品和生产的实际情况增加许多质量控制的内容，其可操作性在不同行业有较大的差异。许多行业都认为需要有一份结合本行业产品和生产特点的质量管理标准，才能有效地实施质量管理。于是，认证的领域正在向专业化、行业化的方向发展，并在汽车行业、电信行业、航空航天行业、医疗器械行业、石油化工行业、食品饮料行业、软件行业、金融行业等领域均有所发展，并以 ISO 9001 标准为基础，结合行业特点推出行业专用质量管理认证标准。

目前，在纺织服装行业还没有一个专门的质量管理体系标准，纺织服装企业遵循的是通用的 ISO 9001:2000 认证标准。

三、质量管理体系认证

质量管理体系认证是由一个独立的第三方权威认证机构依据公开发布的质量管理体系标准，对组织的质量管理体系进行合格评定，通过颁发证书并予以注册的形式证明组织有能力提供合格产品的活动。

（一）认证申请与受理

质量管理体系认证是一种自愿行为，企业来自于内部的认证动机是规范与提高自身管理水平，来自于外部的动机往往是市场的竞争需求或客户要求。认证时，由申请方向质量管理体系认证机构提出认证申请，认证机构接到申请后将对申请书上的内容进行评审以确定是否受理，如果受理，则与申请方签订认证合同。申请书中应当包括申请方的概况、申请认证的范围、认证审核的准则、申请人的承诺等内容，并且还要有申请人授权代表的签字。

（二）认证审核的准备与文件审核

如果认证申请被受理，认证机构就会与申请方签订质量管理体系认证审核合同，认证机构组成审核组对申请方进行审核。审核组长和审核组成员均由认证机构指定，并通知申请人。审核组开始审核申请方递交的质量手册和质量体系程序文件是否符合审核准则的要求，并做记录。如有问题，要求申请方在现场审核之前予以纠正。文件审核通过后，审核组在与申请方沟通后，开始制订审核计划和日程安排，准备现场审核。

（三）现场审核与纠正

在现场审核前，审核组还要准备相应的审核检查表，检查表的内容和形式没有硬性的规定，通常可以按照标准条款或按部门职责来编制，实际审核时按照检查表的内容和要求进行。现场审核要召开一次“首次会议”，由审核组、受审方的高层管理者、管理者代表、相关工作人员、专家等相关方参加，主要对整个审核计划和要求进行通报。现场审核开始后，审核组要深入工作现场，检查各个环节过程是否合乎要求、职责是否明确、方法是否得当等，而且要查阅现场文件是否完整。访谈、测量、查看、记录等是现场审核时所采用的最基本的工具与方法。

现场审核后，审核组要对受审方的质量管理体系进行总体评价，并对审核过程中发现的不符合要求的过程、方法等提出建议。受审方根据审核报告分析、纠正不合格项，经审核组跟踪审核、验证并获得确认后，审核过程方可结束。

（四）合格评定与注册发证

审核通过后，审核组长按照规定将全部材料上报认证机构，认证机构委派经批准的合格评定人员对认证过程的有效性、认证结论的正确性、认证程序的规范性及审核材料的真实完整性等方面进行合格评定，然后根据合格评定的结论意见对受审核方质量管理体系做出是否给予认证注册的决定。如果决定给予认证，由认证机构向受审核方办理有统一注册编号的、印有认证机构认证标志和国家认可标志的质量管理体系认证证书，证书的有效期限是三年。

（五）认证后的监督审核与复审

获得认证证书后，并不是一劳永逸，企业在三年有效期内必须接受认证机构的监督审核,以验证其质量管理体系是否持续满足审核准则的要求、是否持续有效运行、考察企业运行引起的质量管理体系的变化是否符合认证要求以及提出是否保持认证结构的推荐性意见。一般首次监督审核在审核获证半年后进行,以后每年进行一次。证书期满时,企业若打算继续保持证书,应及时申请复审换证。认证机构组织复审,以决定是否让其继续持有证书。

目前在广东、上海等大城市有一些为纺织服装企业提供服务的专业咨询公司,可以帮助纺织服装企业实施认证前的准备工作,如认证申请、质量管理体系策划、质量管理体系文件的编制、文件管理、管理体系培训等。这类公司有丰富的行业认证经验和文件资料,并熟悉相应的法律法规。

第二节 纺织服装企业质量管理体系的建立

一、纺织服装企业质量管理体系策划

质量策划是质量管理的一部分,致力于制订质量目标并规定必要的运行过程和相关资源以实现质量目标的活动。质量管理体系策划是对企业最终建立并完善质量管理体系所进行的全面筹划。

(一)统一认识

建立和实施质量管理体系需要得到企业领导的高度重视,因此,首先要对领导者和决策者实施培训,使他们了解质量管理体系的内容和实施方法,从而正确领导企业实施质量管理体系。

(二)成立团队

首先,需要有一个由企业最高管理者或决策层任命的管理者代表全权负责建立、实施和改进企业质量管理体系。根据企业的经营特点、组织规模建立起统一规划、分级负责的实施团队。纺织服装企业的规模差别较大,企业规模也从几十人到数万人不等,规模越大,越需要建立科学高效的团队组织来建立和运行质量管理体系。对于中大型企业,一般应建立三个层次的团队组织,最高级应当有企业的高层管理者(或指定的管理者代表)为首的负责整体策划、协调和指导的领导团队。其次,要建立由各个职能部门主管参与的工作团队,负责总体规划的实施。最后,要成立专门进行体系设计和体系文件编写的工作团队,团队成员由各职能部门的领导或业务骨干组成。

(三)全员培训

质量管理体系的建立需要企业全部人员及相关方的参与,因此需要进行全面的培训,让员工认识自己的工作在建立质量管理体系中的重要性,培养质量意识。对各部门的骨干和负责人要进行技术培训,掌握正确的工作流程和体系文件的编写方法。体系建立起来后,要通过培训使员工按照程序文件的规定掌握正确工作方法。纺织服装企业属于劳动密集型企业,人员数量众多但文化水平普遍较低,因此在提供培训时,一定选择合适的培训方式,深入浅出,逐步影响员工的观念。

（四）调查分析

对企业现状进行调查和分析的内容包括：确定体系涉及的产品及过程的特点；了解目前的组织机构设置及职能分工是否适应质量管理体系的要求；企业内部涉及的区域、场所以确定体系覆盖的范围；了解资源状况，包括人力资源、设备资源等；管理的基础工作，包括标准、计量、质量方面工作以及现行的质量文件、记录和信息等。

（五）制订计划

计划是一切行动的依据。计划可以根据组织层次来制订，质量管理体系的计划主要是中短期计划。计划的内容并不是一成不变，应根据实施情况进行适当的变更。

（六）整合资源

很多纺织服装企业的组织机构设置不科学，机构重复、职能交叉的现象很普遍，不适应建立质量管理体系的要求，必须要进行调整，对资源进行重新整合和分配，以建立一个高效的组织机构，提高资源的有效利用率。

（七）总体设计

在所有基本工作做完的基础上，对企业的质量管理体系进行总体设计，作为最终建立和完善质量管理体系的大纲和指南。总体设计方案应当由最高管理者或是其领导的体系设计小组负责提出，由最高管理者主持的决策会议审定。主要内容应当包括：质量方针和质量目标，质量管理体系的覆盖范围，组织结构及质量职能的分配，质量管理体系涉及的产品及过程，质量管理体系过程网络及接口关系，质量管理体系文件结构及编制要求，资源配置计划。

二、纺织服装企业建立质量管理体系的方法

质量管理体系是企业为实现质量方针和质量目标，由一组相互关联或相互作用过程所构成的网络系统。质量管理体系立足于使企业提高过程能力，确保产品可靠性，并通过PDCA循环、持续改进过程和产品质量，增加顾客的满意度而设计的。ISO 9000：2000 提出了八个工作步骤，以有计划有步骤地建立和实施质量管理体系。这些步骤有利于企业开发和实施质量管理体系，对企业现有的质量管理体系的保持和改进也非常有益。

（一）确定顾客和其他相关方的需求和期望

根据产品的特点，识别和确定顾客和其他相关方的需求和期望，包括现行的需求和潜在的需求以及法律法规的要求。如儿童的抵抗力和免疫力都比较低，因此儿童服装的要求与成年人有较大差别，国家的相关规定也对童装材料与制作过程做了较严格的要求。童装企业在建立品牌、推广产品的同时，一定要认识到顾客对产品的特殊需求以及法律法规的相关规定。

（二）建立企业的质量方针和质量目标

按照顾客和相关方的需求及企业的质量宗旨和方向，制订和颁布企业的质量方针和目标。质量方针和质量目标既有区别又有联系，质量目标给出了企业在质量上的努力方向，质量方针则体现了企业实现这个目标的决心和能力。质量方针和质量目标也要与企业的文化相融合，让每一个员工记住并理解其中的含义，将方针目标切实贯彻到实际工作中。

（三）确定实现质量目标必需的过程和职责

企业要识别和确定实现企业的质量目标所必需的各个过程和实施过程的职责。在质量管理体系中，各个环节的工作内容都是一个过程，过程与过程是相互包含、相互衔接、相互影响的关系，每一个过程都要有过程目标，要有过程负责人，将职责落实到个人。

（四）确定和提供实现质量目标必需的资源

要实现质量目标，企业需要改进工作方法、提高管理效果、改良工艺与设备，则要投入相应的人力、物力、财力资源，尤其是资金和技术两项资源缺一不可。需要高层管理者高度重视，并保证资源供给，否则会影响质量管理体系的成功实施。

（五）规定测量每个过程的有效性和效率的方法

过程的改进效果需要测量才能知道，测量的目标是过程的有效性，如某道工序过程的合格率提高了多少，行政人员处理某个业务的时间缩短了多少等方面。选择的测量方法必须要能够准确、客观地记录测量结果。

（六）应用测量方法确定每个过程的有效性和效率

应用所选择的测量方法来判断各个过程的有效性，为下一步工作提供依据。

（七）确定防止不合格并消除产生原因的措施

不合格是指不能满足顾客的需求。对于不合格的过程和产品应及时发现，同时要通过确认不合格产生的原因，采取纠正措施。

（八）建立和应用过程以持续改进质量管理体系

建立质量管理体系不是一劳永逸的，要运用 PDCA 循环思想，持续改进，不断完善。

质量管理体系方法重点是过程。一个由过程、过程链、过程网络组成的系统相互关联、相互发生作用。这八个步骤充分体现了体系管理的整体性、系统性、有序性、关联性、动态性等特征，也是管理系统方法的具体体现。

采用上述方法的企业能对其过程能力和产品质量建立信任，为持续改进提供基础。这可增加顾客和其他相关方满意程度并使企业成功。

三、纺织服装企业质量管理体系文件

文件是有意义的数据及其载体。文件可以是纸张、光盘、照片或其他电子媒体，或他们的组合。文件可分为受控文件和非受控文件。受控文件是指文件在编制、发放、使用、修改、作废、处置等都受到控制的文件，不得随意处置与散播；非受控文件是指在文件发放后，不控制其使用、修改、作废、处置等的文件。往往企业内部使用的文件都是受控文件，要标记上受控标志。

在质量管理体系总体设计后，企业就可以组织工作组着手编制质量管理体系文件了。在企业内使用的质量管理体系文件是一套系统的受控文件，每个文件都是唯一的，一般包含标题、编号、受控标识、版本号等内容，同时还要有评审、批准及修改状态的证据，应符合质量管理体系标准、法律法规等要求，具有可操作和持续的适宜性。

(一)文件的内容

纺织服装企业的质量管理体系文件应当包括:质量手册,形成文件的程序,为确保其过程有效策划、运行和控制所需的第三层次文件,质量记录等。

1. **质量手册** 质量手册是规定质量管理体系的文件,是质量战略的体现,是对产品实现的相关过程实施控制的基础,必须是书面的。质量手册的内容应该包括目录、手册颁布令(通常包括质量方针和目标以及管理者代表的授权书)、企业简介、质量手册的管理与使用说明、引用标准和术语定义、与产品质量有关人员的职责权限和相互关系、质量体系过程以及引用程序要点和说明、支持性文件的附录等。质量手册不是保密文件,内容应当适度,既要清楚描述质量管理体系的全貌,又不能过多涉及受控文件的内容。质量方针和质量目标可以单独形成文件,也可放于质量手册中。

2. **程序文件** 程序是为进行某项活动或过程所规定的途径,可以是书面的或口头的。当程序形成文件时,称为书面程序或程序文件。程序文件是描述质量管理体系过程所要求的质量活动如何展开的文件,它有力地支持着质量手册的各项内容,有时也是质量手册的一部分。程序文件的内容包括标题、目的和范围、术语和定义、职责和权限、工作程序(通常是用来明确何时、何地、由谁、做什么、怎么做、做到什么程度、保留什么记录等)、相关或支持性文件、记录、附录等。其中,文件控制程序、记录控制程序、内部质量审核程序、不合格品控制程序、纠正措施控制程序、预防措施控制程序等六个程序文件是必须要具备的;另外,根据企业的具体情况,会适当增加其他必要的程序文件。

3. **第三层次文件** 一些小规模的企业编写到程序文件基本就能把所有的过程包含在内,但大部分的企业往往还需要使用到第三层次文件,也称为作业文件,供具体业务的管理人员和操作人员使用,是程序文件的支持性文件。作业文件包括作业指导书、作业计划、规范、指南、表格等。

4. **记录** 记录是阐明所取得的结果或提供所完成活动证据的文件,用于追溯和作为证据。记录描述的是事实,不可更改,因此不需要控制版本,但用于描述事实成为记录的表格需要控制版本。常见的记录形式是表格,除此之外还可以用样品(如服装企业的样衣)、照片、音像制品、光盘等形式。记录的所有者是企业,而不是任何个人,因此谁都无权随意处理和修改记录。记录应当具有唯一的标识,就像身份证号码一样,通常是分类号或流水号。记录的填写应当准确、及时、清楚和客观,不得修改和涂抹。

(二)文件编写的原则

ISO 9000:2000 标准中指出"文件的形成本身不是目的,它应是一项增值活动"。为了实现增值的目标,编写文件必须要遵循一定的原则。

1. **符合性原则** 符合是指文件编制要满足以下要求:质量方针和质量目标以及质量承诺,ISO 9001:2000 标准的要求,有关法律、法规和政策的规定等。

2. **操作性原则** 质量管理体系文件必须适合于客观实际情况,并对质量活动明确规定何时、何地、做什么、由谁来做、依据什么程序、怎么做及如何记录、保留什么记录等,排除人为的影响因素。只有这样,文件才能符合真实情况,得以有效地贯彻实施,过程的实施与实施结果不会因人或因时而发生变化，过程才能受控，文件才能具有可操作性。

3. **系统性原则**　质量管理体系是一个由组织结构、程序、过程和资源构成的有机整体，应该站在系统的高度编制文件，文件层次要分明，覆盖全面但又不交叉重复，活动实施的步骤与要求明确，并施以有效的反馈控制。

4. **闭环性原则**　闭环性原则要求质量管理体系文件编写要遵循 PDCA 循环的思想，相互补充、逐步改进。如对不合格项的处理，不仅仅要调查和分析原因、采取纠正措施，而且还必须实施、验证并管理过程，找出纠正措施有效的证据。

5. **改进性原则**　改进是在继承基础上的创新，是发展的基础。因此编制质量管理体系文件不仅要继承精华，还要勇于发挥创新精神，并保证持续改进。

6. **证实性原则**　质量管理体系文件本身就是质量管理体系符合标准要求的重要客观证据，尤其是记录的开展和保存，为体系的有效运行提供了实证。

7. **预防性原则**　预防是质量管理的核心，也是质量管理体系标准的基本要求。在文件编制中要立足于预防，对质量活动中各种可能影响质量的因素进行有效的控制，特别关注质量策划、设计和开发活动，注意规定利用统计分析技术研究过程的规律和趋势，识别潜在不合格的原因，并采取措施予以预防。

（三）文件编写的流程

编写质量管理体系文件必须要遵循文件的编写原则，有步骤、有组织、有计划地逐步完成。纺织服装企业在编制文件时，要考虑到企业的经营范围和特点，选择实践经验和理论知识较为丰富的管理者负责统筹安排编写工作。如果企业内缺乏合适的人选，可以考虑从外部获得。通常从开始筹备到编写完毕需要半年至一年的时间。下面是文件编写的基本流程。

1. **培训**　要对编写文件的人员进行培训。培训要分阶段、分层次地进行，可以在企业内部集中培训，也可以分批将人员送到有关的培训班参加培训。培训内容是关于对质量管理体系标准的充分理解、文件编写的方法和技巧、文件的覆盖范围、相关要求等内容。

2. **调研**　文件的编写不是凭空臆造出来的，要进行调研。调研的内容包括资料调研、企业外调研和企业内部调研。资料调研主要是获得文件编写的相关资料。企业外调研通常是到已经成功实施 ISO 9000 的企业去学习，以获得宝贵经验和实例，或去相关咨询单位咨询，可以使企业少走弯路。企业内部调研是指编写人员深入企业各个部门对实际情况进行调查。

3. **计划**　制订编写计划，对需要编写的文件类别、数量、时间要求、基本格式等做出统一部署和规定，落实到编写人员。

4. **编写**　编写人员应当根据计划安排分头编写，按时交稿。

5. **汇总**　质量管理部门将各个编写人员完成的文件初稿收集汇总，统一口径，并组织全体编写人员共同研究讨论，形成草案。

6. **审核**　由质量管理体系文件编写小组对草案进行审核。审核无误，则领导可批准试运行。如果审核有问题，则根据责任人发回重写。

7. **试运行** 按照审核通过的文件内容试运行质量管理体系，以判断各层次文件是否正确、全面，并寻找和发现文件不足的地方。

8. **跟踪** 编写小组人员要跟踪文件运行情况，及时发现运行中出现的问题，并及时组织修改文件，形成终稿。

9. **批准** 领导小组对质量管理体系文件的最终稿进行审核，无异议后，批准正式发行实施。

10. **正式运行** 获得正式批准的文件，根据受控程度与范围，下达到相关部门或人员手中，正式运行质量管理体系。

第三节 纺织服装质量管理体系的运行

一、纺织服装企业质量管理体系运行阶段

纺织服装企业质量管理体系的运行是在质量管理体系文件正式发布并经过系统培训后，企业的所有与产品质量有关的质量活动按照质量管理体系文件的规定开展，使质量管理体系的过程始终处于受控状态。控制质量管理体系的过程，目的是使质量管理体系有效运行，提供顾客满意的产品，实现企业的质量方针和质量目标。质量管理体系的运行分为两个阶段：试运行与运行阶段。

（一）试运行阶段

质量管理体系试运行阶段是指质量管理体系文件刚刚发布或进行了较大的修改，从企业的局部或部分质量管理体系文件开始执行，逐渐扩展范围，运行新建立的质量管理体系，以验证文件是否已经理解与适用，职责是否明确，接口是否清楚，要求是否恰当等。

质量管理体系试运行阶段的主要任务是贯彻、试行和完善质量管理体系文件。在试运行阶段的中期和后期，一般要进行一至两次内部审核，以发现问题并采取措施解决问题，使质量管理体系充分、适宜、符合要求。

（二）运行阶段

质量管理体系运行阶段是新建立的质量管理体系经过一段时间的试运行，不适用的规定或要求基本上得到了修改，各方面基本协调一致，企业内的所有相关部门全面、系统地执行质量管理体系文件的阶段。

质量管理体系运行阶段的主要任务，是通过内部审核、管理评审、数据分析等找出改进机会，制订、实施纠正措施和预防措施等进行持续改进，以持续保持质量管理体系适宜、充分，使质量管理体系持续有效运行，提供符合顾客要求的产品，实现顾客满意。在运行期间，通常每年至少要进行一次管理评审，三次质量管理体系的内部审核，以保证质量管理体系的有效性。

二、纺织服装企业资源管理

纺织服装企业建立和运行质量管理体系都离不开资源的支持，企业必须确定并提供有

效资源，以实施、保持质量管理体系并持续改进其有效性，并通过满足顾客要求，增强顾客满意度。

纺织服装企业的资源包括人力资源、基础设施资源和工作环境。

（一）纺织服装企业人力资源

人力资源是质量管理体系的主要资源，任何一个管理者都不愿意聘用不恰当的人员从事工作。因此，人力资源管理的目的就是为企业选择合适的员工。纺织服装企业是劳动密集型企业，劳动力素质对产品质量影响很大，人力资源管理管理的作用非常重要。其主要工作内容是确定人员的录用标准、人员招聘、人员甄选、分配岗位、订立薪酬标准、绩效考核、员工培训与技能开发等。

根据质量管理体系的要求，纺织服装企业应当从以下几个方面进行人力资源管理。

1. **确定岗位需求** 确定从事影响产品质量工作的人员所必要的能力需求，即岗位需求，同时企业要为这些岗位配备合适的员工，并通过培训等手段使各岗位的人员具备所需的能力。合适的员工是指有能力、能胜任工作的员工，企业可以根据员工的受教育程度、接受的培训内容、已经具备的工作技能与工作经验来进行判断。

企业应当根据各个岗位的职责和权限及其相应的质量要求和工作负荷，识别岗位对能力的需求，制订人员任职条件，以各岗位提出的具体的、可评价的、对能力的要求作为人员招聘、上岗和转岗的依据。并且任职条件应当是动态的，随着产品要求等各因素的变化而更新。

2. **提供培训或采取其他措施以满足这些需求** 对拟从事这些工作的人员提供培训，使其具备满足这种需求的能力，也可采取除培训以外的其他措施，以满足所从事的质量工作对人员的这种能力需求。

根据纺织服装企业中岗位职责与要求的差异可以将服装企业的人力资源分为三类：管理人员、专业技术工人、普通工人。

（1）管理人员。管理人员包括企业的高层管理者、各部门主管、班组长、职能单位工作人员等，这类人员往往要求具备较高的专业知识背景、能够管理下属和协调冲突、需要处理较为复杂多样化的工作问题。企业要为这类员工定期提供必要的管理培训，提高员工的工作水平和管理素质。

（2）专业技术工人。专业技术工人是指具备较为复杂技术技能或特殊专业技能的工人，如服装生产企业的打版师、裁片工等，企业通常要求这类员工需要具备较为丰富的工作经验，但由于技术工人的培养周期较长，具有稀缺性，因此，需要企业提前为有潜力的员工提供相关的技能培训，为企业的发展储备人才。

（3）普通工人。普通工人是企业中人数最多的一类员工，他们往往承担着企业里最大一部分工作量，但岗位的技术难度不高，员工比较容易掌握工作技能，如服装生产企业的车工、搬运工、包装工等。普通工人的工作效率与员工的工作经验和个人素质有较大的关系，企业在选择新工人时如果没有足够的有经验的工人，应当着重选择那些学习能力和适应能力较强的人，再由经验丰富的老工人对其进行阶段性培训，安排试生产，短期内即可上岗工作。

3. **评价所采取措施的有效性** 企业要对所有与产品质量有关的岗位人员的培训及所采取的其他措施的有效性进行评价，以确认培训效果。可通过面试、笔试、实际操作等方式检查培训或其他措施的效果是否达到了培训或其他措施所策划的目标（该目标应与某质量工作岗位对能力要求的程度相一致）。同时，为了提升企业的人力资源素质，可以定期进行内部技能鉴定，以督促员工不断改进自身技能。

4. **确保员工认识到所从事活动的相关性和重要性贡献** 使每一个员工都能认识到自己所从事的活动，或工作对质量管理体系的重要性和各种活动之间的关联性，以及如何才能为实现所从事活动的质量目标做出贡献。企业可以通过培训培养员工的质量意识和参与意识，使员工真正理解本岗位工作在质量管理体系中的重要作用和意义，以及其工作结果对其他过程和产品质量的影响，并能够主动积极的在本岗位开展对质量有产品贡献的工作。

5. **保留教育、培训、技能和经验的适当记录** 应保留每位员工的教育、培训、岗位（或工种）资格认可和经验的适当的记录，以作为选派人员和识别培训需求的依据。

（二）纺织服装企业基础设施

纺织服装企业应确定、提供并维护为达到产品符合要求所需的基础设施，基础设施包括：建筑物、工作场所和相关的设施，如水、电、汽供应的设施；过程设备，如各类过程运行、控制和测试设备、运行系统等硬件或软件；支持性服务，如交付后的维护网点、配套用的运输或通讯服务等。

基础设施是质量管理体系建立和运行的物质基础，其管理可以遵循下面的方法。

1. **建立基础设施财产管理制度** 对企业的所有基础设施实行档案管理，并记录在册，以市场价值或设施的剩余价值建立财产账目卡，以随时检查核对。

2. **建立设施操作与维护流程** 对基础设施的使用方法、操作规程、安全规范、维护方法等建立标准统一的文字说明，并存档，可作为新员工的培训资料。同时，最好配以简单的图表或简短的文字，并悬挂在工作现场以方便使用。

3. **基础设施的评估与处置** 根据现有的生产现状和对未来发展的预测，定期评估规划基础设施需求量与需求时间，同时更新或报废陈旧多余的基础设施，以使基础设施的运用达到最大效益。

4. **对基础设施使用者实行培训和有效监管** 对基础设施的使用者进行必要的培训，使他们了解设施的基本原理和构造，并学会操作。使用者必须严格按照操作规程或作业指导书操作，不得违章操作；使用者必须要按照规定对设施进行维护保养，如清洁、加油等；使用者发现问题要及时汇报，不得擅自处置；对使用者进行有效监督，有违反规定或造车设施损害的要进行处置。

5. **保持基础设施管理记录** 对基础设施管理过程中产生的记录要予以保持，保持时间可根据设施的重要程度和价值来决定。这些记录包括设备清单、维修保养记录、交接班记录、基础设施的采购记录等。

（三）纺织服装企业工作环境资源

纺织服装企业应当确定并管理为达到产品符合要求所需的工作环境。工作环境是指工作时所处的一组条件。这种条件可以是物理的、社会的（如与社会的相互影响）、心理的（如发挥企业内人员的潜能）和环境的因素（如温度、湿度、洁净度、粉尘等）。必要的工作环境是企业实现产品符合性的支持条件。企业必须对实现产品符合性所需的工作环境加以确定，并对工作环境中与产品符合性有关的因素加以管理。

1. **营造适宜的工作环境** 企业应当为员工营造适宜的工作环境，让员工能够安全、舒适地开展工作。企业可以通过给员工提供创造性的工作方法和更多的参与机会，以调动员工的积极性，发挥他们的工作潜能。此外企业应当从安全角度考虑为员工提供必要的安全指导与防护措施，如有粉尘污染的车间要为员工提供防护头套或口罩；易燃材料较多的企业要经常对员工进行消防教育并进行消防演习；要强制手工裁剪师傅工作时佩戴防护手套，否则予以处罚等。工作场所的温度、湿度、清洁度、噪声等因素对工作环境的影响较大，企业应当通过制度或投入人力来改善不良环境。例如，南方一些服装企业在人口密度和工作强度都较大的制衣车间为工人配备空调，使工人能够全身心地投入到工作中。

2. **保持所建立的工作环境** 要维持已经建立的良好的环境现状，必须要依靠制度保障和员工的自觉性。企业应当通过制度建设和宣传让员工参与到环境维护中去，如果在质量管理体系运行中发现工作环境存在某种不足，应及时弥补。当环境不适应新变化和新要求时，应当及时改善。

3. **提供工作环境管理的依据** 工作环境管理的依据是质量手册和机构人员，质量手册里包括了关于工作环境管理的相关规定。企业的组织机构中应当针对具体的工作环境配有专门负责工作环境管理的部门或人员，如负责工作场所清洁的人员，负责中央空调管理的人员等。

（四）纺织服装企业供应商及合作关系资源

纺织服装企业的管理者应与供应商和合作者建立合作关系，推动和促进交流，以便共同提高增值过程的有效性和效率。通过处理好与供应商和合作者的关系，可获得各种增值机会。

1. **优化供应商和合作者的数量** 供应商的数量要满足企业的生产需求。为了降低采购成本，纺织服装企业一般都有相对固定的供应商。但当某家供应商出现问题影响供货时，就会影响企业的生产经营。因此，为了保证供货，同一类产品企业可以选择两至三家供应商，防止受一家供应商的影响过大。供应商的数量也不宜过多，否则会伤害已有供应商的供货积极性，同时也会提高供应商的选择成本。

2. **在双方的合适层次上进行双向沟通** 确定沟通渠道，并确保渠道畅通，即负责沟通的部门及人员必须掌握供应商的基本情况，建立相应的沟通程序，该程序应当规定定期沟通和不定期沟通的时间、条件、内容、沟通方式等，必要时还应当有专门的沟通记录。

3. **在确认供应商的过程能力方面与其合作** 对供应商的资格进行评定，评定的方法根据其所提供的产品的不同而不同。一般评价的内容主要有，供应商的相关经验与经历，供应商产品和服务质量的历史、价格、交货期和对问题的处理情况，供应商的质量管理体系和评价其按计划提供所需产品和服务的能力，供应商是否考虑了满足顾客满意度，供应商的财务状况是否良好等。

4. **对供应商交付合格产品的能力进行监视** 为了实施监控，供应商及合作关系的管理部门应当在供应商发货部门和本企业的收货部门建立信息点，通过定期的收货及发货后的检验情况表和不定期的异常情况报告对供货状况进行监视。

5. **鼓励供应商实施业绩的持续改进方案** 鼓励和促进供应商持续改进，可以采用多种方式，其中最主要的方式是发现问题后，立即通过沟通渠道反馈给供应商，督促供应商采取纠正措施和预防措施，并对其采取措施后的效果进行验证。

6. **让供应商参与企业的设计和开发活动** 可采取多种形式要请供应商参与设计和开发。如果供应商所供的产品关系重大，则应当要求相关部门或人员参与到企业的设计和开发机构中来，共同开展工作。如服装企业要开发某种功能性服装，则需要布料供应商提供专门研发支持，并参与到产品开发过程中。

7. **让合作者参与采购需求的识别及合作战略的开发** 企业采购过程涉及的工作很多，需要供应商参与共同商定采购需求、制订采购战略和策略，并确认采购过程。

8. **对努力和成就进行评价** 对表现好的供应商的评估、确认和奖励应当公开进行，并允许所有供应商都参与这一过程，通常可以在订货会上召开供应商表彰大会。对供应商的表彰与奖励是对所有供应商的鼓励。

三、纺织服装企业质量管理体系管理评审

纺织服装企业的最高管理者应按计划的时间间隔评审质量管理体系，以确保其持续的适宜性、充分性和有效性。评审的间隔时间一般不超过12个月。评审应包括评价质量管理体系改进的机会和变更的需要，包括质量方针和质量目标。

企业应对管理评审进行策划，应记录评审的输入、输出及评审情况，形成评审报告，并按规定对记录进行控制。

1. **管理评审的输入** 管理评审的输入应包括以下方面的信息：

(1)内外部审核结果。

(2)顾客反馈(包括顾客期望、顾客满意度和顾客抱怨)。

(3)过程的业绩和产品的符合性(产品符合该产品有关要求的程度)。

(4)预防和纠正措施的状况和对持续改进的贡献。

(5)以往管理评审的实施情况及其有效性。

(6)可能影响质量管理体系的策划的变更，包括内外部环境的变化。

(7)由于各种原因而引起的有关产品、过程和质量管理体系等改进的建议。

2. **管理评审的输出** 管理评审的输出的主要形式是管理评审报告。评审的输出内容主要包括：

(1)质量管理体系、其过程有效性的改进及其相关措施。

(2)与顾客要求有关的产品的改进，包括顾客已规定的和未规定的要求及法律法规的要求。

(3)有关资源需求的决定和措施。

第四节　纺织服装企业产品实现过程的质量控制

一、纺织服装企业产品实现的策划

纺织服装企业的产品实现过程是将顾客或法律法规的要求转换成产品或提供服务的过程。

(一)产品实现策划的内容

企业应策划和开发产品实现所需的过程。产品实现的策划应当与质量管理体系其他过程的要求相一致。在对产品实现进行策划时,企业应确定以下几方面的适当内容:产品的质量目标和要求,针对产品确定过程、文件和资源的要求,产品所要求的验证、确认、监视、检验和试验活动以及产品接收准则,为实现过程及其产品满足要求提供证据所需的记录。

纺织服装企业提供的产品或服务都要经过一系列有序的过程和子过程来实现,这些过程往往构成一个过程网络,企业应识别并确定这些过程及其相互作用。

产品实现过程的策划应具体针对产品、项目或合同进行,结合产品的特点和实现过程的特点,将质量管理体系通用的过程要求转化为具体可操作并落实责任的计划和要求,再应用于各特定产品的实现过程活动中。

(二)对产品实现策划的管理

1. **建立和保持产品实现的策划程序文件的内容**

(1)识别策划的需要。

(2)策划的输入,包括顾客对产品的要求和期望,标准、法规和合同对产品的要求,已经策划的产品质量计划。

(3)策划的组织。活动策划应由适当的人员承担,应明确组织策划和参与策划人员的职责和权限。

(4)策划的内容。策划的内容应围绕产品实现的内容。

(5)策划的输出。输出应形成适合企业运作的文件。

(6)策划的实施和监控。按策划的要求组织实施,对实施的过程、结果进行检查、监督。

2. **编制产品质量计划**　质量计划是质量管理体系文件的补充,通常引用质量手册中的有关内容,采用或参照已有的程序文件、作业指导书,对特殊性的要求做出规定。

3. **提供实现过程策划的证据**　实现过程策划的证据包括以下内容:质量手册、机构或人员、程序文件、相关的资料和记录。

二、纺织服装企业与顾客有关过程的质量控制

(一)与产品要求相关的确定

纺织服装企业为了更好满足顾客,应明确顾客对产品的要求,主要包括:顾客明确规定

的要求，包括对交付和交付后活动的要求，如产品包装、运输、培训等；顾客虽然没有明示，但规定的用途或已知的预期用途所必需的要求，如羽绒服的保暖性；与产品有关的法律法规要求，如对童装所带佩饰大小的要求；企业自己确定的任何附加要求，如企业的书面承诺等文件中明确的责任和义务。

识别顾客要求的过程，可以通过投标、报价、合同洽谈等活动；其他情况下，可以是市场调查、竞争对手分析、水平对比等过程；同时应随时了解法律法规的规定。

（二）与产品要求相关的评审

1. **评审的内容** 纺织服装企业应评审与产品有关的要求，保证产品要求的合理性。评审应在企业向顾客做出提供产品承诺之前进行（如提交标书、接受合同或订单及接受合同或订单的更改），并应确定相关内容。

（1）产品要求得到规定。确保产品的各项要求得到规定，这些要求包括产品规格、数量、交货期、交货地点、价格结算方式等。

（2）与以前表述不一致的合同或订单的要求已予解决。确保与以前表述不一致的合同或订单要求得到解决，防止遗留不良问题或出现纠纷。在与顾客的洽谈中，顾客的要求可能表述的不一致，通过评审，确保表述不一致的条款得到解决，如果顾客没有以文件的形式提出要求，企业应确保通过评审，使顾客的要求得到确认。

（3）企业有能力满足规定的要求。确保企业有能力满足规定的要求。

2. **评审的目的与要求**

（1）企业对与产品有关的要求进行评审，通过评审达到以下目的：

①确保准确理解顾客要求，包括顾客明示及隐含的要求和法律法规的要求，特别是确保供需双方对合同或订单理解不一致的要求已得到解决。

②在前述基础上对产品要求做出明确的规定，通常这些规定形成文件，如合同、订单、标书、开发计划任务书等。

③企业内部确信通过初步的策划，包括采取必要的、可实现的技术上和资源上的措施，有能力满足产品的使用、交付和服务各方面的要求。

（2）评审应当在企业向顾客做出提供产品的承诺前进行，例如在投标前、接受每项合同或订单前、在接受每一次合同或订单修改前进行评审。在某些情况下，如网上销售或者在向市场推出一项产品前，亦应进行评审。

（3）评审的结果及评审引起的措施应予以记录并保存。这通常涉及招标项目、合同或订单是否接受，是否需要进一步就产品要求与顾客沟通，以及为完成该项产品、项目或合同应立即采取措施等。

（4）评审的方式应适于企业的营业运作，以达到评审目的为原则。通常，有关职能部门对标书、合同草案、询价单、口头订单等按本企业规定做出评审。在接受顾客口头表达的产品要求时，在接受前对顾客要求加以确认，也是一种适当的合同评审方式，如电话订货、市场零售等情况。某些情况，如网上销售，评审的方式可用对产品目录的内容、产品广告的内容进行评审，以达到前述的评审目的。

(5)若产品要求发生变更,除在接受合同或订单前做评审外,还应将变更的信息及时传达到有关部门,确保相关文件(如质量文件、设计文件、过程规范等)得到相应的更改,确保相关人员获悉已变更的要求。

(三)与顾客沟通

企业与顾客之间良好的沟通与联络,可以防止差错或消除误解,提高顾客的满意度。与顾客沟通的主要内容包括产品信息;问询、合同或订单的处理,包括对其修改;顾客反馈,包括顾客抱怨。

1. **与顾客进行沟通**　与顾客进行有效的沟通,是为了充分与准确地掌握顾客对企业的产品或服务满意程度有关信息,以此作为实施持续改进的条件,建立有效的沟通渠道,并且要在部门或人员的岗位说明或职责权限说明文件中明确规定。

2. **沟通的时间**　企业应当确保在产品提供之前、提供之中以及提供之后,与顾客进行沟通,以更加准确地满足顾客对产品的要求。

3. **沟通的安排**　确定与顾客沟通所需进行的活动,做出与顾客沟通的有效安排并予以实施。主动安排与顾客的沟通,不规避顾客的投诉与不满。

4. **沟通的范围**　针对以下内容,识别需进行的活动:顾客关于产品要求的信息;问询、合同或订单的处理,包括对其修改;在产品实现过程中以及向顾客提供产品后顾客的反馈信息,包括顾客的抱怨(含投诉和意见)。

三、纺织服装企业产品设计开发过程的质量控制

(一)设计和开发策划

设计和开发策划过程实际上就是编制设计和开发计划的过程。纺织服装应对产品的设计和开发进行策划和控制。

1. **确定设计和开发过程阶段**　企业应根据产品特点、企业的能力和以往的经验等因素,明确划分设计开发过程的阶段,规定每一阶段的工作内容和要求。虽然许多企业是按照订单生产,但对新产品和新工艺的开发才是企业长远发展的根本。

2. **确定设计和开发阶段的评审、验证和确认活动**　应明确规定在每个设计开发阶段需开展的适当的评审、验证和确认活动,包括活动的时间、参与人员和活动要求。

3. **确定设计和开发的职责和权限**　企业应明确各有关部门和人员在参加设计开发活动中的职责和权限,对参与设计开发活动的不同部门或小组之间的接口关系要做出规定,确保既各负其责,又能保持工作有效衔接与信息正确交流。

4. **设计和开发策划的输出**　策划的输出可以采用文件的形式(如设计开发计划),也可采用其他方式。随设计开发的进展,可能发生设计要求的变更或情况的变化,因此,必须适时修改或更新策划的输出。

(二)设计和开发输入

1. **输入的内容**　纺织服装企业应确定与产品要求有关的输入,并保持记录。产品要求着重于描述预期的使用要求,而设计和开发输入则进一步将其转化为对产品特性的要求。

设计和开发的输入应包括：产品功能和性能方面的要求；适用的法律法规要求，如健康、安全性等方面的要求；过去类似设计中证明是有效的和必要的要求，往往是对合同中顾客未明示要求的必要补充；其他所必需的要求。

2. **对输入的评审** 应对这些输入进行评审，以确保输入是充分与适宜的。要求应完整、清楚，并且不能自相矛盾。企业必须评审所有与产品要求有关的输入。评审中应特别注意那些不完整的、含糊的或矛盾的要求，应与提出者一起解决，以保证输入信息的充分性和适宜性。评审应根据产品特点、复杂性、成熟程度选择企业适用的方式，可能是有关职能的集体评价、会议评审，也可能是责任人的审查批准或其他方式。

3. **输入的记录** 设计和开发输入确定后应予以记录，通常形成设计输入文件，如设计任务书等。

(三)设计和开发输出

设计和开发的输出应以能够针对设计和开发的输入进行验证的方式提出，并应在设计结果放行前得到批准。

1. **输出要满足设计和开发输入的要求** 不同类型产品的（如硬件、服务、软件等）设计和开发输出可以有不同的形式，但应能对照输入进行验证，且内容应满足设计和开发输入的要求。

2. **给出采购、生产和服务提供的适当信息** 不同类型的设计以及在不同的设计阶段可能有不同形式的输出，但应对形成的输出做出规定。这些输出应为采购、生产和服务提供适当的信息，主要是产品或服务的特性信息，以保证通过采购、生产和服务过程提供符合规定要求的产品或服务。

3. **包含或引用产品接收准则** 输出还应包含或引用产品接收的准则，用以判断后续的各产品实现过程的输出是否符合设计开发要求，这些准则包括在采购、生产和服务提供过程中所依据的检验和试验要求。

4. **规定对产品的安全和正常使用所必需的产品特性** 输出所规定的产品特性中，应确定哪些是对产品正常使用至关重要的特性和对产品安全性有影响的安全特性，以保证在后续的产品实现过程、产品验收、交付乃至使用中，对这些“关键的少数”实施重点控制。

5. **输出的形式** 设计和开发输出通常采用图样、产品规范、服务规范等文件形式表达。无论采用何种形式，在发布前均应按规定由有关部门或责任人审查批准。

(四)设计和开发评审

纺织服装企业应当在适宜的阶段，应依据所策划的安排对设计和开发进行系统的评审。评审的内容是评价设计和开发的结果满足要求的能力、识别任何问题并提出必要的措施。评审的参加者应包括与所评审的设计和开发阶段有关的职能的代表。评审结果及任何必要措施的记录应予保持。

1. **设计和开发评审应掌握实际和内容** 企业应规定在适宜阶段开展系统的设计开发评审。对不同产品、不同的设计类型（新设计、改进设计、设计修改等）和不同的设计开发阶段，评审的范围、内容要求、方式可能有所不同，如对简单产品或服务，一次评审可能就足够了，但对大型复杂项目，如系列产品，可能要进行多次分级分阶段的评审。

2. **设计和开发评审活动**　在设计开发策划时，应对适宜阶段的评审活动做出安排。通常要考虑评审点的选择、评审方式、评审人员、评审准备、评审的要求和主要内容、评审结果的形成及评审意见的处理等。可以在每个特定产品、合同或项目的策划输出中，根据特点具体规定；也可以在策划输出时将质量手册或程序文件（若存在时）中相应的通用规定转化为对特定产品或合同的具体要求。

3. **设计和开发评审的要求**　设计开发评审应对本阶段的设计成果满足质量要求的能力做出评价；识别和发现设计中任何问题和不足，并提出必要措施，以期有效解决；评审结果和评审决定采取的措施应予以记录并保持。

（五）设计和开发验证

为确保设计和开发输出满足输入的要求，应依据所策划的安排对设计和开发过程进行验证。对验证结果及任何必要措施的记录应予保持。

验证应在设计和开发过程中进行，对此应在设计和开发策划中对验证点、验证内容和验证方式做出安排。验证设计开发输出是否满足输入时，其方式可以是：变换方法进行计算，与已证实的类似设计比较，试验和演示，设计文件发布前的评审。

当验证结果表明设计开发输出未能或部分未能满足输入要求时，应决定采取有效的措施（包括更改设计）以满足要求。验证结果和决定采取的措施应予以记录并保持。

（六）设计和开发确认

为确保产品能够满足规定的使用要求或已知的预期用途的要求，应依据所策划的安排对设计和开发进行确认。只要可行，确认应在产品交付或实施之前完成。确认结果及任何必要措施的记录应予保持。

为确保产品能够满足规定的使用要求或已知的预期用途的要求，企业应进行设计和开发确认。确认通常在预定的使用条件下进行，使用条件既可以是实际的，也可以是应用各种技术手段模拟的。对确认的内容、方式、条件和确认点，应设计和开发策划中予以确定。

确认一般应在设计开发完成后、批产品正式生产或服务正式提供之前进行，对于单件产品则应在正式交付前进行。但如果在产品交付或实施前全部确认不可能做到（例如控制软件、建筑设计等），则必须在此前最大限度地完成可能进行的部分确认（常常可在模拟的使用条件下进行）。

当确认结果表明设计开发的产品不能或不能全部满足预期使用的要求时，应决定采取有效的措施（包括变更或重新设计）以满足要求。确认结果和决定的措施必须予以记录并保持。

（七）设计和开发更改的控制

应识别设计和开发的更改，并保持记录。适当时，应对设计和开发的更改进行评审、验证和确认，并在实施前得到批准。设计和开发更改的评审应包括评价更改对产品组成部分和已交付产品的影响。更改的评审结果及任何必要措施的记录应予保持。

设计和开发的更改主要指对已经评审、验证或确认的设计结果（包括各阶段成果）的更改。这些更改均应加以记录并保持,记录的方式应有明确规定。一般地,发生更改时,应对更改做评审、验证和确认。但应根据更改范围的大小、重要性的不同,决定是否采取评审、验证或确认及其适当的做法。

对更改评审除适当考虑设计评审的要求外,还应评价更改部分对产品其他部分及整体功能、性能、结构等方面的影响,评价对已交付产品的影响,以便确定更改的适宜性。必要时,应对更改的局部或更改后的产品整体进行验证和确认,以证实更改后的产品仍满足要求。

在认定合理可行的基础上,更改在实施之前应得到批准。更改评审的结果和由于更改而应采取的必要措施(如相关的更改等)应予以记录并保持。

四、纺织服装企业采购质量控制

(一)采购过程

纺织服装企业采购品指任何影响本企业产品质量的采购品及过程的外包项目。在确定采购产品对本企业产品影响时,应考虑:采购品对本企业中间产品和最终产品的影响,对本企业产品加工过程或服务提供过程等产品实现后续过程的影响,直接影响(如材料、零部件)或间接影响(如缝纫针、设备灵敏度),影响的重要程度(如是否影响到产品正常使用的关键特性或安全性)。

对采购产品及其供应商的控制程度一般可按规定的分等原则划分其影响的重要度级别,对不同级别的采购产品及其供应商实施不同的控制,ABC 管理法可以用在供应商管理上。根据供应商按照企业要求提供产品能力评价和选择供应商是企业对采购控制的内容之一。一般需要评价供应商产品的符合性、供应商提供产品的质量保证能力(包括生产过程、交货期和交付后的服务等),以及认为必要的其他方面(如价格等)。

对新开发的供应商主要评价内容有:供应商产品质量状况或来自有关方面的信息(已向其他企业提供同类产品的质量情况),供应商质量管理体系对按要求如期提供稳定质量的产品的保证能力,供应商的顾客满意程度,产品交付后由供应商提供相关的服务和技术支持能力(如零配件供应、维修服务等),其他方面(如与履约能力有关的财务状况、价格和交付情况等)。

对现有供应商仍需定期(或不定期)重新评价其按要求提供产品的持续保证能力。当已被选为合格的供应商在提供产品或服务中出现问题时,企业应有相应措施以保证采购产品持续符合要求,这些措施包括与供应商沟通、加强采购的验证或检验、限制或停止供应商供货。

企业要对选择、评价和重新评价供应商的准则应做出规定。一般考虑以下内容:评价的内容,如产品质量信息、样品检验、质量管理体系或质量管理状况等;供应商信息调查方式,如现场调查、同行信息、提供证实材料等;评价方式,指企业内部评价程序;接受为合格供应商的条件,可以分等级接受;重新评价的时机、内容方式和接受条件等。

纺织服装企业应确保采购的产品符合规定的采购要求。由于采购产品不同,他们对企业的产品和服务的影响也不同，对供应商及采购的产品控制的类型和程度应取决于采购的产品对随后的产品实现或最终产品的影响。企业应根据供应商按企业的要求提供产品的能力评价和选择供应商。应指定选择、评价和重新评价的准则。评价结果及评价所引起的任何必要措施的记录应予保持。

（二）采购信息

正确提出和传递纺织服装企业对采购产品的要求的信息，是保证能采购到企业所需产品的前提。采购信息应准确表述，包括：产品、程序、过程和设备的批准要求，人员资格的要求，质量管理体系的要求。在与供应商沟通前，企业应确保所规定的采购要求是充分与适宜的。

1. **采购信息要清楚** 采购信息应清楚准确地表达拟采购产品的要求，即采购要求。这些要求包括：

（1）有关产品的质量要求或外包服务要求。

（2）有关产品提供的程序性要求，如供应商提供产品的程序或样品。

（3）供应商生产或服务提供的过程要求，如工艺要求等。

（4）供应商设备方面的要求，如某些服装企业客户要求供应商必须采用电脑裁剪。

（5）有关供应商人员资格的要求。

（6）有关供应商质量管理体系的要求。

2. **采购信息要适宜** 在就采购信息与供应商沟通前，企业应采取必要的控制手段确保采购要求是充分和适宜的。制订采购要求的信息形式可以是合同、订单、技术协议（含技术文件、图样等）、询价单及采购计划等。在与供应商洽谈合同、询价至发出订单（包括口头订单）前，一般采用评审或由相应责任人员审批的方式，审查认定采购信息中采购要求的充分性与适宜性。

（三）采购产品的验证

纺织服装企业应确定并实施检验或其他必要的活动，以确保采购的产品满足规定的采购要求。当企业或其顾客拟在供应商的现场实施验证时，企业应在采购信息中对拟验证的安排和产品放行的方法做出规定。如企业要求在供应商内建立客户检验中心，以定期或不定期的验证供应商产品的适用性。

对采购产品的验证可能有多种方式，如在供应商现场检验、进货检验、查验供应商提供的合格证据等。企业应根据采购产品的重要程度及验收的必要性来规定其验证活动的方式和要求，并严格按规定执行验证活动。

如果这项验证活动由企业或企业的顾客在供应商现场实施，则应在采购信息中规定验证活动的安排，并规定产品放行的方法。

五、纺织服装企业生产和服务过程的质量控制

（一）生产和服务提供的控制

纺织服装企业根据自己的经营范围提供相应的纺织服装产品或服务，应策划并在受控

条件下进行生产和服务提供。这些受控条件包括:获得表述产品特性的信息;必要时,获得作业指导书;使用适宜的设备;获得和使用监视和测量装置;实施监视和测量;放行、交付和交付后活动的实施。

1. **对产品或服务提供的识别和策划** 产品的类型不同,其生产和服务的过程也不同,因此,企业应当首先识别自身的生产和服务提供的过程,并对这些过程进行策划。不同企业在提供不同产品时应考虑采用适合自身特点的控制手段,以确保生产和服务提供过程得到有效控制。

2. **掌握产品或服务提供特性** 生产和服务提供部门或人员应得到产品特性的信息。这些,可通过产品规范、图样、服务规范等获得;当这些信息中包含有对产品正常使用至关重要的特性和安全特性时,应在生产和服务中提供,并应对这些特性予以重点关注和控制。

3. **获得产品或服务提供的指导文件** 必要时,应能得到生产和服务提供过程的作业指导文件。不是每种作业活动都必须有这些指导文件,这与作业的复杂性、所形成产品特性的重要性及人员的技能有关。但当缺少这些指导文件就可能影响产品生产或服务提供过程的有效运作和有效控制时,则应编制并使用这些文件。

4. **产品或服务提供的设备** 应使用适当设备,实现过程策划中应考虑并保证提供。在使用过程中及使用间隔期间,应有计划地维护设备,以使它们保持规定的运行能力。

5. **产品或服务提供的监测** 应配置并使用合适的测量和监视设备,以便在运作过程中能够不断监视测量产品特性及过程特性的变化,进而通过调整和修正等措施将这些特性控制在规定的范围内。特别应对那些至关重要的产品特性形成的过程实施监视和测量。这些活动可以包括对特性的测量监视,对作业人员、作业过程及工作环境的监视或测量等各个方面。某些特殊生产和服务提供过程亦应采用过程监视、测量手段以保证过程输出满足要求。

6. **产品或服务交付控制** 应按策划中对产品放行和交付的规定实施控制,未经检验合格或验证满足要求的产品不得放行或交付,向顾客提交产品时应按规定的交付方式并确保交货期。应根据不同产品和服务的特点,策划并实施适当的交付后活动。这些活动包括交付后的服务,如零配件的供应、专门的修理、软件的维护和升级、商品售后服务等。

(二)生产和服务提供过程的确认

当生产和服务提供过程的输出不能由后续的监视或测量加以验证时,企业应对任何这样的过程实施确认,包括仅在产品使用或服务已交付之后问题才显现的过程。如服装加工厂加工服装时,裁片的尺寸与规格不符,往往在裁剪过程没有发现,而在缝纫过程被发现。

有一些生产和服务提供过程所形成的产品或服务的特性不能由过程结束时的测量、检验来验证是否达到了输出要求,其问题可能在后续的生产和服务过程乃至在产品使用或服务交付后才显露出来。企业应识别并确定本企业是否存在这样的过程。

为确保这些过程的输出能持续满足要求,除进行过程的监视与测量之外,还应采用过程确认的手段,证实这些过程有能力达到策划中预期实现的结果。企业应根据这些过程及其所形成的产品特性的特点,明确地规定过程确认的内容和方式,并且可以采用一些手段,如对过程能力合格水平的评价要求，对过程设备认可方法及过程人员资格水平的考核，采用过程确认时应采用的方法和程序步骤，进行必要的记录并留存，决定是否需要再次确认（如定期确认）。

（三）标识和可追溯性

适当时，企业应在产品实现的全过程中使用恰当的方法识别产品。企业应针对监视和测量要求识别产品的状态。在有可追溯性要求的场合，企业应控制并记录产品的唯一性标识。

产品标识是指通过标志、标记或记录来识别产品特定特性或状态。这里提到的产品不仅指最终产品，而且泛指生产和服务提供全过程的采购产品、中间产品和成品。

在生产和服务提供过程中，当需要对不同种产品加以区分时，就应规定采用适宜的方法标识产品。当产品自然状态本身即可清楚地区分其种类时，则无需做出标识。当测量和监控对识别产品状态有要求时，应对每一种状态给予同一标志或标记。标志的方式可根据所生产的产品和提供的服务的特点而定。

产品可追溯性是指通过记载的标识，追溯产品历史、应用情况或所处场所的能力。实施可追溯性管理可以有效防止同种产品不同个体（批次）之间的混淆。在有可追溯性要求时，企业需要明确规定需追溯的产品、追溯的范围和标识及记录的方式。应采用唯一性标识来识别产品的个体或批次，并对需追溯的情况做出相应记录。纺织服装产品的可追溯性可以通过工单、条形码、工序签名等手段实现。

（四）顾客财产

企业应爱护在企业控制下或企业使用的顾客财产。企业应识别、验证、保护和维护供其使用或构成产品一部分的顾客财产，顾客财产可包括知识产权。若顾客财产发生丢失、损坏或发现不适用的情况时，应报告顾客，并保持记录。

1. *顾客财产的内容*　顾客财产是指顾客所拥有的、为满足合同要求交由企业控制的或提供给企业使用的财产。顾客财产可包括：顾客提供的构成产品的零部件、组件或原材料；顾客提供的用于修理、维护或升级的产品；顾客直接提供的包装材料；服务作业涉及的顾客的财物，如仓储业所贮存的顾客物资；代表顾客提供的服务，如将顾客的财产运到第三方；顾客知识产权，包括提供的规范、图样；顾客提供的设备、工具。

2. *对顾客财产的维护*　当顾客财产在企业控制之下或由企业使用时，企业应对其做出专门的标识，接收时进行验证，贮存或使用时给予保护和维护，并得到正确的使用。

3. *对顾客财产损失的处理*　当发生丢失、损坏或发现不适用的情况，应加以记录，并报告顾客。

（五）产品防护

在内部处理和交付到预定的地点期间，企业应针对产品的符合性提供防护，这种防护应包括标识、搬运、包装、贮存和保护。防护也应适用于产品的组成部分。

这里的产品指生产和服务提供过程中企业需向顾客提供的产品及其组成部分，包括采购产品、中间产品和成品及包装。应针对顾客要求的产品特性提供有效的防护措施，以防止在交付至顾客前丧失、破坏或降低这些特性。防护包括:建立并保持适当的防护标识,如包装标识;提供适当的搬运方式和设备,防止在生产和服务提供及交付的搬运时损坏产品;根据产品特点和顾客要求包装产品,重点在于有利于产品搬运和贮存时的防护;采购产品、中间产品和最终产品在贮存期间应提供必要的环境和设施条件,采取有效的管理控制措施,防止产品损坏、变质或误用。

案例

北京兰海服装有限公司质量管理体系文件编写

北京兰海服装有限公司成立于1995年,是一家民营外贸服装加工企业,为国外品牌服装生产加工产品。成立之初,兰海公司的年销售额仅有几万美元,经过十几年的发展,到2007年其销售额已经达到了600万美元,客户主要来自欧洲和美国。公司总经理王总骄傲地说,在公司会议室里悬挂的ISO 9001:2000认证证书是其成功的重要保证。

兰海公司于2000年着手准备ISO 9001:2000质量管理体系认证,历时一年多,终于获得了宝贵的质量管理体系认证。

在认证的准备阶段,从公司内调用经验丰富的工作人员组成ISO质量管理体系认证筹备小组,公司总经理亲自担任筹备小组组长,并从咨询公司聘请了质量管理体系认证专家作为特聘顾问。筹备小组主要负责质量管理体系认证所有准备工作的统筹安排以及认证申请。质量管理体系文件的编写与落实是筹备小组非常重要的一项工作内容,筹备小组成立了文件编写分小组,承担所有体系文件的编制。质量控制部王部长是文件编写分小组的负责人。

经过对文件编写规则与方法的研究与学习,结合本企业兰海服装有限公司的规模与经营方向,王部长确认了要完成的文件的范围:包括质量手册、程序文件。

经过公司领导团队和筹备小组讨论、调研,结合公司的战略发展目标和现状,提出公司的质量目标是"道道工序无失误,件件产品零缺陷";质量方针是"以顾客满意为核心,以优质服务为目标",并将质量目标和质量方针写入了质量手册。

在专家的指导下,程序文件编写分小组确定了程序文件的范围和内容,包括质量策划程序、文件和资料控制程序、质量记录控制程序、管理评审程序、人力资源管理程序、设备管理程序、产品实现控制程序、与顾客有关过程的控制程序、设计和开发管理程序、采购控制程序、样衣试制控制程序、标识和可追溯性控制程序、顾客财产控制程序、产品防护控制程序、监视和测量装置管理程序、顾客满意度测量程序、内部质量审核控制程序、产品监视和测量程序、不合格品的控制程序、数据分析应用程序、纠正及预防措施管理程序等几十个程序文件。

因程序文件的编写与实际操作关系密切,王部长带领分小组成员历时3个多月深入公司各个部门进行调研,到其他已通过认证的服装企业学习取经,最终在大家的共同努力下完成了程序文件的编写。

兰海公司程序文件的格式包括：目的（该程序的目的）、适用范围（该程序涉及的工作范围）、职责（该程序涉及的各个部门在程序完成过程中的职责）、工作程序（程序的主体部分，主要是该程序的工作方法和流程）、相关文件（该程序所用到的相关制度、程序等文件名称）、记录（该程序进行过程中形成的记录名称）。

在王部长的带领下，文件编写分小组将程序文件经过多次修改完善后生成了正式文件，为成功申请质量管理体系认证提供了重要保证。

在全体员工的共同努力下，2001 年底，兰海公司终于获得了 ISO 9001：2000 质量管理体系认证证书。

思考题

1. ISO 9000：2000 族标准的核心标准有哪些？
2. 谈谈你对质量管理体系与其他管理体系关系的理解。
3. 纺织服装企业质量管理体系策划需要做哪些工作？
4. 纺织服装企业建立质量管理体系的方法有哪些？
5. 文件编写的原则是什么？
6. 纺织服装企业与顾客有关过程的质量控制是什么？
7. 纺织服装企业资源管理从何处入手？
8. 纺织服装企业采购质量控制的环节包括哪些？
9. 纺织服装企业如何进行 ISO 质量体系认证？请描述一下认证流程与内容。
10. 纺织服装企业运行质量管理体系有什么特点？

第四章　纺织服装企业质量管理体系审核

本章知识点

1. 质量管理体系审核概述。
2. 质量管理体系审核的程序。
3. 质量管理体系审核的实施。
4. 内部审核报告。

第一节　质量管理体系审核概述

一、审核的定义及理解

(一)审核的定义

为获得审核证据并对其进行客观地评价,以确定满足审核准则的程度所进行的系统的、独立的形成文件的过程。

(二)审核的理解

1. **审核的概念**　审核是对活动和过程进行检查的有效管理工具,审核的结果为管理者采取措施提供了信息。定期开展质量体系的审核、评审是质量体系有效运行的标志,也是不断发现问题、持续改进质量体系的基础。

内部审核是根据拟审核的活动和区域的状况、重要程度及以往审核的结果,策划公司全年审核方案,编制"年度内审计划",确定审核的范围、频次和方法,经管理者代表审核,总经理批准,每年内部审核至少1次,时间间隔不超过12个月,并要求覆盖本公司质量管理体系的所有过程。另外出现以下情况时,由管理者代表及时组织进行内部审核:

(1)组织机构、质量管理体系发生重大变化。

(2)出现重大质量事故,或顾客对某一环节连续投诉。

(3)法律、法规及其他外部要求的变更。

(4)在接受第二方、第三方审核之前。

(5)在认证证书到期换证前。

外部审核则是有质量认证中心指定的国家及审核员对组织的体系运行情况进行审核,并决定是否保留组织的证书。

2. **审核的目的**　审核的主要目的是确定满足审核准则的程度。

(1)确定受审核方的管理体系对规定要求的符合性。

(2)评价对法律法规要求的符合性。

(3)确认所实施的管理体系满足规定目标的有效性。

3. **审核准则是审核的依据**　审核准则是“用作依据的一组方针、程序或要求”。质量管理体系的审核准则通常为：

(1)ISO 9001:2008 质量管理体系要求，它是第二方审核依据的主要准则。

(2)质量手册、形成文件的程序和其他相关质量管理体系文件。

(3)适用于组织的法律、法规和其他要求。

我国关于产品、服务和工程质量有着相应的法律、法规要求，如《中华人民共和国产品质量法》、《纺织品甲醛含量的限定》等。

二、与审核相关的几个概念

(一)审核范围

审核范围是指某一给定审核的深度及广度，是界定组织建立的质量管理体系覆盖及其承诺和实的范围。审核可由其所包含的因素的术语来表达，如：地理位置、组织单元、活动和过程。确定审核范围至关重要，对审核范围的界定实际上是界定组织建立质量管理体系覆盖的范围及其承诺和实施的范围。

ISO 9001:2008 以过程方法模式替代了 1994 版要素模式，强调审核范围以组织单元、场所、过程或活动来表示。

ISO 9001:2008 中过程可分为产品的实现过程和产品的支持过程，后者包括管理过程。产品的实现过程主要是与顾客有关的过程，如产品要求的评审、设计开发、采购、生产和服务等，产品的支持过程主要有管理职责、资源管理、测量和监控等，因此，审核范围中的过程和活动应从这两方面考虑。

如质量管理体系的覆盖的产品种类较多时，其审核范围应考虑到各个产品的特点。

(二)不合格(不符合)

不合格(不符合)是指未满足要求。要求可由不同相关方提出，并可包括三个方面：

(1)明显的要求。要求是经明示的要求，如在文件中阐明的。

(2)习惯上隐含的要求。

(3)必须履行的需求或期望。

(三)缺陷

缺陷是指未满足与预期或规定用途有关的要求。缺陷与用途有关，是影响顾客满意程度的直接因素，并与产品责任问题有关，故在审核中对缺陷均应开具不符合项报告。

第二节　质量管理体系内部审核的程序

内部审核不同于外部审核，其审核程序应由组织按照审核的基本要求和自身特点制订。内部审核流程应简明可行，严格完整，闭环运转。

一、审核策划

按照内部审核程序规定，制订年度审核计划，管理者授权成立审核组，由审核组长制订专项审核活动计划，准备审核工作文件，通知审核。工作文件的准备主要是指审核所依据的标准和文件、现场审核记录、不合格报告等。标准和文件必须是有效版本，必须已在现场实施。它们主要有：

(1) ISO 9001 标准。

(2) 质量手册、程序文件、质量计划和记录。

(3) 合同要求。

(4) 社会要求(有关法律、法规和卫生、生态要求)。

(5) 有关质量标准(产品、设备、材料、环境、方法、人员等产品、资源性标准)。

检查表是审核员需准备的重要文件，应精心策划。

通知审核是审核组向受审核方通知具体的审核日期、安排和要求。必要时受审核方应准备基本情况的介绍。

(一) 审核实施

以首次会议开始现场审核。审核员运用各种审核方法和技巧，收集审核证据，得出审核发现，进行分析判断，开具不合格项报告，并以末次会议结束现场审核。审核组长应实施审核的全过程控制。

(二) 审核报告

现场审核结束后，应提交审核报告。工作内容包括：审核报告的编制、批准、分发、归档、考核奖惩，纠正、预防和改进措施的提出，确认和分层分步实施的要求。

(三) 跟踪审核

应加强对审核后的区域、过程的实施及纠正情况进行跟踪审核，并在紧接着的下一次审核时，对措施的实施情况及效果进行复查评价，写入报告，实现审核闭环管理，以推动连续的质量改进。在任何组织中，从审核得到的真正益处最终均来自“自身”的审核。

例：MAY 纺织集团公司质量管理体系内部审核流程见下页图。

二、质量管理体系审核的策划

开展内部审核前，应有一个策划过程。策划结果应形成书面文件，主要包括审核计划、审核组的组成、审核用工作文件和资料(包括文件审查)、通知审核等。

通过内审策划，应做到：

(1) 计划落实。包括审核计划得到批准，审核计划为审核组和受审核部门充分了解。

(2) 责任落实。包括建立审核组，各受审核部门负责人审核时在场并已有准备。

(3) 工作文件落实。包括各类工作文件齐备，所有文件能得到理解并能有效应用。

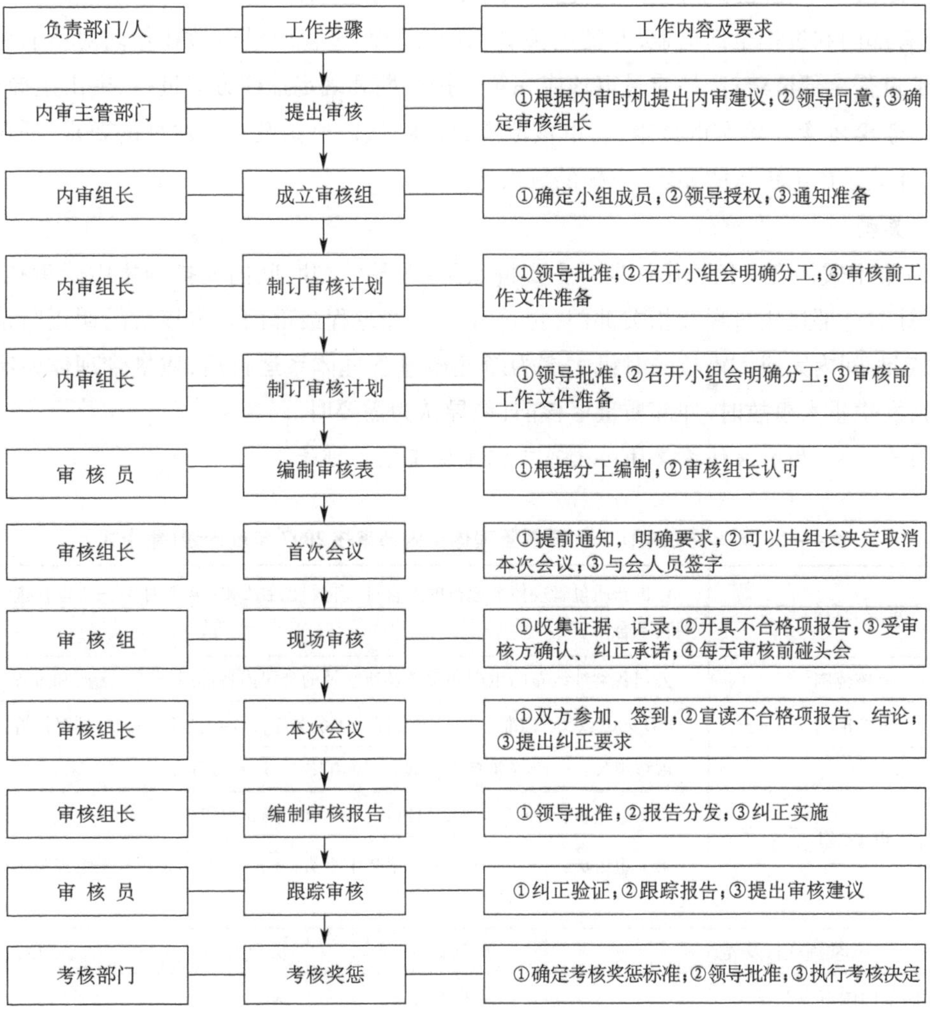

MAY 纺织集团公司质量管理体系内部审核流程图

三、制订审核计划

(一) 审核计划的内容

审核计划包括年度审核计划和审核活动计划(审核大纲)。年度审核计划是审核策划的始端也是总纲,审核活动计划则是按照年度审核计划安排具体实施。

审核计划的内容可包括:审核目的、范围、审核准则、审核组成员及分工、主要审核活动的时间安排、首末次会议时间等。

组织年度审核计划应以文件形式颁发,审核活动计划应有审核组长签名和主管领导的批准。

(二) 年度审核计划

1. **目的**　保证内部审核的实施有计划地进行,便于管理、监督和控制内部审核。

2. **要点** 年度内部审核计划可包括质量管理体系、过程、产品和服务的审核；审核在年内对所有部门和过程全部覆盖，并突出关键部门、过程；过程质量审核在年内对所有关键过程、特殊过程全部覆盖；产品质量审核应在年内按周期和既定抽样方案进行，突出主导产品。

3. **考虑因素** 落实审核组织，审核范围，顾客、认证机构及有关法规的要求，质量管理体系文件关于内部审核的要求，审核的频次等。

4. **类型**

(1)集中式年度审核工作计划。主要特点是：在某计划时间内安排的集中式审核，每次审核可针对全部适用过程及相关部门，也可针对某些过程或部门。审核后的纠正行动及跟踪在限定时间内完成。审核的时机大多为新建质量管理体系运行后，质量管理体系有重大变化时，发生重大事故时，外部质量审核前，领导认为需要时。

例：表 4－1 为××纺织集团公司集中式年度审核计划表。

表 4－1 ××纺织集团公司质量管理体系内部审核 2007 年度计划(集中式)

审核的目的	评价新质量管理体系运行的符合性、有效性，在 2007 年 8 月第三方审核前一个月纠正不合格项		
审核范围	公司各类纱线布的生产和服务及所涉及的公司内各部门、分厂、场所和过程		
审核准则	ISO 9001:2000 标准 公司质量管理体系文件；适用的法律、法规；顾客投诉		
审核组	审核组长：×××(管理者代表) 副组长：×××、×××		
	第 1 组组长：××× 第 2 组组长：××× 第 3 组组长：×××		
	第 1 组组员：×××、××× 第 2 组组员：×××、××× 第 3 组组员：×××、×××		
实施项目及要点	时间要点	负责人	协助人
1. 编制部门内审检查表	4 月上旬	×××	各内审员
2. 开展质量管理体系内部审核	4 月上旬	×××	×××、×××
3. 不合格项纠正	5 月中旬前	各部门负责人	—
4. 跟踪审核	5 月下旬	×××	内审员
5. 完善各部门内审检查表	5 月上旬	×××	—
6. 开展第二次质量管理体系内部审核	7 月上旬	×××	×××、×××
7. 不合格项纠正	7 月中旬	各部门负责人	—
8. 跟踪审核	7 月下旬	×××	内审员
9. 开展管理评审	8 月上旬	总经理	×××
10. 接受第三方正式审核	8 月下旬	×××	各部门
备注			

编制人：××× 批准人：××× 批准日期：2007 年 2 月 1 日

(2)滚动式年度审核工作计划。滚动式年度审核一般在通过第三方质量管理体系认证后被采用。主要特点是：审核持续时间较长，审核和审核后的纠正行动及其跟踪陆续展开，在一个审核时期内应保证所有适用过程及相关部门得到审核，重要的过程和部门可安排多频次审核。

例：表4－2为××纺织集团公司滚动式年度审核计划表。

表4－2　××纺织集团公司质量管理体系内部审核2007年度计划(滚动式)

编制人：×××　　　　批准人：×××　　　　2007年1月22日

被审部门	ISO 9001审核条款	1月	2月	3月	4月	5月	6月	7月	8月	9月	10月	11月	12月
总经理	5.2,5.3,5.4,5.5,5.6,6.1,8.2.1,8.2.2,8.4	纠正措施已验证						计划		计划			
管理者代表	5.3,5.4,5.5.2,5.5.3,5.6,8.2.2,8.5	纠正措施已验证						计划		计划			
公司办	4.1,4.2,5.3,5.4,5.5.1,5.5.3,6.2,8.1,8.2.2,8.4,8.5		纠正措施已完成					计划		计划			
销售部	5.2,7.2,7.5.1,7.5.4,8.2.1,8.4		纠正措施已完成					计划				计划	
技术部	4.2.3,5.2,7.1,7.3,7.5.1,7.5.2,8.1,8.5			纠正措施已有计划				计划		计划			
生产部	6.4,7.5.1,7.5.3,7.5.5,8.4			纠正措施已有计划				计划					
供应部	7.4,7.5.3,8.3,8.4			纠正措施已有计划				计划			计划		
品质部	6.1,7.4,7.5.1,7.5.2,7.5.3,8.2.3,8.2.4,8.3,8.4				审核已进行			计划			计划		
动力部	6.3,7.5.1,7.5.2				审核已进行			计划				计划	
财务部	7.2,7.4,7.5.1,8.4				审核已进行			计划				计划	
纺纱一分厂	6.3,6.4,7.5.1,7.5.2,7.5.3,7.5.5,8.2.3,8.2.4,8.3					计划		计划				计划	
纺纱二分厂	6.3,6.4,7.5.1,7.5.2,7.5.3,7.5.5,8.2.3,8.2.4,8.3					计划		计划					计划
纺纱三分厂	6.3,6.4,7.5.1,7.5.2,7.5.3,7.5.5,8.2.3,8.2.4,8.3					计划		计划				计划	
织布一分厂	6.3,6.4,7.5.1,7.5.2,7.5.3,7.5.5,8.2.3,8.2.4,8.3				审核已进行	计划		计划				计划	
织布二分厂	6.3,6.4,7.5.1,7.5.3,7.5.5,8.2.3							计划				计划	
织布三分厂	6.3,6.4,7.5.1,7.5.2,7.5.3,7.5.5,8.2.3,8.2.4,8.3			审核已进行	审核已进行			计划					计划
铸造分厂	6.3,6.4,7.5.1,7.5.2,7.5.3,7.5.5,8.2.3,8.2.4,8.3							计划					计划
仓库	6.3,6.4,7.5.1,7.5.3,7.5.5,8.2.3			审核已进行	审核已进行			计划					计划

注：1. ISO 9001中4.2.3,4.2.4,5.3,5.4,5.5.1,5.5.3,8.5条款在各部门均要审核；

2. 符号含义：计划；审核已进行；纠正措施已有计划；纠正措施已完成；纠正措施已验证。

(三)审核活动计划

审核活动计划是对本次审核活动的具体安排，应形成文件，由审核组长制订并经主管领导批准。

审核活动计划应明确审核的目的和范围，审核依据的文件(标准、手册及程序等)，审核组成员名单及分工情况，审核日期和地点，受审核部门，首次会议、末次会议的安排，各主要质量审核活动的时间安排，审核报告日期等。

审核活动计划还应体现本次审核所采用的主要方法(操作流程法，选择部门法，选择过程法等)。

例：表4－3为××纺织集团公司审核活动计划表。

表 4-3　××纺织集团公司质量管理体系内部审核计划

审核目的	评价新质量管理体系符合审核准则的程度及有效性，迎接第三方复审（换版认证）				
审核范围	公司叉车产品实现过程涉及的所有部门、场所和过程				
审核准则	□ISO 9001:2008；□公司质量管理体系文件；□适用的法律法规；□其他				
审核日期	2007年7月15日至2007年7月18日	制订人	×××	制订日期	2007年7月1日
批准人	×××	批准日期	2007年7月3日	报告发布日期	2007年7月25日前
审核组名单	组长：×××（管理者代表）第1组组长：×××，成员：×××、×××；第2组组长：×××，成员：×××、×××；第3组组长：×××，成员：×××、×××				
时间	审核部门 组别	第1组	第2组	第3组	备注
7月16日	8:00—8:30	首次会议			
	8:30—11:30	公司办	公司领导	技术部	
	13:00—17:00	公司办	财务部/供应部	品质部	
	17:00—17:30	审核组会议			
7月17日	8:00—11:30	销售部	生产部	品质部	
	13:00—17:00	纺纱一分厂	纺纱二分厂	纺纱三分厂	
	17:00—17:30	审核组会议			
7月18日	8:00—11:30	纺纱一分厂	纺纱二分厂	纺纱三分厂	
	13:00—15:00	织布一分厂	织布二分厂	织布三分厂	
	15:00—16:30	资料整理	补充审核	小组会议	
	16:30—17:30	末次会议			

四、建立审核小组

（一）建立审核小组

根据审核活动目的、范围、部门、过程以及审核日程安排，选定审核组长和成员，建立审核小组。

小组成立后，应明确各成员分工和要求，这是审核组长的责任。审核组长应注意“审核员不能审核自己的工作”原则。

（二）审核员任务

审核员按分配任务做好各项准备工作。主要有：

（1）熟悉必要的文件和程序。

（2）根据要求编制检查表。

（3）考虑前次审核结果应跟踪的项目。

小组成立后通常应举行审核组会议，以确保审核前准备工作全部完成，每个审核员对审核任务完全了解。

（三）内部审核工作系统

为使内部审核活动正常有效地开展，组织应建立相适应的内部审核工作系统，主要是：

1. **组织**　应建立审核组织，指定组织内审负责人（如管理者代表），明确日常工作负责部门以及其他部门应负的职责；应选择、培训、形成一批合格的内审员（最好每个部门至少有一名内审员），以确保审核活动必需的人力资源。

2. **文件**　应建立并保持内审程序，规定内审的基本步骤、要求、责任与方法，应建立完善内审工作文件，如年度审核计划、审核活动计划、检查表、现场审核记录表、不合格项报告、纠正措施报告、审核报告等。

五、编制检查表

（一）编写检查表

检查表是审核前需准备的一个重要工作文件。

为提高审核的有效性和效率，审核员一般应根据分工准备现场审核用的检查表。检查表内容的多少，取决于被审核部门的工作范围、职能、抽样方案及审核要求和方法。

（二）编写检查表需着重注意的问题

1. **审核表的内容**　与编制审核计划相似，以部门审核为主时，检查表应列出该部门负责的主要过程、活动的审核内容和审核方法。在以过程或活动审核为主时，检查表应说明到哪个部门查，如何查。

2. **抽样的合理性**　检查表要覆盖到三级过程（活动），直至标准 ISO 9001：2008 中所列出的 a）、b）、c）等，例如对 7.5.2 生产和服务提供过程的确认，对其 a）、b）、c）、d）、e）等条款都要覆盖。对企业生产的不同产品在审核过程不能抽样，即应对每一产品实现过程进行审核。

3. **编写检查表**　在按过程审核时，要充分运用 PDCA 过程方法，如按照“目标→策划→实现→测量和监控→改进”的过程方法编制检查表。应对每一个过程提出如下四个基本问题：

（1）过程是否予以识别和适当表述？

（2）职责是否予以分配？

（3）程序是否被实施和保持（不一定是书面程序）？

（4）在提供所要求的结果方面，过程是否有效？

4. **检查表的依据**　检查表的依据是 ISO 9001：2008 标准和受审方的质量管理体系文件及其他审核准则。除标准中明示的需要文件外，在现场审核时判断受审方是否需要编制文件，应由审核员根据被审核部门或活动、过程的特点来决定。

5. **审核证据的收集**　信息的收集和验证的方法有面谈、观察、收集文件和记录以及数据汇总分析、收集来自其他方面的报告（如顾客反馈、外部报告等）。尤其标准中明示的文件和记录要求较少的情况下,要充分重视面谈在审核中的作用。

6. **审核检查表的形式** 对审核检查表的形式和详略程度可采取灵活方式,有时可以只列出提纲或要点,但 ISO 9001:2008 的要求不能遗漏。

六、文件审核

(一)文件审核的目的

文件审核是对组织的质量管理体系文件的审查。它主要目的是评价质量管理体系文件是否满足审核目的、范围和审核准则的要求,以确定受审方是否具备认证条件。

(二)文件审核的要点

(1)通常文件审核分为文件初审和现场审核。文件初审主要检查质量管理体系文件与认证准则的符合性和充分性,现场审核时重点审查质量管理体系文件的适宜性和可操作性。

(2)送审文件除质量手册和标准明示要求的六个活动的程序文件外,通常还应附所有程序文件和其他主要文件的清单。如果质量方针、质量目标和其他质量政策未反映在质量手册中,则也应送审。质量手册应符合 ISO 9001:2008 标准 4.2.2 的要求。如果送审的质量手册和其他文件不能覆盖并满足标准要求,则应补充送审或修改相应质量管理体系文件。

(3)对送审文件的类型和媒体不作强制性要求。

(4)除标准要求必须的六个活动程序文件外,组织可根据情况具体分析,决定是否要有书面文件,因此,在很多情况下,过程或活动是否要有书面文件,要在现场审核时判断,不能硬性要求组织提供某文件进行审查。如果质量管理体系文件覆盖了 ISO 9001:2008 标准要求时就可以认为文件是充分的。

(5)文件初审应注意审查删减的合理性,这种删减应在质量手册中得到反映。

(6)在文件初审中应特别注意对质量方针和目标的评审,如对质量方针保持持续改进的承诺,为质量目标的制订提供框架以及对质量目标的可测量性等要注意是否满足标准要求。

(7)当发现质量管理体系文件不够充分,如文件没有满足审核目的或范围的要求,或质量方针和质量目标不符合标准要求时,应在现场审核前完成修改工作。在质量管理体系文件的符合性达成一致意见或修改之前,不能进行现场审核工作。

(8)质量管理体系文件需现场进一步核实的信息,可在现场审核时审查。

(9)质量管理体系文件初审的要求参照《质量手册审核要点》。

第三节 质量管理体系内部审核的实施

一、审核实施的基本内容

以召开首次会议为审核实施开端,根据标准、文件、检查表和计划安排,审核员进入现场检查、核实,开始审核的主要活动——现场审核。在现场审核中,审核员运用各种审核策略和技巧,把收集到的客观证据适时记入“现场审核记录表”,通过对审核证据、审核发现的整理分析和判断,并经受审核方确认后开具不合格项报告,最后以末次会议结束现场审核。

二、首次会议

首次会议是实施审核的开端，是审核组全体成员与受审核方领导及有关人员共同参加的会议。首次会议由审核组长主持，向受审核方介绍具体内容及方法，并协调、澄清有关问题。到会人员要有签到记录。

（一）首次会议的作用

（1）传达并落实审核计划。

（2）简要介绍审核采用的方法和程序。

（3）建立审核组与受审核方的正式联系。

（4）提出并落实审核有关要求。

（5）澄清并协调有关审核问题。

（二）首次会议的要求

（1）建立审核活动的风格。

（2）准时、简短、明了，会议以不超过半小时为宜。

（3）获得受审核方的理解并得到支持。

（4）由审核组长主持会议。

（5）参加首次会议的人员应包括：审核组全体成员，高层管理者（必要时），受审核部门代表及主要工作人员等。

（三）首次会议的内容

（1）申明审核目的和范围。明确审核目的、审核准则和审核将涉及的部门、班组或岗位。

（2）强调审核的原则。强调公正客观立场，说明审核是一个抽样过程，有一定局限性，但审核将尽可能取其有代表性的样本，使得审核结论公正。说明相互配合是审核顺利进行和获得公正结论的重要条件，提出不合格项报告的形式等。

（3）阐明澄清有关问题。对有疑问的问题进行澄清，交流双方关心的具体问题，确定末次会议的时间、地点及出席人员等。

（4）会议结束。以审核组长的致谢词结束会议。

（四）首次会议的注意事项

（1）首次会议应准时开始、准时结束，通常时间不应超过半小时。

（2）会议应始终围绕主题，简明扼要。

（3）规模较小、时间较短或常规性内审，可不开首次会议，有关问题可以通知审核形式替代，如召开首次会议，上述内容及环节可视具体情况增减。

（4）首次会议应致力于建立良好的审核“风格”，营造良好审核“氛围”。

三、现场审核

首次会议结束后，即进入现场审核阶段。现场审核应按计划安排进行，具体的审核内容应按准备好的检查表进行。

现场审核是使用抽样检查的方法寻找客观证据的过程。在这个过程中，审核员的个人素质和审核策略、技巧可以得到充分的发挥。一个称职的审核员会在轻松自如并使受审核方口服心服的情况下,完成审核任务。

现场审核在整个审核工作中占有非常重要的位置。审核工作的大部分时间是花在现场审核上的,最后的审核结论都是依据现场审核的结果做出的,因此对现场审核的控制以及现场审核中的一些审核策略、技巧的应用就成为实现审核成功的关键。

(一)现场审核的原则

现场审核时审核员应坚持一定的原则,以确保审核的成功。

1. **坚持以客观证据为依据的原则** 这是最为基本、主要的原则。没有客观证据而获取的任何信息都不能作为不合格项判断的依据;客观证据不足或未经验证也不能作为判断不合格项的证据;客观证据必须以事实为基础,且可陈述、可验证,不应含有任何个人的猜想、推理的成分;客观证据必须是有效的,如所提供的文件和记录应经过法定批准或签字,是实际使用、执行的结果,反映当前质量管理体系运行的真实状态和结果。

2. **坚持标准与实际核对的原则** 审核不能脱离审核准则。因为审核是一个抽样过程,并限制在某段时间、某个范围内进行,所以更需要紧扣审核主题,严格对照标准,确定审核项目、要点和抽样方案,寻找客观证据。审核员应在审核准则与审核证据比较核对后才能得出合格与否的结论。凡标准与实际未核对过的项目,都不能判断为合格或不合格。所谓的实际,应包括有没有、做没做、做得怎样依次递进的三个方面。

3. **坚持独立、公正的原则** 审核判断时应坚决排除其他干扰因素,包括来自受审核方的、审核员感情上的等影响判断独立、公正的因素,自始至终维护、保持审核判断的独立性和公正性,不能因情面或畏惧而私自消化不合格项。

4. **坚持"三要三不要"原则** 要讲客观证据,不要凭感情、凭感觉、凭印象用事;要追溯到实际做得怎样,不要停留在文件、回答上面;要按审核计划如期进行,不要"不查出问题非好汉",当按抽样方案审核后无不合格项时,就应转到下一个审核项目上去。

(二)审核证据的收集

1. **收集审核证据的方式** 审核员应首先把精力放在收集有关审核证据上面。收集审核证据的方式举例如下:

(1)与受审核方人员的面谈。

(2)查阅文件和记录。

(3)现场观察和核对(对活动和周围的工作与条件的观察)。

(4)对实际活动及结果的验证。

(5)相关抽样方案的水平和确保对抽样和测量过程实施质量控制的程序。

2. **收集到的审核证据形式**

(1)存在的客观事实。

(2)被访问人员关于本职范围内工作的陈述。

(3)现有的文件、记录等。

(三)现场审核记录

在提问、验证、观察中,审核员应做好记录,记下审核中听到的、看到的、有用的真实信息,这些记录是审核员提出报告的真凭实据。在审核员的笔记中,还可以记录一些与审核问题有关的内容,如内部管理的气氛、员工的态度等。记录这些内容对体系总体评价有一定的好处。

1. 记录的作用

(1)作为编制不合格项报告和审核报告的依据。

(2)作为备忘、核实的依据。

(3)作为查阅、追溯的参考。

2. 记录的要求

(1)记录应清楚、全面、易懂,便于查阅、追溯。

(2)记录应准确、具体。

(3)记录应及时,当场记,尽量避免事后回忆、追记。

(4)记录的格式可采用“笔记式”或“记录表式”,宜统一规定“现场审核记录表”。如采用“笔记式”,那么笔记上的记录事后最好誊到记录表上,便于规范、保存。

(四)审核证据与审核发现

对所收集的审核证据应进行整理、分析、筛选,在此基础上得出审核证据与审核发现。在审核时可统一审核记录表形式,并规定填写和保存要求。

对所收集的审核证据,审核组应根据审核准则进行评价,以形成审核发现。审核发现可为合格项或不合格项。审核组应在适当的审核阶段对审核发现进行评审,特别是在与受审核方举行末次会议之前应进行评审。

当没有发现不合格项时,对合格项的归纳至少应指明所审核的场所、职能或要求。若在所商定的范围内,合格项的各个审核发现还应分别形成文件。对未满足规定要求的不合格项应以清晰和简明的方式加以识别和记录,并得到受审核方的理解和审核证据的支持。应与受审核方的适当代表就不合格项进行评审,以获得对事实依据的确认。受审核方的确认表明不合格项中的事实是准确的,并且对不合格项得到理解。双方应力求解决就有关事实存在的意见分歧,未能达成一致的意见应予以记录。

审核尤其是现场审核主要目的就是形成审核发现。

在审核时,及时将审核发现,特别是不合格项与受审核方沟通、反馈,并得到受审核方的理解与确认,可提高审核的有效性和效率。

(五)现场审核策略及应用

审核员对现场审核策略的有效运用是实现成功审核的关键因素之一。现场审核策略是审核员在现场为及时收集到足够的适用的审核证据而采取的审核方法,审核策略可根据不同审核目的、要求、对象和实际情况来选用,即可独立使用,也可交叉使用。运用的有效性,主要取决于审核员的个人素质、经验、技巧等。

1. 操作流程审核策略及应用 操作流程审核策略是按照产品质量形成过程或质量活

动操作步骤依次审核的方法。该策略按审核方向不同分为顺向审核策略和逆向审核策略两种。顺向审核策略是按照产品质量或质量活动从发生到实现的顺序进行审核的方法;逆向审核策略是按照产品质量或质量活动从实现到发生的逆序进行审核的方法。

操作流程审核策略适用于操作流程性强、确定的审核对象。该策略审核思路清晰,方法简便,容易发现"接口"问题或"系统失效"。在审核设计开发、生产和服务提供的控制、内部审核等时可采用该策略。

2. *组织结构审核策略及应用* 组织结构审核策略是按照机构层次、职责及关系进行审核的方法。该方法按审核起点不同而分为自上而下审核策略和自下而上审核策略两种。当审核质量方针、质量职能的分配与落实、内部沟通、文件控制等时可采用该策略。

3. *选择部门审核策略及应用* 选择部门审核策略是每次审核一个特定部门内的所有活动的审核方法。在进行质量管理体系审核、采购、顾客满意、数据分析等时经常采用该策略。运用该策略的关键是针对某个部门确定过程,分清主次,且应在各审核人员统一协作的前提下完成审核任务。

4. *选择过程审核策略及应用* 选择过程审核策略是审核质量管理体系标准中与某一个过程有关的每一项活动的审核方法。该策略的适用性与选择部门审核策略相同。但在运用该策略时关键是针对某过程选择部门,分清主次,且须防止重复交叉问题。通常它与选择部门审核策略是结合在一起的。

5. *重点发散审核策略及应用* 重点发散审核策略是围绕某个重点扩大审核范围的审核方法。一个称职的审核员,确认审核重点是其必备的基本功。在进入审核区域时,首先要确认审核重点,并在审核过程中随时抓住重点。在审核资源管理、管理评审、质量目标、过程的监视和测量、过程确认、产品的监视和测量等过程中可采用该策略。

6. *问题溯源审核策略及应用* 问题溯源审核策略是针对某个问题进行原因追查的审核方法。在审核时,为使判断正确、深刻,应分析、追溯产生问题的本质原因。在审核数据分析、顾客投诉、设计和开发更改的控制、不合格品、纠正和预防措施等时可采用该策略。运用该策略时,关键是要透过现象看本质,保持预防、改进的锐利目光。

7. *概括切入审核策略及应用* 概括切入审核策略是从了解审核项目基本情况、事实、数据入手,有目的、有重点地逐步缩小范围、深入具体的审核方法。有些审核对象,如 ISO 9001:2008 标准中 4.2.4 质量记录的控制、5.1 管理承诺、5.5.1 职责和权限、5.5.3 内部沟通、6.2 人力资源、6.3 设施、7.2 与顾客相关的过程、7.6 监视和测量装置的控制等宜从掌握概况入手。为确保审核抽样的代表性,也需要审核员能够把握审核对象整体。

8. *顺藤摸瓜审核策略及应用* 顺藤摸瓜审核策略是以问题线索为主导深入追查或核实的审核方法。审核员应具有职业敏感性,在审核中善于发现、捕捉问题线索。有时问题线索会超出检查表范围,但若是与标准有关的重大问题线索,不妨变更计划,紧追不舍。在审核不合格品控制、顾客投诉、退货、顾客满意等时往往需要运用该策略。

9. *现场扫描审核策略及应用* 现场扫描审核策略是以全面观察现场现象为主的审核方法。标准中的一些条款、要求,如产品标识和检验状态、工作环境、在用测量设备技术状态、设备操作与维护、工艺纪律、贮存、搬运、包裂、防护等，必须亲临现场观察才能得出结论。

（六）现场审核的基本技巧

1. **沟通技巧**　审核过程实际上是一个沟通过程，而且是一个正式的双向沟通过程。掌握沟通技巧，是对审核员的基本要求。充分、流畅的沟通是审核成功的关键因素之一。

2. **面谈技巧**　一次成功的面谈，有利于建立融洽关系，消除心理障碍；有助于争取受审核方人员的合作，有助于查明情况，获取需要的客观证据。

在面谈时，审核员应自始至终保持礼貌、友善的态度，如对面谈对象及内容表示兴趣，对误解要耐心；避免打断、干扰、反驳对方的谈话；“请”和“谢谢”适时使用；保持客观、公正的态度等。

3. **提问技巧**　提问是审核中运用最多、最基本的方法。采用正确的提问方式提问，这是审核员基本的沟通技巧。

4. **聆听技巧**　学会聆听，对审核员来说是非常重要的。

在审核过程中，审核员聆听的时间可能会达到总时间的80%，谦虚和认真的聆听态度有助于形成融洽气氛和获得有价值的信息，有助于得出客观的审核发现。

5. **验证技巧**　审核员得到对方回答后，需要辨别真伪，正确理解，所以进行分析验证是必不可少的。

（七）不合格项对照标准判断技巧

现场审核时，审核员要经常及时地对所收集到的审核证据和形成的审核发现进行符合性判断。如何正确判断，除深刻理解标准要求外，还需掌握一些技巧。现以 ISO 9001：2008为例，将判断的一些技巧介绍如下：

1. **最高管理者**　标准中直接涉及最高管理者要求的条款有：5. 1 管理承诺、5. 2 以顾客为中心、5. 3 质量方针、5. 4 策划、5. 5 职责、权限与沟通、5. 6 管理评审等，如据上述条款判断有不合格项，往往意味着系统失效，且主要责任者是最高管理者，其不合格项所引起的随后措施，可能会涉及整个质量管理体系，所以应慎判。

2. **文件更改**　对设计、开发要求及相关文件的更改问题，应判 7. 3. 7 设计和开发更改的控制；对来自顾客产品要求相关文件的更改问题应判 7. 2. 2 与产品有关的要求的评审；对目标及相关文件的更改问题应判 5. 4. 2 质量管理体系策划；对除上述判断外质量管理体系文件的更改问题均可判到 4. 2. 3 文件控制。

3. **标识**　标准中直接涉及标识的条款有：4. 2. 3 文件控制、4. 2. 4 质量记录的控制、7. 5. 3 标识和可追溯性、7. 5. 4 顾客财产、7. 5. 5 产品防护等。在对标识问题进行判断时，应根据标识的对象、性质，寻找相应条款。

4. **记录**　标准中对要求有记录而无记录时，应判到所对应条款；对用于提供证据的记录问题，应判到 4. 2. 4 质量记录的控制；对作为产品实现质量记录的策划问题，应判到 7. 1 产品实现的策划。

5. **人员**　标准各条款中，涉及人员问题时，可采取由表及里的原则，如应知而不知，应会而不会，宜判到 6. 2 人力资源。

6. **测量和监视** 对过程中的人员、设备、工装、材料、环境、方法、信息、时间等过程参数的测量和监视,应判到8.2.3过程的监视和测量;对进货、半成品(在制品)、成品的特性的测量和监视应判到8.2.4产品的监视和测量;对生产和服务运作过程中的监测活动应判到7.5.1生产和服务提供的控制;对顾客满意与否的监测判到8.2.1顾客满意。

7. **现场实施** 实际做法有效,但未满足规定要求,即合理不合法时应判不合格项;实际做法符合规定要求,但该规定做法不尽合理、科学,即合法不合理时,不应判不合格项。

8. **评审** 标准中直接涉及"评审"要求的条款有:5.1管理承诺、5.3质量方针、4.2.3文件控制、5.6管理评审、7.2.2与产品有关的要求的评审、7.3.1设计和开发策划、7.3.2设计和开发输入、7.3.4设计和开发评审、7.3.7设计和开发更改的控制、7.5.2生产和服务提供过程的确认、8.5.1持续改进、8.5.2纠正措施、8.5.3预防措施等。在对评审问题进行判断时,应根据评审对象、性质及目的寻找相应条款。

9. **识别** 标准中直接涉及"识别"要求的条款有:4.1总要求、4.2.3文件控制、4.2.4质量记录的控制、7.3.4设计和开发评审、7.3.7设计和开发更改的控制、7.5.3标识和可追溯性、7.5.4顾客财产、7.6监视和测量装置的控制、8.3不合格品控制、8.4数据分析等。在对"识别"问题进行判断时,应根据识别场合、时机、对象、目的、范围寻找相应条款。

10. **法律** 向组织传达遵守法律的问题,可判到5.1管理承诺;对组织知法的问题可根据涉及对象、范围,分别判到5.2以顾客为中心、7.2.1与产品有关要求的确定和6.2.2能力、意识和培训等条款;对组织守法的问题,可根据所处过程、场所,分别判到7.3.2设计和开发输入、7.3.4设计和开发输出;对组织行为是否符合法律法规评价问题,可根据评价目的、性质、对象,分别判到5.6管理评审、7.2.2与产品有关要求的评审、7.3.4设计和开发评审、8.2.2内部审核等条款。

11. **资源** 标准中直接涉及"资源"要求的条款有:4.1总要求、5.1管理承诺、5.6.3评审输出、6资源管理、7.1产品实现的策划等。在对资源问题进行判断时,应根据识别、提供、使用、管理资源的场合、目的、类别、对象,寻找相应条款。没有相应条款可判时,均可判到6.1资源的提供。

12. **沟通** 标准中直接涉及"沟通"要求的条款有:5.1管理承诺、5.3质量方针、5.5.1职责和权限、5.5.2管理者代表、5.5.3内部沟通、7.2.3顾客沟通、7.3.1设计和开发策划、7.4.2采购信息等。在对"沟通"问题进行判断时,应根据沟通对象、过程、目的寻找相应条款。

13. **改进** 质量管理体系及其任一过程都存在改进机会。因此对"改进"问题的判断,应根据改进的对象、过程、时机寻找相应条款。通常,针对不合格产品本身所采取的措施问题,应判到8.3不合格品控制;针对审核发现所采取的措施问题,宜判到8.2.2内部审核;针对质量管理体系问题所采取的措施问题,宜判到5.6管理评审;针对过程中实际不合格产生的原因所采取的防止再发生的措施问题,应判到8.5.2纠正措施;针对过程中潜在不合格的原因所采取的防止发生的措施问题,应判到8.5.3预防措施。

14. **确认** 标准中直接涉及"确认"要求的条款有:7.1产品实现的策划、7.2.2与产品有关要求的评审、7.3.1 设计和开发策划、7.3.6 设计和开发确认、7.3.7 设计和开发更改的控制、7.5.2 生产和服务提供过程的确认、7.6 监视和测量装置的控制。在对“确认”问题进行判断时，应根据确认的需要、对象、过程、目的、寻找相应条款。

15. **策划** 标准中直接涉及“策划”要求条款有：4.1 总要求、4.2.1 总则、5.4.2 质量管理体系策划、7.1 产品实现的策划、7.3.1 设计和开发策划、8.1 总则、8.2.2 内部审核、8.2.3 过程的监视和测量、8.2.4 产品的监视和测量等。在对“策划”问题进行判断时，应根据策划对象、目的、过程、时机、需要，寻找相应条款。

16. **设施、设备、装置** 对基础设施确定、提供、维护问题，应判到6.3 基础设施；对生产和服务设备使用、维护、工装管理等问题，应判到7.5.1 生产和服务提供的控制；对生产和服务设备的配置问题应判到6.3 基础设施；对生产和服务过程中用于监视和测量的装置，凡获得、使用问题，应判到7.5.1 生产和服务提供的控制，对凡测量能力、校准、防护、确认等问题，应判到7.6 监视和测量装置的控制。

17. **防护** 在生产和服务运作过程中（包括搬运、贮存、包装交付等），涉及产品的防护应判到7.5.5 产品防护；涉及基础设施的防护，应判到6.3 基础设施；涉及生产和服务设备（工装）的防护，应判到7.5.1 生产和服务提供的控制；涉及测量和监控装置的防护，应判到7.6 监控和测量装置；涉及人身安全的防护，应判到6.4 工作环境。

18. **顾客** 标准中直接涉及“顾客”要求的条款有：5.1 管理承诺、5.2 以顾客为关注焦点、5.3 质量方针、5.5.2 管理者代表、5.6 管理评审、6.1 资源的提供、7.2 与顾客有关的过程、7.5.4 顾客财产、7.4.3 采购产品的验证、8.2.4 产品的监视和测量、8.3 不合格控制、8.2.1 顾客满意、8.4 数据分析、8.5.2 纠正措施等。在对与顾客有关的问题进行判断时。应根据与顾客有关的过程、对象、目的，寻找相应条款。

19. **确定** 标准中直接涉及“确定”要求的条款有：4.1 总要求、5.2 以顾客为中心、6.1 资源的提供、6.2.2 能力、意识和培训、6.3 基础设施、6.4.2 工作环境、7.1 产品实现的策划、7.2 与产品有关要求的确定、7.3.1 设计和开发策划、7.6 监视和测量装置和控制、8.1 总则、8.2.1 顾客满意、8.2.2 内部审核、8.4 数据分析、8.5.2 纠正措施、8.5.3 预防措施等。在对确定有关问题进行判断时，应根据确定目的、对象、过程寻找相应条款。

20. **统计技术** 统计技术应用知识没有掌握或应用不正确，可判6.2.2 能力、意识和培训，其他统计技术应用问题可判到8.1 总则。

21. **批准** 标准中直接涉及“批准”要求的条款有：4.2.3 文件控制、7.3.3 设计和开发输出、7.3.7 设计和开发更改的控制、7.5.2 生产和服务提供过程的确认、7.4.2 采购信息、8.2.4 产品的监视和测量、8.3 不合格品控制等。在对“批准”问题进行判断时，应根据批准对象、权限、过程寻找相应条款。当在标准条款中无批准要求，但在组织质量管理体系文件中有批准要求时，应根据组织文件要求所对应的条款进行判断。

四、不合格项报告

不合格项报告是对现场审核得到的审核发现进行评审，并经受审核方领导确认的对不合格项的陈述,是审核报告的一部分,是审核组提交给委托方或受审核方的正式文件。

(一)不合格项的含义

审核所述的不合格项是指“未满足要求”。这里的要求主要有:

1. **标准要求** 如 ISO 9001 标准要求。

2. **文件规定** 包括质量手册、程序文件、质量记录和质量计划或技术性文件和管理性文件。

3. **合同规定** 与顾客签订的销售合同,与供方签订的采购合同等。

4. **社会要求** 包括法律、法规、法令、条例、规章规则以及环境保护、健康安全、能源和自然资源的保护等应承担的义务。

5. **其他规定** 如最高管理者的要求,常识性要求(不一定形成文件)。

6. **顾客投诉** 不合格项的判定以 ISO 9001:2008 标准明示的要求和顾客的投诉为依据,对隐含要求的不合格项可以观察形式表述或在审核报告中适当描述。

(二)不合格项的类型

在质量管理体系内部审核中遇到的不合格主要有以下六种类型:

1. **文件的不合格项** 包括文件与要求不符合、规定没有实施、实施没有效果三种情况。

2. **设备的不合格项** 生产或测量监控设备不符合保证质量的技术状态或管理要求。

3. **产品的不合格项** 产品(包括采购产品半制品、成品等)不符合技术规范或顾客要求或社会要求。

4. **人员的不合格项** 审核内容涉及的具体岗位人员不符合标准、文件或实际操作应达到的素质和培训要求。

5. **环境的不合格项** 审核区域环境不符合产品、设备、人员、材料、工艺、生产、管理对环境提出的要求。

6. **其他的不合格项** 审核涉及时间、信息、资源等对资源有影响的因素,尽管文件未规定,但与常识性要求不符合的项目。

这样的分类便于突出重点采取纠正措施。

(三)确定不合格项原则

1. **规定与实际核对的原则** 在审核时应坚持实际与规定核对的原则,不合格项必须是在规定范围内经过核对的、建立在客观证据上的审核发现。未经核对的不能判为不合格项;客观证据不充分的不能判为不合格项;超出规定范围的,不宜提出不合格项。

2. **以客观证据为依据的原则** 依据不足的不能判为不合格项。对那些受审核方有意见分歧的不合格项,可通过协商或重新审核来决定。

(四)不合格项的分级

内部质量管理体系内部审核可按严重性分成严重不合格项、一般(轻微)不合格项、观察项。

1. **严重不合格项** 严重不合格项通常是指系统性失效或缺陷。主要判断标准有:

(1)质量管理体系与约定的质量管理体系标准或文件的要求严重不符。如关键的控制程序没有得到贯彻,缺少标准规定的要求等。

(2)造成系统性失效的不合格(可能需要由多个一般不合格去说明)。如在用测量监控设备大部分未按周期进行校准(检定),不合格品的处置大部分未按规定要求进行评审和记录等。

(3)造成区域性失效的不合格(可能需要由多个一般不合格去说明)。如某组织质量管理体系未覆盖到应实施的某车间或该车间根本未按标准要求组织实施,质量管理体系覆盖的所有的产品中有某个产品未按标准进行质量控制等。

(4)可造成严重后果的不合格项。如按错误的图纸进行生产等,会给组织带来重大经济损失,严重损害组织声誉。

(5)违反法律、法规的不合格项。

2. **一般(轻微)不合格项**　一般(轻微)不合格项是指孤立的、偶发性的、并对产品质量无直接影响的问题。如卷宗里有一张图张或一份文件的版次不是最新的,某一份文件没有标明日期,用词不准确,签字不符合要求等。

3. **观察项**　对不合格项进行分级,在有些情况下会成为一件困难的事情,因为其界线很难准确划定。这种区分往往取决于审核组长和审核员的经验和技巧。有时候会出现一种类似不合格项的报告称为“观察项”。

观察项报告不属于不合格报告,也不列入最后的审核报告中去。“观察项”的设置无疑为审核方和受审核方各准备了一个台阶,对于缓解审核气氛会带来好处。使用得法,对内审有积极意义。

(五)不合格项报告的内容

不合格项报告的内容可包括:受审核方名称、审核员、陪同人员、日期、不合格现象的描述(应指出不合格、缺陷的客观事实)、不合格现象结论(违反标准、文件的条文)、不合格项性质(按严重程度)、受审核方的确认、纠正措施及完成时间、采取纠正措施后的验证记录等。不合格项报告三要素是:不合格现象的描述、不合格现象结论和不合格项性质,这是任一不合格项报告不可缺少的。

不合格现象的描述应严格引用客观证据,并可追溯。例如观察到的事实、地点、当事人,涉及的文件号、产品批号,有关文件内容,有关人员的陈述等。描述应尽量简单明了,事实确凿,直笔表述,不加修饰。

不合格现象的结论主要是指所描述的现象违反了约定文件(质量管理体系标准、质量管理体系文件、合同等)的哪条规定。

(六)不合格项报告的格式

不合格项报告无固定的格式,可自行设计,但需满足“4C”要求,即Complete(完全),Correct(正确),Clear(清楚),Concise(简明),并具有可重查性。

例:不合格项报告的格式详见表4-4不合格项报告和表4-5不合格报告。

表 4 - 4　不合格项报告

<table>
<tr><td>受审核部门</td><td>品质部</td><td>审核员</td><td>× × ×</td><td>陪同员</td><td>× × ×</td></tr>
<tr><td>审核项目</td><td colspan="5">监视和测量装置的控制</td></tr>
<tr><td>审核日期</td><td>2007. 11. 2</td><td>发出日期</td><td>2007. 11. 3</td><td>计划验证日期</td><td>2007. 12. 5</td></tr>
<tr><td colspan="6">不合格项描述</td></tr>
<tr><td colspan="6">乌斯特条干仪无校准记录，并回答："计量机构无法校准，由厂家每年来厂看一看。"</td></tr>
<tr><td>不合格项结论</td><td colspan="5">违反 ISO 9001 标准中 7. 6a)</td></tr>
<tr><td>不合格项性质</td><td colspan="5">☑严重　☐一般</td></tr>
<tr><td>不合格项
确认与承诺</td><td colspan="5">同意。在两周内纠正。
确认/承诺人：× × ×　2007 年 11 月 3 日</td></tr>
<tr><td>纠正措施
与完成期限</td><td colspan="5">制订乌斯特条干仪校准标准，在 12 月上旬前开展自行校准。
负责人：× × ×　2007 年 11 月 5 日</td></tr>
<tr><td>纠正措施
验证情况</td><td colspan="5">经现场验证，已制订乌斯特条干仪校准标准，并于 12 月 8 日开展了校准，有校准记录
验证人：× × ×　2007 年 12 月 10 日</td></tr>
</table>

表 4 - 5　不合格报告

<table>
<tr><td>受审核部门</td><td>销售部</td><td>部门负责人</td><td>× × ×</td><td>审核日期</td><td>2007 年 7 月 17 日</td></tr>
<tr><td colspan="6">不合格事实描述：
6 月初，公司发出顾客满意度调查表 70 份，收回 52 份，其中有两家客户表示对产品质量不太满意，并提出了 5 个不满意事项。对客户提出的不满意事项，销售部至今(7 月 17 日)未处理，提出改进措施</td></tr>
<tr><td>结　论</td><td colspan="5">违反 ISO 9001 中 8. 5. 2 条规定；违反 Q/R 1059 文件中 6. 3 条规定</td></tr>
<tr><td>性　质</td><td colspan="5">☐严重　☑一般</td></tr>
<tr><td>审核员</td><td>× × ×</td><td colspan="2">被审核方代表签名</td><td>× × ×</td><td>2007 年 7 月 18 日</td></tr>
<tr><td colspan="6">纠正/预防措施计划(计划应于 2007 年 8 月 30 日完成)
1. 针对两家客户提出的 5 个不满意事项采取补救措施，上门走访两家客户，确定不满意事项原因
2. 针对 5 个不满意事项原因，确定改进责任部门及措施
负责人：× × ×　2007 年 7 月 18 日</td></tr>
<tr><td rowspan="4">纠正预防措施
验证情况</td><td>验证结论</td><td colspan="4">☑纠正有效　☐部分纠正有效　☐纠正无效</td></tr>
<tr><td colspan="5">验证摘要：7 月 25 日销售部走访了这两家客户，并写出了调查报告，针对 5 个不满意事项原因，已由技术部门制订了改进计划并于 8 月 12 日付诸实施，实施结果顾客表示满意</td></tr>
<tr><td>再次验证</td><td colspan="4">☐需要　☑不需要　需要时验证时间：　年　月　日</td></tr>
<tr><td colspan="5">验证人：× × ×　2007 年 8 月 28 日</td></tr>
<tr><td>备　注</td><td colspan="5"></td></tr>
</table>

（七）不合格项报告的注意事项

(1)不合格项报告必须写出标准要求下的不合格客观事实，描述应清楚、正确、完整，并取得受审核方代表的确认。

(2)不合格项陈述应是：事实确凿，可追溯，不会引起受审核方争执或不予确认。

(3)在审核结束前，所有的不合格项都应得到受审核方的确认。

(4)受审核方拒绝确认不合格项报告情况及对策，当受审核方不确认不合格项报告时，审核员应冷静、耐心，审核员应全心全意地为其提供优质服务。

(5)不合格项报告应至少分发到不合格项的责任部门和有实施纠正措施责任的部门，以便实施纠正措施并对其验证效果。

(6)开具不合格项报告时，必须考虑其后纠正措施的效果，是积极的还是消极的，其对产品质量的影响是直接的、主要的，还是间接的、次要的。

五、末次会议

现场审核以末次会议结束，末次会议是审核组、受审核方领导和有关职能部门负责人员参加的会议。

（一）末次会议的任务

(1)向受审核方介绍审核情况，以便他们能够清楚地理解审核的结果，并予确认。

(2)报告审核发现（重点在不合格项）和审核结论。

(3)提出后续工作要求（纠正措施、跟踪审核等）。

(4)结束现场审核。

（二）末次会议的内容

审核方对受审核方的整个审核期间的合作表示感谢，要真诚具体，但不必声势很大，过分热情。与会者应签到。

(1)重申审核目的和范围。考虑到参加末次会议的人员不一定参加过首次会议，审核组长应进行重申。

(2)提出纠正措施要求。审核组向受审核方提出采取纠正措施的要求，包括确定纠正措施的时间，完成纠正措施的期限，验证纠正措施的方法等。

(3)宣读审核意见。审核组长宣布审核意见，并说明审核报告的发布时间、方式及其他后续工作要求。

(4)受审核方领导表态，并对纠正做出承诺。

（三）末次会议的注意事项

(1)末次会议是内容审核结束时的一个重要会议，不能省略。

(2)末次会议的重点应围绕着不合格项提出纠正措施及要求。

(3)审核结果、意见涉及的重要部门和人员应到会，以便实施纠正。

第四节 内部审核报告

审核报告是对审核中的审核发现(不合格项)的统计、分析、归纳、评价。报告应规范化、定量化、具体化,要统计分析不合格项,对审核对象的质量活动及结果进行综合评价,与受审核方共同制订纠正措施和实施要求。提交审核报告前,应与受审核方管理者协商交底,核实修正报告内容。取得原则上同意之后提交最高管理者或其代表审查批准。被批准的审核报告应分送有关部门和人员。

一、报告内容

审核组长对审核报告的编制、准确性和完整性负责,审核报告通常包括以下内容:

(1)审核目的和范围。

(2)审核组长及成员。

(3)审核日期及计划主要项目实施情况。

(4)实施审核的依据,如质量管理体系标准、质量手册、程序文件等。

(5)不合格项目的统计分析。

(6)对受审核方的综合评价,应客观、公正、合理地对受审核方的质量管理工作进行整体评价,肯定优点,指出缺点,提出审核结论。

(7)提出纠正措施实施要求。

(8)审核报告的发放范围。

(9)审核报告应得到最高管理者或管理者代表的批准。

(10)审核报告附件。不合格项报告和其他认为必须的审核结果的资料可作为审核报告的附件。

二、报告中的审核结论

审核结论必须写入审核报告中。审核结论,不仅是受审核方最为关心的审核结果,也是审核组最为困难、最需慎重的决定。审核结论应在所有审核发现汇总分析的基础上做出。

审核报告应包括以下方面的结论:

(1)管理体系在审核范围内是否符合审核准则。

(2)管理体系在审核范围内是否得到有效实施。

(3)管理评审过程对确保管理体系的持续适宜性和有效性的能力。

鉴于 ISO 9001:2000 标准强调持续改进和顾客的满意,在评价 QMS 并做出上述结论时应充分考虑到:

(1)质量方针和质量目标实施的有效程度。

(2)QMS 的适应性、有效性、充分性。

(3)产品满足顾客要求与法律法规要求的能力和顾客满意程度。

(4)持续改进机制是否建立。

审核报告还应有审核发现,即合格项和不合格项的描述,审核不合格项应以标准明示要求和顾客投诉为依据,对隐含要求的不合格项可在审核报告中适当描述。

三、报告中的纠正、预防和改进措施及要求

内部审核是管理工具,重点是推动内部改进,因此提出纠正、预防和改进措施及要求应成为审核的一项重要任务,成为报告的一项重要内容。

(一)纠正、预防和改进措施之间的差别

区分纠正、预防和改进措施之间的差别,对研究、制订措施是很有必要的。它们之间的主要差别是:

(1)纠正措施是针对实际问题的原因所采取的消除措施。

(2)预防措施是针对潜在问题的原因所采取的消除措施。

(3)改进措施是为提高各项活动、过程的效果和效益所采取的措施。

(4)纠正和预防措施可归入改进措施的范畴。

(二)措施的提出

提出并实施纠正、预防和改进措施,这是内部审核的工作重点。

措施的提出是审核组和受审核方共同的责任。所有内审中出现的不合格项,都应采取相应的纠正和预防措施。措施从提出到实施,应按一定程序进行。

(三)评审措施

措施提出后应进行评审,目的是确保措施实施的有效性。评审可参照以下要点:

(1)措施针对性强,具体可操作,时间分工要求合理、明确。

(2)措施具有一定的先进性和创造性,能体现先进的管理和技术。

(3)措施得到实施,能经济有效地解决问题,并不会产生其他较大的负面效应。

(4)解决问题有较强的系统性和一定的深度,能较好地防止问题再发生。

(四)确认措施

措施评审还须进行确认,目的是确保其能够得到有效实施。确认者除审核组长外,还应包括有责任、有能力实施的部门和人员。受审核方范围内的措施(受审核方有责任并有能力实施的措施)经双方确认即可。超出受审核方范围的措施(受审核方有责任但无实施能力的措施)审核组应与受审核方及有关部门共同确认、认可或由组织领导确认、认可。

(五)实施措施

(1)受审核方范围的措施,由受审核方领导确认批准后付诸实施。

(2)职能部门范围的措施,由有关职能部门领导确认批准后付诸实施。

(3)组织范围的或影响重大的、牵涉面广的,由最高管理者或其代表确认批准后,付诸实施。

(六)实施评价

对措施实施过程及记录应进行评价。评价要点是:

(1)主要实施过程和结果符合措施要求。

(2)在实施过程中,能及时发现问题,分析原因,采取新的措施加以克服解决。

四、报告处理

报告处理方式有:

(1)根据审核结果及综合评价,由审核小组提出建议,对受审核方进行考核奖惩。

(2)根据审核报告中提出的纠正或改进措施,组织分层分步实施,并对实施情况进行跟踪报告。

(3)将审核过程形成的有关文件、资料整理归档,以便统计分析、查询和利用。

(4)报告应分发至有关领导和部门,以便采取纠正和预防措施。

五、报告格式

报告无统一格式,由组织自行规定,但报告的格式应规范,紧凑,突出重点,照顾一般。不同审核对象的审核报告应有区别,具体格式参见表4-6。

例:表4-6为质量管理体系内部审核报告。

表4-6 质量管理体系内部审核报告

审核目的	评价改版后OMS符合性、有效性和充分性,推动QMS及过程改进,迎接第三方复审				
审核范围	童装设计和开发、制造和服务涉及的所有部门、场所和过程				
审核依据	ISO 9001:2008质量管理体系文件适用法律法规				
审核日期	2007年7月16日至7月18日	编制人	××	编制日期	2001年7月20日
质量体系内部审核综述					
一、不合格数量、分布、性质统计分析情况					
本次内审,共发现48个不合格项,其中:一般45个,严重3个。48个不合格项分布情况见“不合格项分布表”					
二、质量管理体系运行状况评价					
结论:公司QMS在审核范围内基本符合审核准则并得到实施,已初步具有以防止不合格满足顾客要求与法律法规的能力,已初步具有持续改进机制。在内审中,公司QMS在5.5.1职责和权限,5.5.2管理者代表,6.4.1工作环境,7.5.4顾客财产做得较好。但主要问题是:质量方针宣贯不充分,设计确认尚未进行,供方重新评价没有进行,叉车出厂检验未严格把关 说明:管理评审计划在8月上旬进行,故未审核					
三、成效及表扬					
主要成效:1. 公司已按照ISO 9001:2008标准建立、实施了质量管理体系;2. 公司Qus文件得到完善,更系统、适用、规范;3. 产品一次交验合格率提高到99.2%,废品率降到0.5‰,顾客满意程度提高;4. 基础管理得到加强,员工参与意识有所提高。在QM.S建立实施过程中,办公室、销售部、生产部、热加工分厂、铸造分厂换版工作认真、努力,做得较好,成效明显					

续表

<table>
<tr><td>NO.</td><td>问题点</td><td colspan="2">纠正、预防措施</td><td>完成期限</td><td>负责人</td><td>检查人</td></tr>
<tr><td></td><td>略</td><td colspan="2"></td><td></td><td></td><td></td></tr>
<tr><td>奖惩建议</td><td colspan="2">改版后第一次内审，按照质量管理体系内部审核考核办法进行考核
审核组长：×××</td><td>批准意见</td><td colspan="3">同意审核组意见，请确定考核奖惩方案。于7月25日前报我
总经理：×××　2007年7月22日</td></tr>
<tr><td>备注</td><td colspan="6"></td></tr>
</table>

六、注意事项

(1)审核结束后，结论和建议应形成报告。

(2)报告应力求客观，对事不对人，应适当肯定受审核方，不要一味谈问题。

(3)报告应先征得受审核方负责人同意，取得组织领导的批准后，才能分发。

(4)报告应突出重点，容易理解；应简明扼要，避免冗长叙述；应定量，具体，用典型事实、数据说话；应能抓住组织领导和顾客关心的问题。

(5)报告应及时分发至相关的、需要的或应采取措施的组织部门和人员。

第五节　最后的跟踪

一、跟踪审核的含义

跟踪审核是审核活动的一部分，是内审的延伸。跟踪审核是对受审核方采取的纠正措施进行评审、验证，并对纠正结果进行判断和记录的一系列审核活动的总称。

二、跟踪审核的目的

(1)促使受审核方采取、实施有效的纠正和预防措施，防止不合格项再次发生。

(2)验证纠正和预防措施的有效性。

(3)确保消除审核中发现的不合格项。

三、跟踪审核的范围

跟踪审核以审核中发现的不合格项纠正情况为主，但常因需要而扩大范围，对有效性的验证也因内部管理的需要而更为严格。

四、跟踪审核的作用

1. **促进改进** 跟踪审核能促使受审核方建立防止不合格再发生的有效机制，促使受审核方不断改进。

2. **向管理层报告** 通过跟踪审核，向管理层及时反馈受审核方的纠正情况以及体系运作的情况。

3. **证实** 向外部审核机构提供体系正常运作的证据。

五、跟踪审核的实施

（一）跟踪审核的形式

（1）受审核方将书面文件提供给审核员或跟踪审核工作负责人，作为实施了纠正和预防措施的证据，由审核员进行实际验证。

（2）审核员到现场对原不合格项进行复审，并对验证的纠正结果形成记录。

（二）跟踪审核员的职责

（1）对不合格项纠正结果进行验证记录。

（2）证实所采取的纠正和预防措施是有效的，必要时应建议纳入文件。

（3）发现遗留问题，并提出纠正和预防措施建议。

（4）向内审负责人报告跟踪审核结果。

（三）跟踪审核的实施要点

（1）跟踪审核的管理。跟踪审核应由专门管理机构负责，应建立相应工作程序，以确保跟踪审核正常、规范的实施。

（2）跟踪审核时间、范围通常应事先与受审核方约定，审核前，通知受审核方。

（3）对纯属文件性的不合格，只需通过文件传递方式便可验证；对现场工作的纠正和预防措施，应进行现场复查验证。

（4）实施跟踪审核的人员可由原审核组中的成员进行，也可委托其他有资格的人员进行，但实施跟踪审核的人员应了解该项跟踪审核工作的资料和情况。

（5）跟踪审核报告。

案例

Hbei 纺织集团公司内部质量管理体系审核

为确认公司质量管理体系持续的符合性和有效性，依据 Hbei 纺织集团公司质量管理体系内部审核 2007 年度计划，公司于 7 月 16 日至 7 月 18 日举行了今年第二次内部质量管理体系审核，结果表明质量管理体系运行有效。

为了保证审核结果的公正性、客观性、审核标准的一致性，以便使质量管理体系持续改进，审核小组采取了查阅、问询、现场审核等审核方式。在审核过程中，审核组成员本着一丝不苟的态度，寻找质量管理体系中存在的问题和体系有效运行证据的同时也给受审核单位提出了一些改进建议。通过为期三天的审核,发现了许多好的方面,如:短绒经营部的供方档案资料很详细;纺纱二分厂设备验收记录严格按验收规程要求做,每月都做检修小结;纺纱三分厂现场管理也做得较好;供应部成品库和化工库管理有序;织布二分厂动力车间将润滑制度落实到了每一天、每一台等。

在审核中,也发现了质量管理体系中存在的问题,共开出了6个一般不合格项,提出了21个改进建议。从审核总的情况来看,公司质量管理体系运行是有效的。

审核报告强调,这次审核只是在有限的时间内进行抽查,有代表性地开出了6个不合格项和21个改进建议,但实际存在的问题还很多,没有开不合格报告的单位并不代表不存在问题,发现问题的区域不一定是责任单位,所以各单位要认真分析审核组提出的改进建议,查找本单位存在的问题并制定有效的改进措施。

经过全公司人员2次内部审核及1次管理评审,8月23日,Hbei纺织集团公司迎来了ZD认证中心对公司运行ISO 9000质量管理体系的认证审核。为保证审核的质量,应公司要求,ZD派出了在纺织行业质量管理具有丰富实际经验的4名高级审核员对Hbei公司实施为期三天的审核。

审核分为3个小组在公司各个部门和生产现场同时展开。通过对文件、外包过程、工作现场体系运行过程的审核,认证中心专家认为:Hbei在公司领导班子的带领下,充分理解质量管理体系标准,结合公司工作实际,以自身的力量为主编制了可操作性非常强的体系运行文件;在运行过程中贯彻质量管理体系标准要求,以顾客为关注焦点,质量管理体系已经符合ISO 9000标准,公司具备实现质量方针和质量目标的能力;Hbei公司有能力为顾客提供符合顾客要求的产品;并且,公司质量管理体系运行后,产品质量和工作质量均有显著的改进和提高,已达到相应的质量目标。审核中共发现不符合项2项,并提出了多个观察项。审核专家对审核中发现的问题也进行了认真的剖析和讲解,Hbei公司将针对这些问题的发现对体系实施过程进行全面改进。

通过第三方认证审核,Hbei公司的质量管理体系运行进入了一个全新的阶段,为Hbei公司的发展搭建了一个良好的质量管理基础平台。尽管近期纺织市场的形势进入了一个非常严峻的阶段,但Hbei公司坚持在集团公司"全球纺织业的朋友、中国制造业的骄傲"的共同愿景下,秉承经纬纺机"提供纺织成套解决方案"使命和"主业做精、产业做大、企业做强"的发展方针,做好质量基础工作,以质量作为企业生存和发展的根本,推动公司各项工作的全面进步。

思考题

1. 怎样理解审核?
2. 审核范围是什么?
3. 纺织服装企业质量管理体系审核的一般步骤是什么?为此需做哪些工作?
4. 现场审核的原则是什么?

5. 审核证据的收集工作如何开展？
6. 怎样撰写不合格项报告？
7. 内部审核报告的重要性是什么？
8. 试做一个纺织服装企业质量管理体系内部审核报告(表格形式)。
9. 简述纺织服装企业跟踪审核的实施。

第五章 纺织服装企业顾客满意管理

本章知识点

1.顾客满意管理概述。
2.顾客满意的影响因素。
3.顾客满意度测评的方法。
4.顾客满意的评价。

第一节 顾客满意管理概述

一、关注顾客的重要性

随着经济全球化的趋势越来越显著,企业间的竞争比以往任何时候都更加激烈。市场经历了从生产导向到顾客导向,从卖方市场到买方市场的转变。那些购买商品或接收服务的顾客都在努力寻找具有明显竞争优势的企业,并通过对不同企业之间所感受的差异指导选择过程和决定所付出的价格。因此,顾客对产品或服务的满意度,对企业有着至关重要的作用。

GB/T 19000—2000 idt ISO 9000:2005《质量管理体系基础和术语》中明确提出"以顾客为关注焦点",而且把它作为质量管理八项原则的第一条,强调组织应充分理解顾客当前和未来的需求,满足顾客要求并争取超越顾客期望。同时,在标准总则中明确提出:"用于组织证实其具有提供满足顾客要求和适用的法规要求的产品的能力,目的在于增进顾客满意。"这就说明 ISO 9000 标准更加关注顾客的需求,注意外在力量对组织的反映。企业在战略计划流程中,认为顾客满意的重要性是第一位的企业的比例调查(2006 年)如表 5 - 1 所示。

表 5 - 1 认为顾客满意的重要性是第一位的企业的比例

加拿大企业	德国企业	日本企业	美国企业
81%	73%	95%	78%

从表 5 - 1 中可以看出,日本企业认为在战略计划流程中,顾客满意的重要性是第一位的百分比要远远高于其他几个国家,反映出对顾客满意的高度重视是"二战"后日本经济迅速复苏,并打开外国市场,从而迅速增长为世界第二经济强国的一个重要因素。

同时,有资料表明,对顾客的重视程度和潜在的投资回报率成一定的正相关关系(图 5 - 1)。

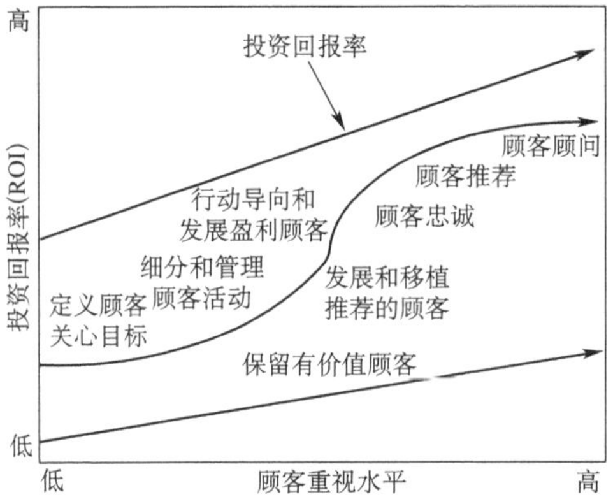

图 5－1　顾客重视水平与潜在投资回报率

二、顾客满意的概念及其特点

(一)顾客满意的概念

顾客满意(Customer Satisfaction,CS)作为一个科学概念,始于消费心理学的普通术语——满意,是对顾客需求是否得到满足的界定。当顾客需求被满足时,顾客便体验到一种积极的情绪反映,这称为满意;否则,顾客会体验到一种消极的情绪反映,这称为不满意。

ISO 9000:2000 中对顾客满意的定义是:顾客对其要求已被满足程度的感受。这表明顾客抱怨是一种满意程度低的最常见的表达方式,但没有抱怨并不一定表明顾客很满意;即使顾客的要求是适宜的并得到满足,也不一定确保顾客很满意。营销大师菲利普·科特勒将顾客满意定义为:"满意是指一个人通过对一个产品的可感知的效果(或结果)与他或她的期望值相比较后,所形成的愉悦或失望的感觉状态。"这个定义清晰地表明,满意水平反映了可感知效果和期望值之间的差异。这样既符合消费心理学上对满意的理解,同时也为对顾客满意度进行测定与分析提供了理论基础。

顾客通过购买行为,可以经历三种不同感觉状态中的一种:如果效果低于期望,需求得不到满足,则顾客不满意;如果效果与期望相当,需求得到满足,则顾客满意;如果效果超过期望,需求得到超值满足,则顾客就完全满意(图 5－2)。

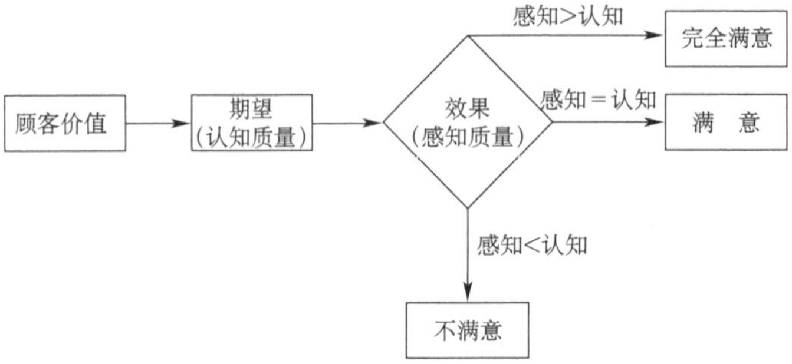

图 5－2　顾客购买行为后的三种感觉状态

(二)顾客满意的特点

顾客满意作为一种全新的经营理念,是在信息技术飞速发展、顾客需求日益个性化、市场竞争日益加剧的背景下发展起来的,它具有以下几个特点:

1. **主观性**　顾客满意是顾客对组织的产品或者服务的一种主观感知活动的结果,具有很强的主观成分,受到其本人经济地位、文化素质、需求层次、性格和习惯等诸多方面因素的影响。

2. **客观性**　顾客只要使用、接受了组织的产品或服务,其满意与否就客观存在。

3. **动态性**　顾客满意并非一成不变,顾客的满意程度是随着顾客的需求层次、客观条件、经济文化水平的发展而变化的。这种变化的总的要求是不断提升产品和服务质量,从原来的不满意转变为满意。

4. **全面性**　顾客对企业所提供的产品和服务的评价是全面的,并不仅是针对某一质量特性而言的。在顾客接受产品和服务的全过程中,任何一个环节出现差错都会导致顾客的不满意。

5. **模糊性**　由于顾客满意是顾客带着自身的感知和情感来加以判断,带有许多“亦此亦彼”或“非此非彼”的现象,有时难以得到精确和量化,所以,带有一定的模糊性。

深入理解顾客满意的这些特点,采取顾客满意战略,提高顾客满意的根本需求。

三、全面顾客满意的理念

(一)全面顾客满意的概念

全面顾客满意是新世纪的质量观。组织应该建立以顾客为中心的发展战略和经营管理体系,面向市场,将顾客的需要作为日常经营活动的“轴心”,积极提供顾客满意的质量。事实证明,在充分满足顾客的前提下,开展经营活动,不仅可以获得顾客的信赖,而且还有利于促进组织的发展。

全面顾客满意的理念认为顾客就是自己的工作所能影响的所有人。由此可以将顾客分为外部顾客和内部顾客。其中,外部顾客是那些企业外部的使用产品或接受服务的人,但也有其他类型的顾客。这里应该注意,直接外部顾客并不总是最终顾客(最终顾客是指使用最后产品或服务的人)。例如,对于一个服装生产商来说,直接外部顾客可能是一个商场或者精品店店主,但最终顾客是穿这件衣服的人。内部顾客是指企业内部在某种程度上受企业活动影响的那些人。

除了满足外部顾客以外,还需要满足内部顾客的需要。外部顾客只有在内部顾客得到了较好的服务时才能得到较好的服务。大多数使外部顾客满意的企业也都是把企业内部的工作人员当成顾客的,因为质量水平受内部过程的每一个环节的影响。理想状态下,产品在生产过程中的每一个步骤都应该是100%没有缺陷的。然而,现实情况并非总是如此。质量水平是每个步骤质量水平影响的直接结果,大多数缺陷都出现在部门之间的交接过程中。戴明(Deming)和朱兰(Juran)两人都曾指出,至少有80%的质量问题都出在制度上的弊端和官僚主义问题上。克服这些弊端和缺点,只能依靠从管理上寻求的解决办法,从研究如何提高内部顾客满意度上着手。

施莱辛格和赫斯基特认为,在员工满意和顾客满意之间存在一种“良好服务循环”的关系(图5-3)。通过内外部顾客满意的相互影响、相互促进,最终能够达到全面的顾客满意。

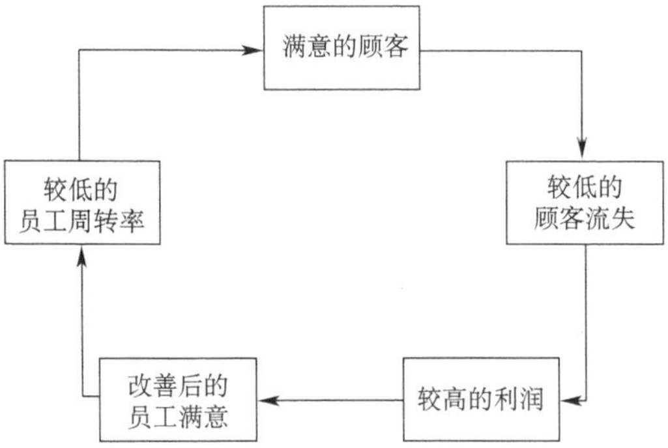

图5-3 良好的服务循环

(二)全面顾客满意的构成

全面顾客满意的构成因素可分为横向和纵向两个层面。

1. 横向层面

(1)组织理念满意,即组织经营理念带给顾客的满足状态,它包括经营宗旨满意、经营哲学满意和经营价值观满意等。

(2)行为满意,即组织全部的运行状况带给顾客的满足状态,包括行为机制满意、行为规则满意和行为模式满意。

(3)视听满意,即组织具有可视性和可听性的外在形象给顾客的满足状态,包括组织标志满意、标准字满意、标准色满意以及上述三个基本要素的应用系统满意等。

(4)产品满意,即组织产品带给顾客的满足状态,包括产品质量满意、产品功能满意、产品设计满意、产品包装满意、产品品味满意和产品价格满意等。

(5)服务满意,即组织服务带给顾客的满足状态,包括绩效满意、保证体系满意、服务的完整性和方便性满意以及情绪环境满意等。

2. 纵向层面

(1)物质满意,即顾客对组织产品的核心层,如产品的功能、质量、设计和品种等所产生的满意。

(2)精神满意,即顾客对组织产品的形式层和外延层,如服装的品牌、款式、外观、色彩、品位和服务等所产生的满意。

(3)社会满意,即顾客在对组织产品和服务的消费过程中所体验到的社会利益维护程序,主要指顾客整体的社会满意程序。它要求对于社会产品和服务的消费过程中,要具有维护社会整体利益的道德价值、政治价值和生态价值。

四、顾客忠诚

所谓忠诚，就是相对于其竞争者，消费者更偏爱购买某一种产品或服务的心理状态或态度，或是对某种品牌的一种长期的偏好。顾客忠诚是消费者在消费产品或服务过程中高度满意的结果，是一种对品牌的共鸣。顾客忠诚实际上是顾客行为的持续性。顾客忠诚可以理解为顾客的一种信念：当顾客想要购买或是将来可能需要购买一种曾经使用过的商品时，他首先想到的就是某一个企业的产品。那些能够为顾客提供高水平产品和服务的企业往往拥有较高的顾客忠诚。顾客忠诚是全面顾客满意所驱使，完全满意是忠诚的前提。

（一）顾客忠诚对企业的积极作用

忠诚所带来的收益是长期而且具有积累效果的。也就是说，一个顾客保持的忠诚时间越久，企业从他那里得到的收益就越多。增加顾客的忠诚可以在以下 4 个方面为企业节省费用：

（1）可以减少营销费用，因为争取新的顾客往往需要花费更多的费用。

（2）减少的经营管理费用，如合约的谈判等。

（3）赢得更多的正面口碑，能够减少新顾客的开发费用。

（4）老顾客的重复购买行为能够为企业带来更多的收益。

（二）顾客忠诚的衡量

虽然顾客忠诚本身很难通过量化予以测定，但是却可以通过以下形式进行间接衡量：

1. **外部顾客** 可以通过顾客重复购买的可能性、顾客购买同一企业其他产品或服务的可能性、顾客对价格变化的敏感性、是否口头传颂或推荐他人、是否参与其他顾客的购买行为等方面加以衡量。

2. **内部顾客** 可以通过员工抱怨率、员工流失率、违纪违规率（损失率）、质量改进（QI）小组参与率、合理化建议比率、参与培训员工比率等方面加以衡量。

（三）顾客忠诚的获得

获得顾客忠诚的方法有许多。一般来说，企业可以通过产品和顾客两个方面来获得顾客忠诚。产品方面包括：企业应该准确地提供高质量、低价格、性能稳定的产品和服务等。通用电气公司前董事长小约翰·F. 韦尔奇（John F. Welch Jr.）认为："质量是我们维护顾客忠诚的最好的保证，是我们对付外国竞争者最有力的武器，是我们保持增长和盈利的唯一途径。"顾客方面包括：企业应该多做少说、守信、提供个性化服务、珍惜每一位顾客。

为了提高顾客忠诚程度，很多企业推行了顾客忠诚计划，对重复购买特定产品或服务的消费者给予回报，如提供各种奖励、折扣、赠送商品等。现在比较流行的会员卡制度以及积分返现，就是顾客忠诚计划的一个具体例子。

五、以顾客满意为导向的产品或服务设计创新

（一）设计决定质量

早先，人们认为质量是检验出来的，因此，普遍采取通过质检部门的检验来保证产品质量的方法。后来，人们认识到质量是由生产部门制造出来的，生产过程中的质量水平决定了

产品的质量。现在,人们开始意识到质量应该是由设计部门决定的。当产品被设计出来的时候,产品的质量定位已经被决定了,制造部门只是通过实际生产,实现由设计决定的产品质量。进一步溯本求源,可以发现产品的质量定位也不是在设计过程中决定的,而是通过市场调研,对顾客的需求进行分析,以顾客满意为导向决定的。同样,服务的质量和设计也是按照这样的程序来进行的,因此设计本身不应该是盲目的。凡是成功的组织,都首先从设计、开发开始就做到顾客完全满意。满足顾客需求是开发产品或服务的唯一依据。一个成功的组织,其产品的设计流程如图 5 - 4 所示。

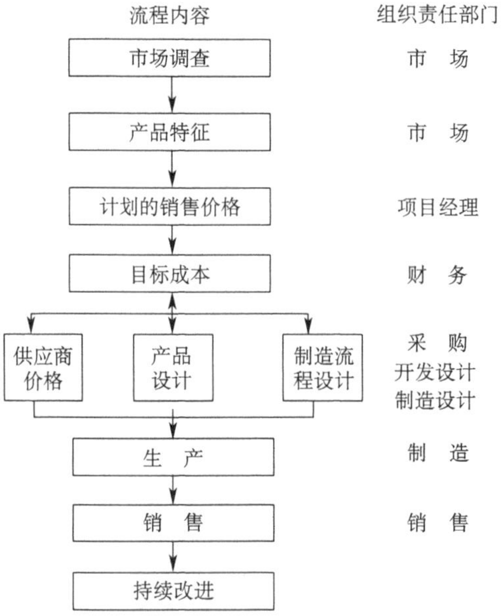

图 5 - 4 成功组织的设计流程

设计、开发应以顾客需求预测为导向,挖掘顾客潜在需要,进行超前开发、研制和创新,引导市场消费。服务的开发设计包括服务流程开发设计和服务规范,服务提供规范和服务质量控制规范等的设计和编制。设计及规范的制订要以充分满足顾客要求为标准。

(二)顾客潜在需求

顾客潜在需求的产生有多种可能,如:

(1)社会发展、技术进步和消费水平提高所带来的新需求。

(2)顾客在使用现有产品和服务时,提出的新的期望和改进的想法。

(3)现有产品和服务尚未覆盖的领域,但顾客确有这种要求。

(4)未开发的市场存在的需要。

(5)顾客对需求的某种遐想和期望。

(6)顾客有现实需求,但无法表达的。

组织应当认真对待顾客意见,主动改进设计,提高顾客的满意度。从顾客的反馈意见中,积极主动寻求改进产品设计和服务的机会。同时,按照产品生命周期规律,加快产品或服务的更新速度,不断提高顾客的满意。要以顾客完全满意为目标,进行服务的创新与开发。如:开发和设计新的服务内容和方式,增设新的服务领域和服务项目,设计和改进服务流程,开发和增加新的服务功能,创造新的服务概念和需求,调整和改革服务的结构和布局。

第二节　顾客满意的测量方法

一、顾客满意的影响因素

顾客满意与否与其感受到的产品或服务的质量特性密切相关。

顾客的满意度是他的一种主观感觉,顾客的需要满足与否只能由顾客的主观感觉——满意度来确定,组织无法进行精确的预测。

顾客对特定事物的满意度受到三个基本因素的影响,即不满意因素、满意因素和非常满意因素。

(一)不满意因素

不满意因素是指某一与顾客希望相反的消极条件或事件。存在不满意因素,则顾客的满意程度下降;不存在不满意因素,则顾客的满意程度不会提高,也不会下降。

不满意因素的事例有:不合格的产品、交付和获得服务中的问题、职员的不协作,或是对顾客意见和抱怨漠不关心。顾客对这些问题的关注程度远远比组织所意识到的要高得多,不触犯顾客仅仅是最低要求。

(二)满意因素

满意因素是指某一与顾客满意程度存在线性关系的期望的条件或事件。例如,物品降价,对顾客来说就更值得购买且能觉得更大的满意。一系列不同款式、性能、型号的产品供顾客选择也是一种满意因素。满意因素越多,顾客的满意度也越高。但是值得注意的是,满意因素并不能弥补不满意因素,例如,人们会很快忘记价格低的产品,但对所购买到的不合格品却记忆犹新。

二、顾客满意度测评的分类及原则

(一)顾客满意度测评的分类

在进行顾客满意度测评以前,必须明确测评的目的。根据目的的不同以及调查时间的不同,顾客满意度测评可以分为四大类(表5-2)。

(二)顾客满意度测评的原则

进行顾客满意度的测评,首先必须建立顾客满意度测评的指标,然后根据这些测评指标进行测评。顾客满意度测评指标建立的原则有:

1. **全面性原则**　顾客满意度评价体系应该力求能准确反映顾客的满意状况,因此,其指标因素必须全面且有代表性。

2. **独立性原则**　顾客满意度评价体系中的指标因素必须有较高的区分度,便于辨别调查对象。体系中的每个指标都能独立地反映系统的某一方面或不同层次的服务。

表 5-2 顾客满意度测评的分类

调查的目的	概况调查	事务性调查	可靠性调查	后继或诊断调查
何时进行	固定周期	尽可能接近业务活动时间	在一个使用周期后或达到某个使用(拥有)的重要阶段	收到特别好或特别坏的反馈时
覆盖范围	尽可能多的顾客,或者是普查	只有经历了特定事务的那些顾客	抽取样本或者普查	那些提供了回答并需要探究的顾客
评价的问题	普遍性的问题,总体业绩,对关键的、基本的问题的满意情况。非常宏观	与实务运作相关的特定问题。非常具体	涉及总体的可靠度,耐久性,易于服务,接受服务的能力,售后支持等	以深入研究为目的,帮助理解一个或多个特定领域中好或差的业绩

3. *层次循序渐进原则* 影响顾客满意的因素很多,因此可以分成几个层次,采用层次渐进、循环交替的方法,逐渐将顾客满意度调查推向深入。

4. *可测性原则* 顾客满意度测评的结果是一个量化的值,因此设定的测评指标必须是可以进行统计、计算和分析的。

5. *可行性原则* 顾客满意度调查的最终目的是发现问题,改进产品或服务,因此各指标因素的内容和意义必须能被员工和顾客所理解。

三、顾客满意度测评的步骤

企业为了使其产品的质量特性满足顾客需求,甚至要超过顾客的期望,同时尽量减少不合理的缺陷,以降低成本,就要通过对顾客满意度的调研、分析来达到这些要求。图 5-5 说明了完整的顾客满意度测评的程序。

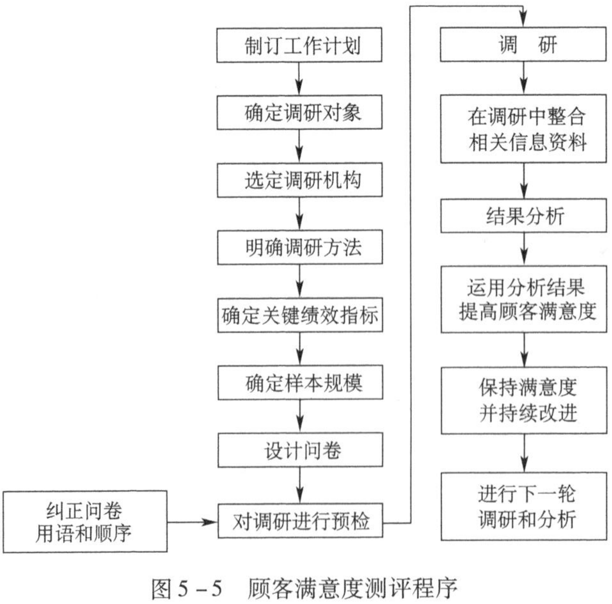

图 5-5 顾客满意度测评程序

其中有以下几点需要说明。

1. **关键绩效指标**

(1)有关产品的有:产品主要性能、外观和款式风格,产品质量、产品特色、全寿命周期费用(LCC)、产品设计、新产品、产品可靠性、价格、支付方式等。

(2)与服务有关的:处理顾客投诉、投诉响应时间、备品备件服务、保修免烫服务质量、售后服务质量等。

(3)与购买有关的:沟通、竞争力、信誉、礼貌、承诺等。

(4)与社会责任有关的:安全性、环境影响等。

对绩效指标要逐一准确定义,并在选择时要考虑到所有顾客都能按此加以判定。

2. **提高回收率和有效问卷率的措施**

(1)在用户中选择能全面了解产品购买、使用、维修的部门和责任人。

(2)问卷设计要简明扼要,措辞准确,防止歧义。

(3)问卷发出后要跟踪催促。

(4)在问卷中承诺小礼品,在收到回答的问卷后即要发出小礼品。

3. **数据处理方法**

(1)采用最小二乘法(OLSE)计算回归方程。

(2)计算点估计值和区间估计值。

(3)研究数据的集中趋势,包括众数、中位数、平均值等。

(4)研究数据的分散趋势,包括级差、四分位数差(QD)、标准差。

(5)分层分析,即分别按销售地区、按用户行业、按产品使用年限等进行分析。

(6)有条件的还可以运用现代统计方法进行多重共线性分析、绩效指标间的聚类分析、主成分分析、对应分析、因子分析、相关分析等。

4. **撰写报告** 撰写顾客满意度报告时报告中要列出顾客满意度调查的置信度、误差、点估计值等,还要进行各种分析,针对不足指出改进意见。

四、顾客满意度测评的方法

目前,国内外在进行顾客满意度测评时,先后提出了几种测评顾客满意度的方法并应用于实践。

(一)P-E(认知—预期)模型

认知—预期模型公式为:

$$SQ_i = \sum_{j=1}^{k} W_j (P_{ij} - E_{ij})$$

式中:SQ_i 表示对于激励 i 的可视服务的总体服务质量满意度;k 表示服务(产品)特性的数目;W_j 表示特性 j 对 SQ_i 的权重;P_{ij}表示与特性 j 相关的激励 i 的可视行为;E_{ij}表示与特性 j 相关的激励 i 的预期大小。

认知—预期模型认为,在消费过程中或消费之后,顾客会根据自己的期望及认知价值,评估产品和服务的实际效果。如果实际效果低于期望,顾客就会不满意;如果实际效果符合或超过期望,顾客就会满意,即顾客的满意程度主要由认知价值和期望之差决定。

(二)四分图模型

四分图模型又称重要因素推导模型,是一种偏于定性研究的诊断模型。它列出组织产品和服务的所有绩效指标,每个绩效指标有重要度和满意度两个属性,根据顾客对该绩效指标的重要程度及满意程度的打分,将影响组织满意度的各因素归进四个象限内,组织可按归类结果对这些因素分别处理(图 5-6)。如果组织需要,还可以汇总,得到一个组织整体的顾客满意度值。

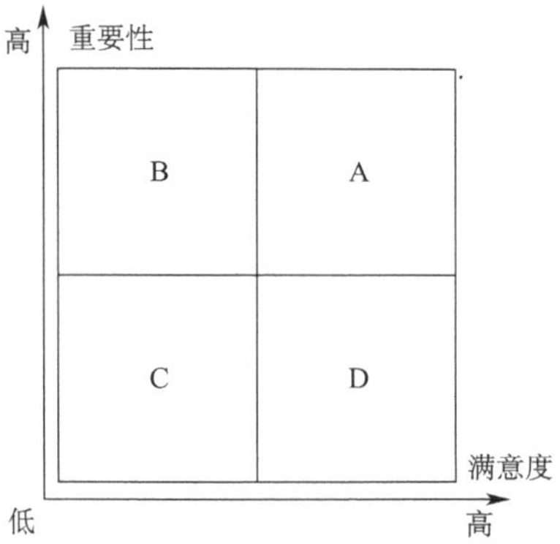

图 5-6　四分图模型

优势区 A:指标分布在这些区域时,表示对顾客来说,这些因素是重要的关键性因素,顾客目前对这些因素的满意度评价也较高,这些优势因素需要继续保持并发扬。

修补区 B:指标分布在这些区域时,表示这些因素对顾客来说是重要的,但当前组织在这些方面的表现比较差,顾客满意度评价较低,需要重点修补、改进。

机会区 C:指标分布在这些区域时,代表着这一部分因素对顾客不是最重要的,而满意度评价也较低,因此不是现在最急需解决的问题。

维持区 D:满意度评价较高,但对顾客来说不是最重要的因素,属于次要优势(又称锦上添花因素),对组织实际意义不大,如果考虑资源的有效分配,应先从该部分做起。

在对所有的绩效指标归类整理后,可从三个方面着手对组织的产品和服务进行改进:消费者期望(消费者最为关注的,认为影响他们对组织满意度的最为重要的一些因素),组织的优势指标(组织在这些因素上做得到位,消费者满意度高),组织的弱点(组织在这些因素上工作不足,或是没有意识到这些因素对满意度的影响)。如果需要计算组织整体客户满意度值,可按下式计算:

$$I_i = \sum_{j=1}^{m} k_j R_{ij} (i = 1,2,\cdots,n; j = 1,2,\cdots,m)$$

式中:I_i 为第 i 个指标的重要性;i 为影响顾客满意的指标个数;k_j 为指标相对重要性为 j 时所对应的分值;j 为评价各指标相对重要性的分类等级;R_{ij} 为第 i 项指标重要度为 j 级的顾客占总人数的比例。

$$P_i = \sum_{j=1}^{k} x_j y_{ij} (i = 1,2,\cdots,n; j = 1,2,\cdots,k)$$

式中：P_i 为顾客对第 i 个指标的满意程度；i 影响顾客满意的指标个数；x_j 为满意程度等级为 j 对应的分值；j 顾客满意的分类等级数；y_{ij} 第 i 项指标满意度为 j 的顾客占总人数的比例。

则总体满意度 P 计算如下：

$$P = \frac{\sum_{i=1}^{n} P_i I_i}{x_k \sum_{i=1}^{n} I_i}$$

式中：x_k 为满意度等级最高时对应的分值。

（三）调查表式的顾客满意度评估

调查表式的顾客满意度评估方法是：首先，确定顾客满意评价指标；其次，设计顾客满意评价调查表；再次，发放调查表；最后，根据顾客打分计算顾客满意分值。

设计某品牌服装的顾客满意度调查表如表 5－3 所示。

表 5－3　顾客满意度调查表

评语 项目	很满意	满　意	一　般	不满意	很不满意
品牌认知度					
款式风格的满意					
面料质地的满意					
外观色泽的满意					
整体搭配的满意					
外包装标签的满意					
销售配货的满意					
销售人员服务态度					
销售人员沟通能力					
退换货的满意					
处理投诉的满意					
处理投诉的及时性					

其中：评语分值很满意打分 100 分；满意打分 80 分；一般打分 60 分；不满意打分 40 分；很不满意打分 20 分。

$$顾客满意分值 = \frac{\sum n_i x}{N} \times 100\%$$

式中：N 为抽样调查总人数；$x \in \{100,80,60,40,20\}$ 为顾客满意档次分值；n_i 为打分为 x 的顾客人数。

(四)顾客满意率

用在一定数量的目标顾客中表示满意的顾客所占的百分比，也是用来测评顾客满意程度的一种方法，即：

$$T = \frac{S}{C} \times 100\%$$

式中：T 表示顾客满意率；S 表示在目标顾客群体中表示满意的顾客数；C 表示目标顾客数。

案例

Sqan 服装有限公司开展品牌满意度调查

近日，Sqan 公司邀请品牌管理部的相关人员来到 Sqan 公司进行顾客满意度管理回访。主要包括两个方面内容：一方面，了解各品牌对 2007 年度顾客满意度调查中发现的问题改进的情况；另一方面，了解企业对 2008 年度顾客满意度调研的进一步需求，针对性地展开顾客满意度工作，更好地为品牌发展服务。

2008 年开展“Span 品牌”顾客满意度调查，为企业领导与相关人员提供了从产品质量、款式设计、消费群体特征、终端服务管理等方面的信息，对有效地进行资源投入具有重要指导意义。Sqan 集团总工程师介绍说，2007 年的顾客满意度报告在 Sqan 评选“中国名牌”等评选活动中发挥了重要的作用。2008 年新装修专卖店的销售额与 2007 年同比增长了25%～30%，这是因为品牌形象得到了提升，有效刺激了产品销售。

在调研过程中，生产、设计、销售部门负责人对 2007 年度顾客满意度调研报告中反映的问题，针对性地改进了工作。

品牌的美誉度来源于消费者评价，只有深入了解消费者对品牌的需求，才能够创造出具有高附加值的品牌，而顾客满意度可以提供大量有关消费需求方面信息。各个品牌相关负责人也对 2008 年顾客满意度调研工作提出具体建议，如流行颜色、消费者具体的版式需求；跨区域如沪、江、浙之间消费者需求的差异性(包括不同收入、不同性别)等，以便根据消费者具体需求有针对性地开发产品。针对各品牌的具体要求，Sqan 服装有限公司品牌管理部正积极研究今年的调研工作，争取在年底各事业部、各品牌公司制订 2009 年工作计划前，提供一份内容丰富、详尽的顾客满意度报告，为制订公司新年度工作计划提供重要依据与建议。并通过这项工作促进企业产品开发、终端管理、品牌经营向精细化管理迈进，真正将品牌经营落到实处。

思考题

1. 如何理解关注顾客的重要性？
2. 内部顾客满意与外部顾客满意之间有何联系？
3. 如何理解顾客满意与顾客忠诚之间的联系？
4. 顾客满意如何转化为组织的收益？

第六章 纺织服装企业常用质量控制方法与质量改进

本章知识点

1. 数理统计方法为基础的统计质量控制
2. 纺织服装企业常用的初级统计质量管理
3. 纺织服装企业质量改进概述
4. 纺织服装企业质量改进的常用方法
5. 质量功能展开(QFD)在纺织企业中的应用

第一节 纺织服装企业常用的质量管理统计方法

质量管理的方法可以分为两大类:一是建立在全面质量管理思想之上的组织性的质量管理,二是以数理统计方法为基础的质量控制。

组织性的质量管理方法是指从组织结构,业务流程和人员工作方式的角度进行质量管理的方法,它建立在全面质量管理的思想之上,主要内容有制订质量方针,建立质量保证体系,开展 QC 小组活动,各部门质量责任的分担,进行质量诊断等。

一、数理统计方法为基础的统计质量控制

以数理统计方法为基础的统计质量控制是以美国的贝尔电话实验室的休哈特(W. A. Shewhart)博士在 1924 年首先提出的控制图为起点,半个多世纪以来有了很大发展,现在这些方法可大致分为以下三类:

(一)初级统计方法

初级统计方法又称为常用的统计方法,主要包括数据分层法、排列图法、因果分析图法、调查表法、直方图法、散布图法以及控制图法,即所谓的 QC 七工具(或称为品质管理七大手法)。运用这些工具,可以从经常变化的生产过程中,系统地收集与产品质量有关的各种数据,并用统计方法对数据进行整理,加工和分析,进而画出各种图表,计算某些数据指标,从中找出质量变化的规律,实现对质量的控制。日本著名的质量管理专家石川馨曾说过,企业内 95% 的质量管理问题,可通过企业上上下下全体人员活用这 QC 七工具而得到解决。全面质量管理的推行,也离不开企业各级、各部门人员对这些工具的掌握与灵活应用。

(二)中级统计方法

中级统计方法包括抽样调查方法、抽样检验方法、功能检查方法、实验计划法、方法研究等。这些方法不一定要企业全体人员都掌握,主要是有关技术人员和质量管理部门的人

使用。

(三)高级统计方法

高级统计方法包括高级实验计划法、多变量解析法。这些方法主要用于复杂的工程解析和质量解析,而且要借助于计算机手段,通常只是专业人员使用这些方法。

二、纺织服装企业常用的初级统计质量管理

全面质量管理的基本观点是用数据说话,对收集的数据信息进行有效的统计分析,才能找出导致不合格品的根源,从而采取有效的对策措施。本节将概要介绍常用的初级统计质量管理七大手法,即分层法、排列图法、因果分析图法、调查表法、直方图法、散布图法以及管制图法,以实现对数据的有效整理、统计和分析。

(一)分层法

分层法也叫做分类法或层别法。所谓分层法就是把收集的大量原始质量数据按不同的目的加以分类整理,以便分析质量问题及其影响因素的方法。因为在实际生产中,影响质量的因素很多,如果不把这些因素区别开来,难以得出变化的规律。分层的目的即在于把相当复杂的资料进行处理,把这些资料有系统有目的的加以分门别类的归纳及统计。

把划分的组叫做“层”,质量数据分层时不能随意地划分,而是要根据分层的目的,按照一定的标志加以区分,把性质相同,在同一条件下收集的数据归纳在一起,使同一层内的数据波动幅度尽可能小,而各层之间的差别尽可能大。这是搞好分层的关键。分层的标志多种多样,一般按下述原则进行分层:

(1)机器方面:按设备类型、新旧程度、不同生产线、生产方式等分层。

(2)操作方面:按不同的操作者、年龄、性别、技术水平、班次等分层。

(3)生产方法:按不同的操作条件、工艺要求、生产速度、操作环境等分层。

(4)原料方面:按产地、制造商、成分规格、投料时间、批量等分层。

(5)时间方面:按不同班次、日期等分层。

(6)检测方面:按测量者、测量仪器、取样方法和条件等分层。

(7)其他方面:按地区、气候、使用条件、缺陷部分、不良品的内容等分层。

例:随机抽查一批已经检验过的服装成品,用分层法分析漏检情况,见表6-1、表6-2。

表6-1　员工漏检分析表

检验员工号	不合格品	合 格 品	漏检率(%)
1号	6	130	4.4
2号	3	90	3.2
3号	10	90	10
共计	19	310	5.8

表 6-2　车间漏检分析表

车　　间	不合格品	合 格 品	漏检率(%)
一车间	9	140	6
二车间	10	170	5.5
三车间	8	150	5.1
共　计	27	460	5.5

由表 6-1 可见,3 位检验员中,2 号检验员漏检率最低;由表 6-2 可见,在三个车间中,三车间的检验工作较好。

例:生产主管可以针对下周生产计划作一个层别表以便掌握具体情况,了解欠缺因素。如表 6-3 所示。

表 6-3　下周生产欠缺因素分析表

车　　间	生产线	欠缺因素			
		物　料	设　备	人　员	技术资料
一车间	1 号线	面料	蒸气熨斗	整烫工	作业制导书
	2 号线	—	—	检验员	检验标准
	3 号线	里　料	—	—	—
二车间	裤子生产线	缝纫线	—	打板技术员	工艺流程图
	衬衣生产线	黏合衬、纽扣	—	—	—
三车间	领子生产线	—	定形机	—	—
	袖子生产线	—	—	缝纫工	样　板

由以上实例不难看出,数据分层与收集数据的目的性紧密相连,目的不同则分层的方法和程度也不同;另外,对数据进行分层要合理,应按不同的层次进行组合分层,以便使问题暴露得更清楚。在实际运用过程中,分层法经常与统计分析表、排列图法等统计手法结合使用。

(二)排列图法

排列图又称柏拉图,由此图的发明者 19 世纪意大利经济学家柏拉图(Pareto)的名字而得名。柏拉图最早用排列图分析社会财富分布的状况,他发现当时意大利 80% 财富集中在 20% 的人手里,后来人们发现很多场合都服从这一规律,于是称之为 Pareto 定律。后来美国质量管理专家朱兰博士将柏拉图的统计图加以延伸,将其用于质量管理。

排列图是分析和寻找主要问题或影响质量的主要原因所使用的一种工具。其形式为双直角坐标图,左边纵坐标表示频数(如件数、金额等),右边纵坐标表示频率(用百分比表示)。分折线表示累积频率,横坐标表示影响质量的各项因素,按影响程度的大小(即出现频数多少)从左向右排列。通过对排列图的观察分析即可抓住影响质量的主要原因。这种方法不仅在质量管理中,在其他许多管理工作中,例如在库存管理中,也得到了应用。

在质量管理过程中,要解决的问题很多,但往往不知从哪里着手,但事实上大部分的问题,只要能找出几个影响较大的原因,并加以处置及控制,就可解决问题的80%以上。柏拉图是根据归集的数据,以不良原因,不良状况发生的现象,有系统地加以项目别(层别)分类,计算出各项目别所产生的数据(如不良率,损失金额)及所占的比例,依照大小顺序排列,再加上累积值的图形。

在工厂或办公室里,把低效率、缺损、制品不良等损失按其原因别或现象别,也可换算成损失金额的80%以上的项目加以追究处理,这就是所谓的柏拉图分析。

柏拉图的使用要以层别法的项目别(现象别)为前提,依经顺位调整过后的统计表才能画制成柏拉图。柏拉图分析的步骤如下:

(1)将要处置的事,以状况(现象)或原因加以层别。

(2)纵轴虽可以表示件数,但最好以金额表示比较直观。

(3)决定搜集资料的期间,自何时至何时,作为柏拉图资料的依据,期限间尽可能定期。

(4)各项目依照合半之大小顺位左至右排列在横轴上。

(5)绘制柱状图。

(6)连接累积曲线。

例:某缝纫车间,五线包缝机故障比较多,停机修理率高,影响流水生产。其故障如下:刀钝(14台)、断线(32台)、跳针(70台)、针迹不清(13台)、轧牢(8台)、断针(3台)、其他故障(3台)

依据以上数据做出层别表如表6-4所示,做出排列图如图6-1所示:

表6-4　五线包缝机故障层别表

顺　位	不良项目	不良数/频数(PCS)	不良率(%)	累积频率(%)
1	跳针	70	48.95	48.95
2	断线	32	22.38	71.33
3	刀钝	14	9.79	81.12
4	针迹不清	13	9.09	90.21
5	轧牢	8	5.59	95.8
6	断针	3	2.1	97.9
7	其他故障	3	2.1	100
合　计	—	143	100	—

柏拉图法,提供了我们在没法面面俱到的状况下,去抓重要的事情、关键的事情,而这些重要的事情又不是靠直觉判断得来的,而是有数据依据的,并用图形来加强表示。层别法提供了统计的基础,柏拉图法则有助于抓住关键性的事情。

(三)因果分析图法

某项结果之形成,必定有原因。因果分析图法是将造成该结果的众多原因以系统的方

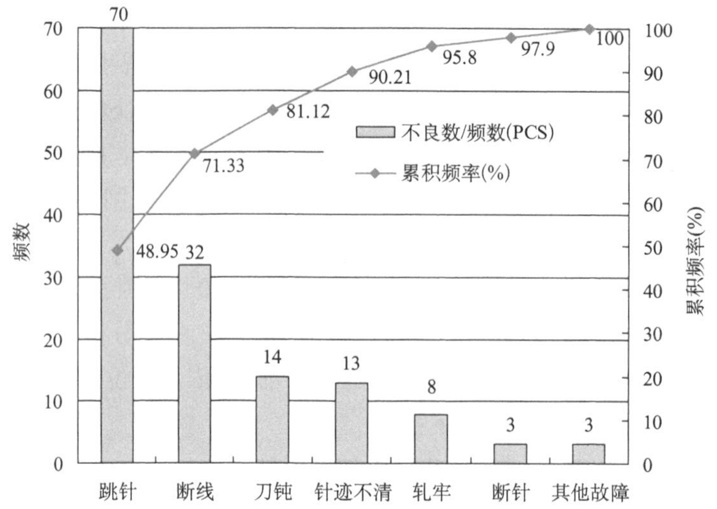

图6-1　五线包缝机故障分析排列图

式进行图解，即以图来表达结果（特性）与原因（要因）之间的关系，设法利用图解法找出其主要原因。首先提出这个概念的是日本品质管理权威石川馨博士，所以因果分析图（特性要因图）又称石川图，由于其形状像鱼骨，也称鱼骨图。

因果分析图法是一种充分发动员工动脑筋，查原因，集思广益的好办法，也特别适合在工作小组中实行质量的民主管理。当出现了某种质量问题，未搞清楚原因时，可针对问题发动大家寻找可能的原因，使每个人都畅所欲言，把所有可能的原因都列出来。

因果分析图，可使用在一般管理及工作改善的各个阶段，易于使问题的原因明朗化，从而寻找对策解决问题。

1. 因果分析图使用步骤

（1）集合有关人员。召集与此问题相关的、有经验的人员，人数最好4～10人。

（2）挂一张大白纸，准备2～3支色笔。

（3）由集合的人员就影响问题的原因发言，发言内容记入图上，中途不可批评或质问。

（4）时间大约1小时，搜集20～30个原因则可结束。

（5）就所搜集的原因，何者影响最大，再由大轮流发言，经大家磋商后，认为影响较大的，画上红色圈。

（6）与步骤（5）一样，针对已圈上一个红圈的，若认为最重要的可以再圈上两圈、三圈。

（7）重新画一张原因图，未上圈的予于去除，圈数多的列为最优先处理。

因果分析图提供的是抓取重要原因的工具，所以参加的人员应包含对此项工作具有经验者，才易奏效。

2. 因果分析图与柏拉图之使用　建立柏拉图须先以层别建立要求目的之统计表。建立柏拉图的目的，在于掌握影响全局较大的、重要的少数项目。再利用特性原因图针对这些项目形成的原因进行分析，并采取改善对策。所以因果分析图可以单独使用，也可与柏拉图一起使用。

3. **因果分析图法再分析**　要对问题形成的原因追根究底,才能从根本上解决问题。找出形成问题的主要原因后,再以实验设计的方法进行实验分析,找出最佳工作方法。

企业在追求目标的过程中,总会有许多有形与无形的障碍,障碍的形成与克服,就是因果分析图法主要的理念。

将追求的项目一一地罗列出来,并将影响每个项目达成的主要原因及次要原因也整理出来,使用因果分析图来表示,并针对这些原因有计划地加以强化,将会使管理工作更加得心应手。因果分析图作图步骤如下所示:

(1)确定要分析的质量问题。

(2)将质量问题写在图的右边,画出主干,箭头指向右端。

(3)确定造成质量问题的因素项目。

(4)可用4M(人、材料、机器、方法)的方法分类,画大枝,箭头指向主干,箭头尾端记上因素分类的项目。

(5)将上述项目分别展开。中枝表示对应的项目中造成质量问题的一个或几个原因,一个原因画一个枝,箭头平行于主干指向大枝,将原因记在中枝线的上下。

(6)将中枝原因再展开,分别画小枝。小枝是造成中枝质量问题的原因。

(7)讨论确定因果图中的主要原因,用红色圈圈起来,作为制订质量改进措施的重点考虑对象。

(四)调查表法

调查表也称之为统计分析表,是用于收集数据的规范化表格。把产品可能出现的情况及其分类预先列成统计调查表,则检查产品时只需在相应分类中进行统计,并可从调查表中对数据进行粗略的整理和初步的原因分析,为下一步的统计分析与判断质量状况创造良好条件。在设计统计调查表时应注意便于工人记录,把文字部分尽可能列入调查表中,工人只需简单的描点或打钩,以不影响操作为宜。

根据使用目的的不同,调查表的格式可多种多样,纺织服装中常用的调查表是一种检验明细表,是将索赔件数、不合格品数等内容按不同部门、不同车间及不同原因分类进行检验的表格。

例:某服装厂进行全数检验,表6-5为上装最终检验明细表,是记录服装厂日常生产数据的一种方法。

表6-5　上装最终检验明细表

检验数:　　　　合格数:　　　　疵点数:　　　　检验者姓名:

项　目	疵点种类	疵点数	项　目	疵点种类	疵点数
前身	前身起壳 前身凹凸不匀 前肩起壳 门襟挂面止口反吐		领	串口成型不良 衣领手工针法不良 领、背对格对条不良	

续表

项　目	疵点种类	疵点数	项　目	疵点种类	疵点数
肩	肩线起皱 肩线歪斜 里肩吊线		手工针	侧片(里)手工针不良 袖窿(里)手工针不良 后背衩(里)手工针不良 下摆手工针不良 内拱针不良 止口拱针不良 衣领(里)手工针不良	
背	背缝线起皱 下摆成型不良				
侧缝	侧缝起皱 侧缝里料吊线				
袖	装袖过直 衣袖不对称 衣袖起皱、里袖吊线		其他	纽孔豁口 油渍 标牌钉错	

(五)直方图法

直方图又称柱状图,它是表示数据变化情况的一种主要工具。用直方图可以从杂乱无章的资料解析出规则性,比较直观地看出产品质量特性的分布状态,对于资料中心值或分布状况一目了然,便于判断其总体质量分布情况。

在制作直方图时,需用到一些统计学的概念,首先要对数据进行分组,因此如何合理分组是其中的关键问题。分组通常是按组距相等的原则进行,两个关键数字是分组数和组距。具体作图方法详见应用实例。

例:抽查100件上装衣长尺寸,数据见表6-6,衣长规格=72±1,做出直方图,并对其进行分析。

作图步骤:

(1)收集数据,见表6-6。

(2)找出所有数据中最大值和最小值。首先将所有数据分成若干组,找出各组的最大值、最小值,然后再观察找出整体数据的最大值、最小值。本例中最大值$L=73.8$,最小值$S=70.8$。

(3)计算全距R:$R=L-S=73.8-70.8=3$。

(4)根据数据的个数进行分组。一般来说50～100个数据,分6～10组;101～250个数据,分7～12组;250个数据以上,分10～20组。本例中有100个数据,可分10组,定组数$K=10$。

(5)计算组距C,$C=R/K=3/10=0.3$。

定组界:

第一组的下组界$=S-$测量值的最小位数(本例中为0.1)$\times 0.5$

第一组的上组界=第一组的下组界+组距

第二组的下组界=第一组的上组界

第二组的上组界=第二组的下组界+组距

其余各组依此类推,最后一组的上组界为最大值。

(6)确定组的中心点，组的中心点＝(上组界＋下组界)/2；

(7)制作频数分布表(表6－7)。

表6－6　上装衣长的尺寸数据表

组数	衣长(cm)									
	A	B	C	D	E	F	G	H	I	J
1	71.6	71.4	72.0	71.5	71.7	72.0	72.1	71.7	72.0	73.2
2	71.3	71.2	71.4	71.7	71.3	71.6	72.6	72.1	71.1	71.8
3	71.9	71.8	71.8	71.0	71.8	72.6	71.8	71.2	71.6	73.5
4	71.7	72.0	71.1	71.4	71.1	71.2	73.0	72.6	70.9	70.8
5	71.9	71.6	71.6	71.7	71.5	71.8	71.2	72.9	71.1	71.8
6	72.6	71.3	71.5	72.0	71.6	72.1	71.6	71.4	73.3	73.4
7	71.8	72.0	72.1	72.3	72.0	72.3	72.3	71.4	71.5	71.3
8	72.2	71.8	71.6	71.6	72.4	71.7	71.6	72.3	72.3	72.3
9	71.2	72.3	72.3	72.1	72.0	71.3	71.4	73.1	71.3	71.5
10	71.0	72.6	72.5	72.6	72.7	71.5	71.3	73.3	73.8	72.3

表6－7　上装衣长尺寸频数分布表

组号	组　界	中心值	划　记	频数
1	70.75～71.05	70.9	////	4
2	71.05～71.35	71.2	卌 卌 卌 /	16
3	71.35～71.65	71.5	卌 卌 卌 卌 //	22
4	71.65～71.95	71.8	卌 卌 卌 //	17
5	71.95～72.25	72.1	卌 卌 ///	14
6	72.25～72.55	72.4	卌 卌 /	11
7	72.55～72.85	72.7	卌 //	7
8	72.85～73.15	73.0	///	3
9	73.15～73.45	73.3	////	4
10	73.45～73.8	73.6	//	2
合　计				100

(六)散布图法

散布图法又叫相关图法，它是将两个可能相关的变量数据用点画在坐标图上，用来表示一组成对的数据之间是否有相关性。这种成对的数据或许是特性—原因，特性—特性，原因—原因的关系。通过对其观察分析，来判断两个变量之间的相关关系。这种问题在实际生产中也是常见的，例如热处理时淬火温度与工件硬度之间的关系，某种元素在材料中的含量与材料强度的关系等。这种关系虽然存在，但又难以用精确的公式或函数关系表示，在这种情况下用相关图来分析就是很方便的。假定有一对变量 x 和 y，x 表示某一种影响因素，y

表示某一质量特征值，通过实验或收集到的 x 和 y 的数据，可以在坐标图上用点表示出来，根据点的分布特点，就可以判断 x 和 y 的相关情况。

许多现象和原因有些呈规则的关联，有些呈不规则形关联。它们之间具体的相关关系可以借助散布图中坐标点的分布来判断分析，如图 6－2 所示：

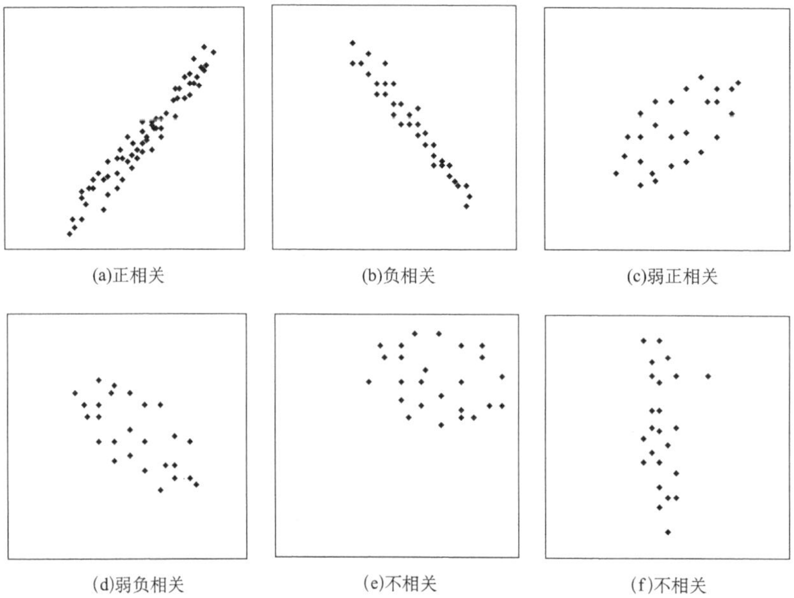

图 6－2　各类相关图

例：设计成衣化服装的尺寸规格时，要考虑尺寸规格如何组合才能符合多数消费者的需要，其中一例是研究衣长和袖长的相互关系。在图的横坐标上标写衣长数据，纵坐标上标写袖长数据，将用标准化方法测量得来的数据表示在图中，可得相关图（图 6－3），并由图 6－3 中点的分布形态可知衣长与袖长呈正相关的关系。

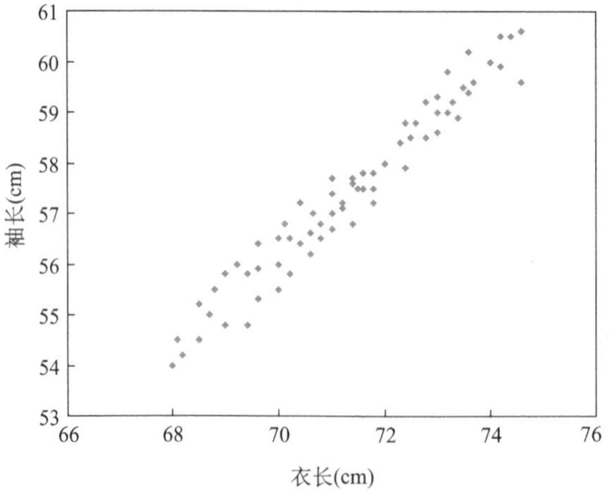

图 6－3　衣长和袖长的相关图

（七）管制图法

管制图又称为控制图。美国的贝尔电话实验室的休哈特（W. A. Shewhart）博士在 1924 年首先提出管制图使用后，管制图就一直成为科学管理的一个重要工具，特别在质量管理方面成了一个不可或缺的管理工具。它是一种有控制界限的图，用来区分引起质量波动的原因是偶然的还是系统的，可以提供系统原因存在的信息，从而判断生产过程是否处于受控状态。

管制图按质量数据的种类可以分为计量管制图和计数管制图两大类。计量管制图是用来控制可测量的产品特性，如产品的规格、长度、重量、黏合温度、缩水率等；计数管制图主要用于非可量化的产品特性，如不良率、返修率等间断性数据。

计量管制图主要有 $\overline{X}-R$ 管制图（平均值与全距管制图）、$\tilde{X}-R$ 管制图（中位数与全距管制图）、$\overline{X}-Rm$ 管制图（个别值与全距管制图）、$\overline{X}-\sigma$ 管制图（平均值与标准差管制图），这里我们主要介绍常用的 $\overline{X}-R$ 管制图，具体绘制步骤如下：

（1）确定收集数据的时间以及收集数据的时间间隔，一个时间间隔内为一组数据，一般取 2～10 个数据，共收集 100 个以上数据。将收集来的数据按顺序填入数据表内。

（2）计算每组平均值 $\overline{X}$，$\overline{X}=(X_1+X_2+\cdots+X_n)/n$（$n$ 为组内数据数）；

（3）计算每组全距 R，$R=X_{max}-X_{min}$

（4）计算总平均值 $\overline{\overline{X}}$，$\overline{\overline{X}}=(\overline{X}_1+\overline{X}_2+\cdots+\overline{X}_k)/k$（$k$ 为组数）；

（5）计算全距的平均值 $\overline{R}$，$\overline{R}=(R_1+R_2+\cdots+R_k)/k$

（6）计算管制界限，公式如下：

X 管制图：管制上限　$UCL=\overline{\overline{X}}+A_2\overline{R}$

管制下限　$LCL=\overline{\overline{X}}-A_2\overline{R}$

中心线　$CL=\overline{X}$

R 管制图：管制上限　$UCL=D_4\overline{R}$

管制下限　$LCL=D_3\overline{R}$

中心线　$CL=\overline{R}$

A_2，D_4，D_3 可通过查表 6－8 得知。

表 6－8　用于寻求管理界限的系数

n	A_2	D_4	D_3
2	1.880	3.267	0
3	1.023	2.575	0
4	0.729	2.282	0
5	0.577	2.115	0
6	0.483	2.004	0
7	0.419	1.924	0.076
8	0.373	1.864	0.136
9	0.337	1.816	0.184
10	0.308	1.777	0.223

另外，管制图完成后，依据图中数据点的分布对制程的态势做出判别如下：

(1)受管制之制程：

a. 大约有2/3的数据点极为接近中心线；

b. 有小部分的数据点距离管制界限较近；

c. 数据点平均分布在中心值之上下而不会偏近于一方；

d. 所有数据皆不会超越管制界限外。

(2)不受管制之制程：

a. 样本组数据点由于非机遇原因而超越管制界限；

b. 连续7点或7点以上位于中心值之一方。

例：表6－9为西服衣长的检验数据，每小时采集一次数据，依据数据表制作$\overline{X}-R$管制图。

(1)收集数据，确定一个工作日内，每个小时采集5个数据，为一组，连续采集20组，共100个数据，如表6－9所示。

(2)管制界限的计算。

$n=5$，查表可知：$A_2=0.58$，$D_4=2.12$，$D_3=0$。

X管制图：$CL=\overline{X}=71.9$，$UCL=\overline{\overline{X}}+A_2\overline{R}=72.67$，$LCL=\overline{\overline{X}}-A_2\overline{R}=71.13$。

R管制图：$CL=\overline{R}=1.325$，$UCL=D_4\overline{R}=2.79$，$LCL=D_3\overline{R}=0$。

表6－9　西服衣长的检验数据

时间 (d—h)	组号	测定值					平均值 $\overline{X}$	全距 R
		X_1	X_2	X_3	X_4	X_5		
8—9:00	1	71.6	71.4	72.0	71.5	71.7	71.64	0.6
10:00	2	72.0	72.1	71.1	72.0	73.2	72.08	2.1
11:00	3	71.3	71.2	71.4	71.7	71.3	71.38	0.5
12:00	4	71.6	72.6	72.1	71.1	71.8	71.84	1.5
14:00	5	71.9	71.8	71.8	71.0	71.8	71.66	0.9
15:00	6	72.6	71.8	71.2	71.6	73.5	72.14	2.3
16:00	7	71.7	72.0	71.9	71.4	71.1	71.62	0.9
17:00	8	71.2	73.0	72.6	70.9	70.8	71.70	2.2
9—9:00	9	71.9	71.6	71.6	71.7	71.5	71.66	0.4
10:00	10	71.8	71.2	72.9	71.7	71.8	71.88	1.7
11:00	11	72.6	71.3	71.5	72.0	71.6	71.80	1.3
12:00	12	72.1	71.6	71.4	73.3	73.4	72.36	2.0
14:00	13	71.8	72.0	72.1	72.3	72.0	72.04	0.5
15:00	14	72.3	72.3	71.4	71.5	71.3	71.76	1.0
16:00	15	72.2	71.8	71.6	72.4	71.6	71.92	0.8
17:00	16	71.7	71.6	72.3	72.3	72.3	72.04	0.7

续表

时间(d—h)	组号	测定值					平均值 $\overline{X}$	全距 R
		X_1	X_2	X_3	X_4	X_5		
10—9:00	17	71.2	72.3	72.1	72.3	72.0	71.98	1.1
10:00	18	71.3	71.4	73.1	71.3	71.5	71.72	1.8
11:00	19	71.0	72.6	72.5	72.6	72.7	72.28	1.7
12:00	20	71.5	71.3	73.3	73.8	72.6	72.50	2.5

(3)完成管制图,如图6-4所示。

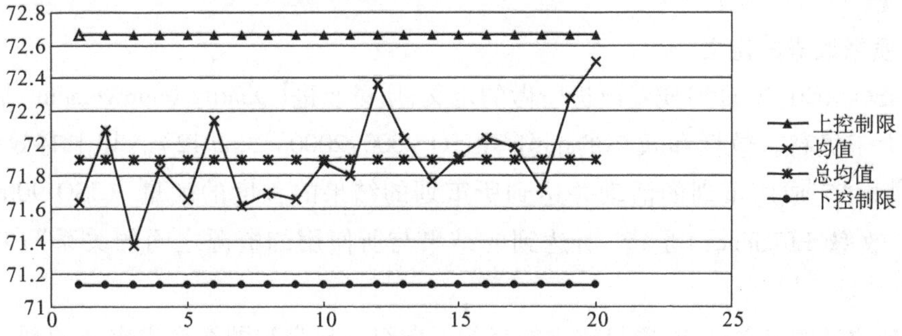

(a) $\overline{X}$管制图

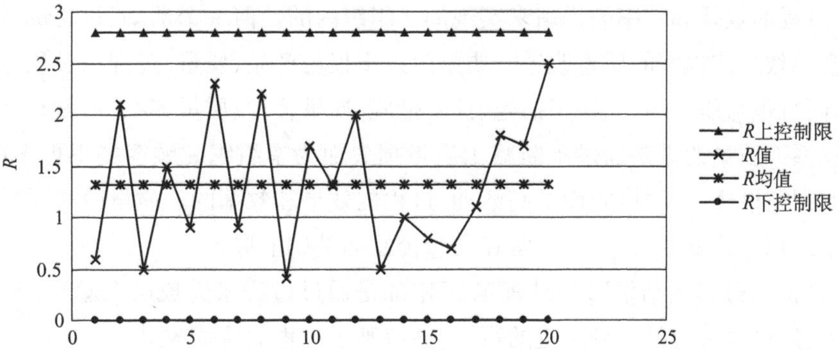

(b) R管制图

图6-4　西服衣长 $\overline{X}-R$ 管制图

以上七种统计管理方法是进行质量控制的有效工具,但在应用中必须注意以下几个问题,否则的话就得不到应有的效果。这些问题主要是:

(1)数据有误。数据有误可能是两种原因造成的,一是人为的使用有误数据,二是由于未真正掌握统计方法。

(2)数据的采集方法不正确。如果抽样方法本身有误则其后的分析方法再正确也是无用的。

(3)数据的记录,抄写有误。

(4)异常值的处理。通常在生产过程取得的数据中总是含有一些异常值的,它们会导致分析结果有误。

第二节 纺织服装企业质量改进

一、纺织服装企业质量改进概述

组织提供的产品、服务质量的好坏,决定了顾客的满意程度。质量改进是全面质量管理的精髓。要提高顾客的满意程度,就必须不断地进行质量改进。任何一个组织都应不断地进行质量改进,提高质量管理水平,实现和保持规定的产品质量。质量改进有两方面的作用:一方面,出现了问题,就应立即采取纠正措施;另一方面,通过寻找改进的机会,也可预防问题的出现。

(一)质量改进的定义

按照ISO 9000:2000对质量改进所做的定义,质量改进(Quality Improvement)是指"质量管理中致力于提高有效性和效率的部分"(ISO 9000:2000—3.2.12)。其中有效性(Effectiveness)是指"完成所策划的活动并达到所策划的结果的程度的度量"(ISO 9000:2000—3.2.13)。效率(Efficiency)是指"所达到的结果与所使用的资源之间的关系"(ISO 9000:2000—3.2.14)。

由质量改进的定义可知,质量改进的目的是向组织自身和顾客提供更多的利益,如更低的消耗、更低的成本、更多的收益以及更新的产品和服务等。质量改进是通过整个组织范围内的活动、过程的效果和效率的提高来实现的。组织内的任何一个活动、过程的效果和效率的提高都会导致一定程度的质量改进。质量改进不仅与产品、质量、过程以及质量环等概念直接相关,而且也与质量损失、纠正措施、预防措施、质量管理、质量体系、质量控制等概念有着密切的联系。质量改进是通过不断减少质量损失而为本组织和顾客提供更多的利益的;是通过采取纠正措施、预防措施而提高活动、过程的效果和效率的。质量改进是质量管理的一项重要组成部分或支柱之一,它通常在质量控制的基础上进行。

由于"产品是过程的结果"以及"所有工作都是通过过程来完成的"这样一些质量管理的基本概念,质量改进应是一种渐近的行为,并应基于过程的持续改进。

(二)质量改进的原则

质量管理最基本的任务就是连续不断地进行质量改进。随着市场竞争越来越激烈,质量改进的范围将越来越深入。质量改进系统的构成包括:改进对象、改进主体、改进目标、改进的内外条件等。质量改进是一个动态过程,贯穿于一个组织向社会、向顾客、向组织成员提供更多的利益的全部活动和整个过程中。质量是企业的生命,是经济发展战略的核心。质量管理是现代管理的中心,质量改进是企业提高管理水平,获取经济和社会效益的必由之路。要获得质量改进,重要的是抓好质量改进活动的一些重要环节。只有各个环节依据一定的原则完成各个阶段的目的,才能使质量改进工作取得好的工作效果。

(三)质量改进的意义

质量改进是质量管理的重要内容,其重要的意义包括以下几方面:

(1)质量改进具有很高的投资收益率。

(2)可以促进新产品开发,改进产品性能,延长产品的寿命周期。

(3)通过对产品设计和生产工艺的改进,更加合理、有效地使用资金和技术力量,充分挖掘组织的潜力。

(4)提高产品的制造质量,减少不合格品的出现,实现增产增效的目的。

(5)通过提高产品的适用性,从而提高组织产品的市场竞争力。

(6)有利于发挥组织各部门的质量职能,提高工作质量,为产品质量提供强有力的保证。

当前国内外市场都表现出同一特点:市场上的竞争,主要体现于产品质量上的竞争,质量水平已成为企业经营目标的主要参数。市场动态已经由“价格竞争”转向“质量竞争”的新格局,为适应此状态,必须进行质量改进活动。

企业产品质量指标必须达到“市场质量”的目标之后,才能使产品立足于市场。所谓“市场质量”是指在某个时期内市场所需求的产品质量等级。它是在用户的适用性要求、用户的支付能力、企业的生产经营水平、社会的承受能力等多种因素制约下,通过质量和经营方面的竞争,而后处于动态平衡状态下市场所需要的质量。社会在不断发展,用户的适用性要求和支付能力也不断增长,所以企业也要不断改进产品的质量,以此满足“市场质量”的变化。若产品质量低于“市场质量”,必然得不到市场认可,从而影响企业的生存或发展。由以上两个方面可以得出结论:在满足市场竞争机制的前提下,为满足不断变化“市场质量”之要求,企业必然永不间断地进行质量改进活动。

二、纺织服装企业质量改进的常用方法

(一)常见的质量改进项目的选择方法

质量改进项目的选定应该根据项目本身的重要程度,缺陷的严重程序以及企业的技术能力和经济能力等方面的资料,综合分析后决定。现在介绍几种常见的选择方法:

1. **统计分析法**　该方法是运用数理统计方法对产品缺陷进行统计,得出清晰的数量报表,进而利用这些资料进行分析,根据分析的结果,选定改进项目。常用的工具有:缺陷的关联图分析,缺陷的矩阵分析等。此种方法特点是关注企业内部,积极搜寻改进目标,因此它是一种“自我完善”观念的体现。

2. **对比评分法**　该方法是运用调查、对比、评价等手段将本厂产品质量与市场上主要畅销的同类产品的质量进行对比评分,从而找出本企业产品质量改进的重点所在。调查范围有:用户对此类产品的基本要求和主要意见,用户对本企业产品的评价,查明竞争对手企业的产品质量情况等。然后设计适用的表格进行分析对比,并利用各种定性和定量的评估技术加以评定,根据评定结果来选择具体的质量改进项目。此种方法特点是放眼四方,达到知己知彼的境地,从而确定出最有利的改进项目,因此,它是一种“克敌制胜”的战术观念的体现。

3. **技术分析法**　该方法是收集科学技术情报,了解产品发展趋势,了解新技术在产品上应用的可能性,了解新工艺及其实用的效果等,通过科技情报的调查与分析,寻求质量改

进的项目和途径。此种方法的特点是运用“硬技术”，抢先一步使产品质量达到较高水平，从而占领市场。因此，它是管理科学中“技术学派”观念的反映。

4. **质量改进经济分析法** 该方法是运用质量经济学的观点，来选择改进项目并确定这些项目的改进顺序。运用“用户评价值”的概念，计算出成本效益率，以成本效率数值来选择质量改进项目。所谓“用户评价值”是指：当该项质量特性改进后，用户愿意支付的追加款额。成本效益率就是“用户评价值”与“质量改进支出费用”的比值，该值大于1的优先进行质量改进，该值小于1的，无质量改进。此种方法特点是以企业收益值作为标准来进行质量改进项目选择的，因此，它是管理科学中“经济学派”观念的反映。

总之，产品质量改进的对象及其选择方法的确定是一项复杂的事情，决策者要观察全局、综合分析，才能立于不败之地。

（二）质量改进方法的提出

质量改进的基本方法有PDCA循环、统计工具和分析工具等方法。质量改进的统计工具包括调查表、排列图、直方图、控制图、分布图、分层法等方法。质量分析工具包括因果图、流程图、树形图、矢线图、过程决策图（PDPC）、矩阵图、系统图、关联图、KJ图等方法。质量改进工具的基本原理就是找出出现质量问题的原因，主要是直接原因，然后对症下药，针对问题的根源提出改进措施以达到质量管理的预期目标。

质量改进建议的提出应直接针对自检中发现的问题，利用各种分析工具分析得出详实可靠的结论，提出合理的有针对性的建议。

质量改进的主要动力来自于企业负责人。只有企业管理者认识到质量改进的重要性，才能组织推进质量改进的实施，所以自检中提出的质量改进建议应首先提交企业负责人，并说明改进的必要性和紧迫性，说服企业负责人相信改进对企业经营管理的影响和重要性。

质量改进需要动员一切可用资源，建立质量改进机制。在企业内各部门建立质量改进机制，树立质量改进意识，授权合适的人员参与部门的质量改进研究和实施工作，并及时向部门负责人通报质量改进的进展情况。企业应建立质量改进的激励机制，促使质量改进工作的落实并取得好的效果。

（三）质量改进的途径

1. **排除偶发性质量故障** 这可以使过程保持在或恢复到正常的受控状态。偶发性质量故障常是急性的、严重的质量恶化的征兆，常伴随着设备的损坏、工具的磨损、错误的操作、不合格材料的投入而发生。只要查出导致这类质量故障的原因，并采取相应的纠正或预防措施，消除导致故障发生的原因，就可使过程恢复到原来的正常状态。这种性质的质量改进就是维持既定质量水平的质量控制。

2. **排除长期性质量故障** 这可以使过程和产品提高到一个新的质量水平。长期性质量故障是慢性的、系统性的质量故障，通常是由于技术落后、设备陈旧等导致产品质量低劣而不能满足高标准的要求。对于这类质量故障，必须通过分析，找到原因所在，并采取相应措施如更新设备、改进技术、提高人员素质和制定更高的标准等，使过程在新的水平上运作，从而根本改变落后的局面。这种性质的质量改进，由于超越了原来的水平或状态，称为

“突破”。

3. **将良好的质量设计到产品中**　这可以使偶然性和长期性质量故障减少到最低程度。产品设计阶段是产品固有质量形成的关键阶段。良好的设计能使产品的质量对生产过程中的各种不良波动或工作环境的变化不敏感，使得在产品的整个寿命周期内持续地在可接收的质量水平上工作。这样的设计不仅能保证和提高产品的质量，同时还能降低对过程质量的要求、降低过程的成本或损失、提高过程的效率。这种从设计着手旨在改进过程和产品质量的途径，已为世界各国所重视并得到积极采用。

三、纺织服装企业质量功能展开

（一）质量功能展开概述

质量功能展开（Quality Function Deployment，QFD）是一种在设计阶段应用的系统方法，它采用一定的方法保证来自顾客或市场的需求精确无误地转移到产品寿命循环每个阶段的有关技术和措施中去。

质量功能展开于20世纪70年代初起源于日本的三菱重工公司，后来被日本其他公司广泛采用，现已成为一种重要的质量设计技术。质量功能展开得到世界各国的普遍重视，认为它是满足顾客要求、赢得市场竞争、提高企业经济效益的有效技术。质量功能展开首先成功地应用于船舶设计与制造，现在已扩展到汽车、家电、纺织服装、集成电路、建筑机械、农业机械等行业。实施质量功能展开后，企业收到的效益是巨大的。

质量功能展开是一种系统性的决策技术，在设计阶段，它可保证将顾客的要求准确无误地转换成产品定义（具有的功能、实现功能的机构和零件的形状、尺寸、公差等）；在生产准备阶段，它可以保证将反映顾客要求的产品定义准确无误地转换为产品制造工艺过程；在生产加工阶段，它可以保证制造出的产品完全满足顾客的需求。在正确应用的前提下，质量功能展开技术可以保证在整个产品寿命循环中，顾客的要求不会被曲解，也可以避免出现不必要的冗余功能，还可以使产品的工程修改减至最少，也可以减少使用过程中的维修和运行消耗，追求零件的均衡寿命和再生回收。正是由于这些特点，质量功能展开真正成为一种可以使制造者以最短的时间、最低的成本生产出功能上满足顾客要求的高质量产品的技术。

质量功能展开之所以可以取得很好的效果，其原因在于它强调“团队”工作方式，也提供了比较严格规范的工具使得各方面的专家可以按照一定的工作程序一步一步地实现“要求”和“措施”之间的映射，并可得出应重点进行质量控制的项目。

（二）质量功能展开的基本原理和核心思想

1. QFD **的基本原理**　QFD是开展设计的顶层步骤，它将顾客的需求逐层展开为产品的设计要求，分系统、零部件的设计要求，生产工艺要求等，然后采用加权评分的方法，对设计、工艺要求的重要性做出评定，并标志出产品的关键部件、关键工艺，从而为利用优化设计来控制这些关键部件的质量提供方向，最终保证产品的研制生产质量。简言之，QFD的实质是用一种系统的保证方法，将顾客与市场需求通过产品开发的各个阶段准确地转化为相关的技术要求和行为，从而人们可以清楚地跟踪从产品初期的顾客需求到操作层的详细指令的路径,顾客的需求是 QFD 方法的出发点。

2. QFD 的核心思想　听取顾客的意见,理解顾客的需求并将顾客所反映的转化为现实行动,这就是 QFD 的核心思想实质,实现这一思想的操作者就是多功能小组。

QFD 技术主要依靠一套矩阵来确定顾客的需求和如何满足顾客需求,确定公司有待开拓的市场和公司是否有力量开拓这些市场,以及确定最低的质量标准等。它是实现全面质量管理的重要工具。

质量功能展开是采用一定的规范化方法将顾客所需特性转化为一系列工程特性。所用的基本工具是"质量屋"。质量屋就是在 QFD 过程中为特定产品提出一个将顾客需求与工程特点相联系的矩阵,这些矩阵和图表的形象很像一系列房屋,称其为质量屋。质量屋主要组成部分如图 6-5 所示。

(1)用户要求。用户要求通过广泛的市场调查及访问获得,列在质量屋的左列,是对顾客需求的描述,是质量屋的"什么"。

(2)技术措施。为实现用户要求而采取的相应的技术措施,列于质量屋上层横排,是对产品的工程技术特性描述,是质量屋的"如何"。

(3)关系矩阵。包括用户要求与技术措施之间的关系矩阵及各项技术措施之间的相关关系矩阵。一般用符号来表示用户要求与技术措施之间强相关、一般相关、弱相关、不相关关系以及各项技术措施之间的正相关、负相关关系等。需要注意的是当技术措施为负相关关系时,需要决策者格外注意,往往需要通过技术措施之间的让步协调找出合理的解决办法。

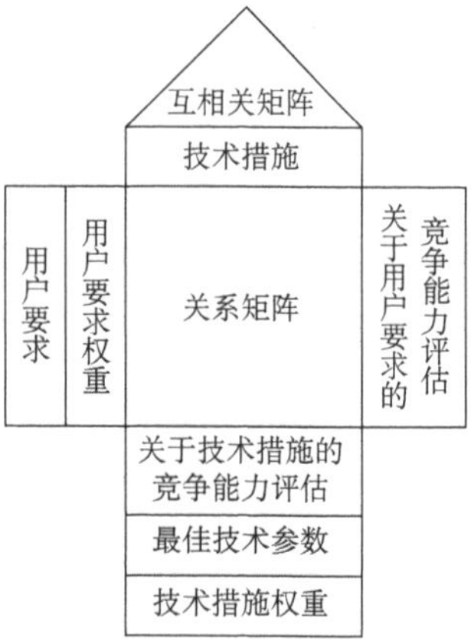

图 6-5　质量屋结构示意图

(4)竞争能力评估。包括用户对不同厂家品牌满意程度的比较及不同厂家品牌关于各种技术措施的竞争性比较。通过本项评估,可以找出被调查品牌与其他品牌的差距,从而找出改进方向。竞争能力评估是产品的竞争性评估,从顾客的角度评估产品质量在市场上的竞争力。

(5)用户要求权重。通过发放用户调查问卷,用户对每项用户要求的重要程度进行打分,通过加权平均计算可以得出每项用户要求的权重。通过用户要求权重及关系矩阵,可以计算出每项技术措施的权重。该项权重表明为了满足用户的要求,在每项技术上所需付出的努力。

(6)最佳技术参数。指某一项技术措施的最佳技术参数,可通过田口质量损失函数来计算,或者由专家经验、统计数字等获得。最佳技术参数是技术竞争性评估、技术特性重要度和目标值,用来确定应优化展开的项目和重点保证的质量特性。

(7)技术措施权重。是通过用户要求及用户要求权重和关系矩阵计算所得的每一个技术措施的重要性。

如有必要,也可在图中加入专家意见以及关于公司技术规章、销售、市场份额等列,用以观察这些因素对竞争能力的影响,还可以针对某些改进措施做定量研究。

质量屋的基本应用是倾听顾客的意见,捕捉顾客的愿望,很好地理解顾客的需求,并将顾客需求特性设计到产品中去,合理确定各种技术要求,为每一项工程技术特性确定定量的特性值。质量功能展开过程通过质量屋全面确定各种工程技术特性和间接工程技术特性的值。在质量屋每一项工程技术特性下加上对应的顾客测量值,根据顾客测量值来设计每项工程技术特性的理想值,即目标值。

如果某项产品同时有几家公司生产,则公司之间存在着产品质量的竞争。这时质量屋可提供本公司的产品质量与主要竞争对手产品质量的比较。质量屋矩阵的右边为顾客对各项顾客需求特性的评价,分别按本公司的产品及竞争对手产品的质量以五级记分来评价。质量屋的下面分别列出了本公司的产品和竞争对手产品的各工程技术特性的客观测量值。这样,在质量屋中既有顾客需求特性及其重要性的信息,又有与顾客需求特性相关的工程技术特性信息及工程技术特性之间的相互关系信息,再加上对顾客需求特性和工程技术特性的竞争性评价,就可以借此分析判断本公司工程技术特性的规范是否符合顾客要求,同时也可以确定质量改进所在。

某一顾客需求特性重要性较大,而顾客的评价又不怎么高,我们就应重点研究与该特性正相关特性是否合适。另外在技术项目的目标值方面还应考虑该项技术实现的难度、重要性及经济性等因素。

(三)质量功能展开的过程

QFD是一种顾客驱动的产品开发方法,在这里,顾客的需求永远都摆在第一位,因此,从根本上说,QFD方法是一种根据顾客的需求进行逐步展开与规划的方法。

顾客需求首先要转化为企业的设计要求。由于顾客对产品的需求往往都是定性的,企业必须首先把这些定性的需求转化为生产产品的定量标准,从而体现产品的质量特性。这一设计要求并不是仅仅停留在图纸上,而是要把产品进行细分,转化为一个个"零件"、"分系统",所有这些"零件"、"分系统"共同体现了产品的质量特性。这里的"零件"不是传统意义上的机器零件,而是一个广义概念,既可以是机器的零件,又可以是软件中的一段程序,还可以是服务的一个环节。当零件特性确定以后,接下来的就是确定生产中的工艺特征,工艺特征受到生产资料的限制,当生产资料固定时,影响工艺特征的具体工艺参数也就确定了。最后,工艺特征要转化为生产要求,在生产过程中零件特性得到满足,顾客的需求得以实现。这里的生产要求包括工程控制、操作员培训、错误预防及预防性维护过程及教育培训过程等一系列方法。

(四)质量功能展开的工作程序

1. **确定展开QFD项目**　QFD既适应于产品开发,又适应于质量保证、目标管理以及服务项目;既可用于大型复杂的项目,又可用于小型、简单的项目;QFD的开展有可能涉及公司所有部门,也可能只涉及小范围的部门和人员。公司不同级别的管理部门应确定本部门管理范围内开展QFD的项目,并对项目的实施、进度进行检查和监督,对项目效果进行确认和处置。可应用QFD方法的产品涉及各个部门,对各种竞争性强的产品更有巨大的效应。应该选出合适的负责人来开展 QFD 项目。

2. **成立多功能小组** 多功能小组是与 QFD 项目有关的部门管理人员、专业技术人员组成的,是对 QFD 项目进行研究与实施的临时组织机构。小组负责人由具有权威性和协调能力的较高级别(据项目大小及涉及范围而定)的负责人担任。其职责是制订项目计划,组织项目实施,协调各部门、各专业之间关系,控制项目进度、成本和质量。

多功能小组的大小与项目大小和复杂程度有关。对于产品开发项目而言,一般应包括市场营销、产品设计、工艺设计、产品制造、工装设计与制造、计划管理、财务管理、销售管理、售后服务、供应部门的人员。在有条件的情况下,尽可能邀请顾客代表参加。QFD 小组的活动有利于沟通企业各部门信息并使各部门的资源得以共享。

3. **顾客需求展开和工程措施分析** 满足顾客需求是开展活动的最终目的。因此,顾客需求分析是 QFD 项目的研究重点。一般而言,顾客对所需求的产品特性的描述是不严格、不定量化的,如“美观”、“典雅”、“使用方便”、“手感好”、“安全”、“舒适”、“豪华”、“耐用”等。尽管这些描述是含糊的,但它们却是顾客需要的真正的质量特性。掌握顾客对产品需求的真正质量特性是 QFD 项目成功与否的关键。

顾客需求的分析依据包括市场调研、产品质量跟踪、售后服务信息及用户代表座谈会的意见等。并可利用思考性工具中的开发智慧法等工具进行分析,整理出最有价值的意见。

QFD 的整个过程是以满足市场顾客需求为出发点的,顾客的需求就必然是企业关注的中心,将顾客需求逐步展开,扩展出设计要求、零件特性、工艺特征及生产要求这四部分。顾客需求分析是整个 QFD 过程的关键。

4. **建立四阶段的质量屋** 由 QFD 小组经过讨论并进行分析整理,形成第一阶段质量屋。在建立产品规划质量屋的同时,也应同步建立其余三个阶段的质量屋。

5. **对关键环节进行严格的稳定性控制** 重点是针对各阶段的关键环节进行。

6. **完善质量屋** 随着研发过程的不断优化与升级,需对各阶段的质量屋进行及时的更新与完善。

7. **开展并行工程** 应与产品规划阶段质量屋一起,按并行工程原理,协调地、同步地建立零部件展开、工艺计划展开和生产计划展开质量屋。

与产品规划阶段质量屋相似,零部件展开、工艺计划、生产计划阶段的质量屋,也应该由多功能小组讨论、修改,并不断迭代与完善。

8. **落实关键环节的稳健性设计和控制手段** 对 QFD 各阶段所确定的关键环节采用相应质量工程技术方法,如田口方法、试验设计、故障树分析、价值工程与价值分析等方法进行稳健性优化设计和控制。

9. **资料归档** QFD 技术靠的是集体智慧,应将整个过程中形成的有用资料及时归档。

(五)质量功能展开的效果

QFD 可对企业产生有形和无形的效益,使企业中的价值得到积累。

(六)质量功能展开与质量改进的关系

在质量改进实践中,由于没有具体的工具将互动得到的顾客需求信息准确地转换为工程特征，无法通过有效的工程特征改进来引导、影响顾客需求，导致互动机制的推广工作进展缓慢。

引入 QFD，可借助 QFD 中多功能小组采用系统、规范的方法调查和分析用户的需求，将其转换为产品的特征，并进一步采用矩阵图解法，将用户需求的实现过程分解到产品开发的各个过程和各职能部门中，使得设计和制造的产品能真正满足用户的需求，保证了以顾客呼声(顾客显在和潜在需求)作为系统的输入，把最终顾客的满意度作为输出。

互动机制可借助 QFD 完成顾客需求的获取、整理、分析、转化、输入直至最后产品完成，输出顾客满意的一系列过程。可借助 QFD 实现顾客需求、顾客评价与产品质量特征、工程特征的对应映射，使企业能准确地根据顾客需求、顾客评价对产品进行改进，并通过有目的地改进某些工程特征和 QFD 小组互动，以影响、引导、挖掘顾客需求，提高顾客满意度。

实践证明，基于 QFD 的质量改进与顾客互动机制模型，大大提高了质量改进的效率和目的性，有效地加强了与顾客的互动，减少了质量成本，收到了较好的效果。其根本原因在于 QFD 分析器的引入，为互动机制在该企业的应用提供了一个很好的工具，使该企业的互动机制不是停留在一般互动、沟通之上，而是实际用于指导质量改进，实现质量改进与顾客需求、顾客满意的真正意义上的互动。由此可见这种基于 QFD 的质量改进与顾客互动机制模型是一种有效的决策辅助工具，对互动机制的建立和管理者进行正确的互动决策具有重要作用。

(七)质量功能展开的作用

由于 QFD 要求在产品的设计阶段就考虑制造问题，使产品设计与工艺设计交叉进行，这样做的主要作用是：

(1)使产品研发中工程设计更改减少 40% ~60%，产品研发的周期缩短 30% ~60%。

(2)强调在产品早期概念设计阶段的有效规划，可使产品研发和试制成本降低 20% ~40%，从而大大降低产品的设计成本。

(3)由于产品在整个研发过程中严格地以顾客需求为驱动，因此顾客对产品的满意程度将极大提高。

(4)利用矩阵对每个控制要素的重要程度进行描述，详细刻画出各要素间的关系，从而优化了企业的资源配置，提高了企业资源的利用效率。

(5)通过 QFD 的实施，提高了全体职工满足顾客需求的意识，并通过对同类产品的竞争性评估，有利于企业发现市场上同类产品的优势与劣势，为企业产品的设计与决策提供更好的服务。

案例

实施全面质量控制，避免空喊口号

某棉纺公司的全面质量控制贯穿产品规划、设计、生产、销售和服务各阶段，符合顾客需要并与经济标准相一致，是制订和实施产品质量的体系。

与过于普遍化的传统管理方法不同,它是一种以质量为中心的管理方法。只有以质量第一为原则,才能降低成本,提高产量,并最终获得利润。

对于全面质量控制,上层管理人员必须具有比下属更大的热情。这种热情要体现在积极的态度上:走在员工前头,在下属裹足不前时要随时准备引导他们。不能把任务推给别人,自己袖手旁观。

推行全面质量控制应当是从后面向前推进,而不是在前面生拉硬拽。它应该贴近生产线上的员工,推行全面质量控制事业,切勿推行抽象的质量控制。先要纠正棉纺公司的持续缺陷,要用事实说话,不要争论。所谓持续缺陷,是指超过三个月一直在帕累托图上前三位的缺陷。对付持续缺陷,应鼓励"观察",而不是"观看"。

的确,有许多工程师和技术人员不无炫耀地认为,离开了专业学科体系,管理科学、系统工程之害就根本不存在。工程技术和管理技术之间的区别和对立司空见惯。

科学管理方法产生于19世纪末期,但管理技术直到20世纪才发展成熟。之所以在专业技术和经验已经发展到足以支持一定进展的情况下,管理技术仍然能够进一步发展,就是因为对个人经验和感觉的依赖延缓了专业技术的发展速度。

人们需要一种更系统的方法论,如用全面质量控制代替统计技术。当然,依靠专门知识,例如工程技术,也有可能获得成功,但在多数情况下,这些知识只会成为个人技术,与整个棉纺公司的技术进步和发展风马牛不相及。

不要不经分析就采取对策,全面质量控制和精髓就是分析。全面质量控制方法包括:定出主题,确定此主题的理由,评估当前形势,做出分析,找到对策,效果,标准化(防止出现反复),归纳尚存问题及今后计划。

对于长期存在或重大的问题,仓促之间采用的不当对策,效果微乎其微。就简单问题而言,分析也许不是必不可少的,马上采取对策会管点用,但对大问题,这么做就不会有结果。企业只有推行全面质量控制,共同努力,全面质量控制才能永葆青春。

思考题

1. 数理统计方法的三大分类是什么?
2. 常用的初级统计质量管理七大手法是什么?
3. 用你的班级成绩画出相应控制图并说出它的应用意义。
4. 纺织服装企业质量改进的常用方法有哪些?
5. 举例说明质量功能展开(QFD)在纺织企业中的应用。
6. 计算题。

某种纺织品的质量标准为6.46～6.50mm。开始加工时,每隔半小时抽取五个样品,共采取了20个样本,对其进行测量。为了便于计算,作数据变换:

X_j = (实测数据 − 6.4) × 1000 ($j = 1,2,3,4,5$)

变换后的数据 X_{ij}($i = 1,2,\cdots,20, j = 1,2,\cdots,5$)如下表所示:

编号	X_1	X_2	X_3	X_4	X_5
1	70	78	80	80	78
2	68	74	74	80	81
3	70	72	75	73	75
4	63	65	65	84	92
5	74	75	75	77	80
6	75	79	83	89	92
7	75	83	80	79	80
8	74	76	80	84	84
9	75	81	80	82	82
10	68	72	75	77	90
11	73	70	77	76	75
12	70	78	73	80	84
13	85	93	85	95	100
14	64	66	72	78	80
15	75	76	78	75	85
16	62	65	81	83	89
17	70	75	74	86	85
18	72	72	85	88	100
19	71	86	84	87	85
20	75	78	81	85	89

样本容量 $n=5, A_2=0.577, D_4=2.115, D_3=0$。

画出 $\overline{X}-R$ 控制图，并判断工序状况。画图时注意数据还原。

第七章　纺织服装企业过程控制方法

本章知识点

1. 过程控制相关原理。
2. 过程能力分析。
3. 过程能力指数的计算。
4. 六西格玛管理。
5. 六西格玛管理在纺织服装企业中的应用。

第一节　控制图原理

一、过程控制相关原理

(一)质量波动

生产实践证明,任何一道工序,无论其设备及工艺装备的精度有多高,操作者技术多熟练,材料、加工、测量方法、测试手段以及环境的变化有多小,经其所加工出来的产品质量特性值总是存在着差异。这种客观存在的产品质量特性值的差异,称为产品质量的变异性,也称质量波动性。

按影响的大小及作用性质,可以把质量的影响因素分成偶然因素和异常因素。

偶然因素,又称随机因素。这种偶然性因素是经常对产品质量起作用,且自然产生自然消失的因素,如零部件的正常磨损、原材料的微小差异、操作中的微小变化、机器开动时的轻微震动等。一般来说,经常起作用的因素多,但它们对质量波动的影响小,不易避免,也难以消除。因此,由这种偶然因素作用而产生的质量波动称为正常波动。

异常因素,又成系统因素。这种异常因素是生产过程中使工序质量发生显著变化的因素,如零部件的严重磨损,工人违反操作规程,原材料中混进了不同成分等。异常因素对质量波动影响大,质量指标的大小和方向,在特定时间和范围内都是一定的或呈周期性的变化。但这种因素只是有时存在,且容易识别,也能避免。如果生产中出现这种波动,可认为生产过程处于不稳定状态。因此,由这种系统因素作用造成的质量波动被称为异常波动或非正常波动。

过程质量控制就是要能够及时地发现这种波动并能够区别波动类别,从而做到有效预防和控制。

(二)质量分布

产品质量是波动的,同时,实践证明,在正常波动下,大量生产过程中产品质量特性波动的趋势大多服从正态分布。正态分布图是一条中间高、两边低,呈"钟形"的一条曲线,它具有对称性、集中性的特点，其形状如图 7－1 所示。

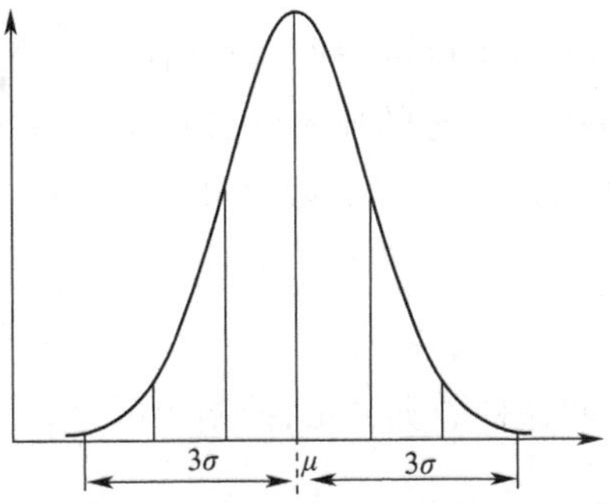

图 7－1　正态分布曲线

正态分布曲线的形状与位置由两个参数决定，即均值（也称中心值）μ 和标准差 σ。均值给出了正态分布曲线在坐标轴中的位置，而标准差的大小决定了数据的离散程度即曲线的形状。当均值相同标准差不同时，曲线的位置不变，形状随着标准差的改变而改变，随着标准差越来越大，曲线会变得越来越扁平。当标准差相同均值不同时，曲线形状不变，位置随着均值的变化而变化，以均值为对称中心分布。

正态分布曲线是一个概率密度曲线，如图 7－1 所示，曲线与坐标轴围成的面积等于 1，在 $\mu \pm \sigma$ 范围内的面积为 68.26%，在 $\mu \pm 2\sigma$ 范围内的面积为 95.45%，在 $\mu \pm 3\sigma$ 范围内的面积为 99.73%。

二、控制图的概念

（一）控制图的概念

控制图也称管理图，是对过程质量特性值进行测定、记录、评估和监察过程是否处于控制状态的一种用统计方法设计的图。控制图可以用来区分质量波动的性质，以判明生产过程是否处于控制状态，是保持工序过程经常处于控制状态的一种有效工具。世界上第一张控制图是美国贝尔电话研究室的休哈特在 1924 年发明的，以其用法简单、效果显著、易于掌握的特点成为质量管理中的一种重要工具，因此控制图也被称为休哈特控制图。

控制图的基本形式如图 7－2 所示。

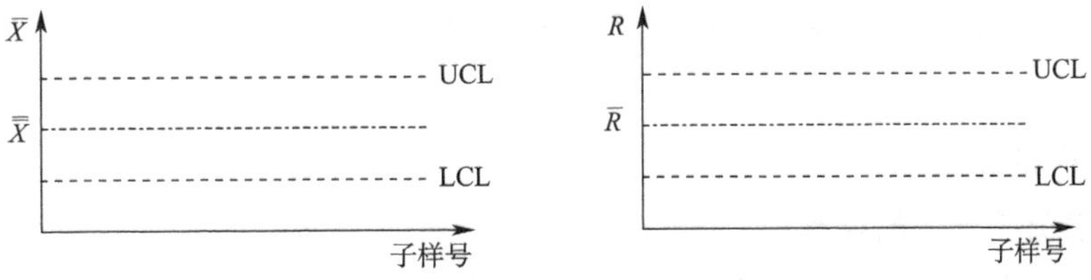

(a)平均数 $\bar{X}$ 控制图　　(b)极差 $\bar{R}$ 控制图

图 7－2　平均数和极差控制图

控制图有横坐标和纵坐标,横坐标为样本号或取样时间,纵坐标为测得的质量特性值。图上有与横坐标平行的三条线,中间一条叫中心线(Central Line,CL),用点画线表示;上面一条虚线叫上控制限(Upper Control Limit,UCL);下面一条虚线叫下控制限(Lower Control Limit,LCL)。把表示工序质量稳定状态的质量特性值描绘在图中,即可反映工序的质量状况。若控制图中的点落在上控制限与下控制限之外,或落在在两个控制限之间但排列不随机,则表明过程异常。

(二)控制的种类

1. **按控制对象分类** 按照这种分类方法,控制图可分为计量值控制图和计数值控制图两大类。如表7-1所示。

表7-1 控制图的种类

类别	控制图符号	名 称	用 途
计量值	X	单值控制图	用于计量值。在加工时间长、测量费用高,需要长时间才能测出一个数据或样品数据不便分组时用
	$\bar{X}-R$	均值—极差控制图	用于各种计量值。如尺寸、重量等
	$\bar{X}-s$	均值—标准差控制图	用于样本量较大时用 s 控制图取代 $\bar{X}-R$ 中的 R 控制图
	$\tilde{X}-R$	中位数—极差控制图	用于各种计量值。如尺寸、重量等
计数值	p_n	不合格品个数控制图	用于各种计数值。如不合格品个数的管理
	p	不合格品率控制图	用于各种计数值。如不合格品率、出勤率等的管理
	u	单位缺陷数控制图	用于单位面积、单位长度上的缺陷数的管理
	c	缺陷数控制图	用于服装外观表面的疵点数、污渍、加工不良部位数等的管理

2. **按用途分类** 按照这种分类方法,控制图分为控制用控制图和分析用控制图。

(1)控制用控制图。用于维持过程管理的控制图,就是控制用控制图。具体地说,就是用控制图去监视、控制工序过程,以保证现场的生产质量。经过工序改善,制订了各种标准,产品基本达到了质量标准的过程就必须考虑设法维持这种状态。

(2)分析用控制图。分析用控制图是根据实际测量出来的数据,经过计算得出控制的上下界限值之后画出,并使用控制图分析过程现状,发现问题,追究原因,以便有目的地解决,这就是分析用控制图的含义。分析用控制图一般用于分析过程是否处于统计控制状态及该过程的过程能力是否满足要求,为制订质量方针提供依据。

三、控制图的绘制

(一)计量值控制图的绘制

以均值—极差控制图的作法为例来说明计量值控制图的绘制方法。

(1)收集数据。当生产过程处于稳定状态时,收集近期质量数据100个左右(至少50个以上),并把数据按取样号或生产时间顺序进行分组,填入数据表中。

(2)计算各组的平均值($\bar{X}$)及极差(R)。

(3)计算$\bar{\bar{X}}$和$\bar{R}$。

(4)计算中心线CL和上、下控制界限,即UCL,LCL。

各种控制图的中心线和控制界限的计算公式见表7－2。计算上下控制界限时所用到的参数可以在计量值控制图数据表中查询。

表7－2　常用控制图公式一览表

控制图的种类	中心线	控制界限	备　　注
$\bar{X}$	$\bar{\bar{X}}$	$\bar{\bar{X}} \pm A_2\bar{R}$	$\bar{\bar{X}} = \frac{\sum \bar{x}_k}{k}$
R	$\bar{R}$	$UCL = D_4\bar{R}$ $LCL = D_3\bar{R}$	$\bar{R} = \frac{\sum R}{k}$
X	$\bar{X}$	$\bar{X} \pm E_2\bar{R}$	$\bar{X} = \frac{\sum x}{k}$
s	$\bar{s}$	$\bar{s} \pm 3\frac{\bar{s}}{c_4}\sqrt{1-c_4^2}$	$\bar{s} = \sqrt{\frac{\sum_{i=1}^{n}(x_i-\bar{x})}{n-1}}$
$\tilde{X}$	$\bar{\tilde{X}}$	$\bar{\tilde{X}} \pm m_3A_2\bar{R}$	$\bar{\tilde{X}} = \frac{\sum \tilde{x}}{k}$
p_n	$\bar{P}_n$	$\bar{P} \pm 3\sqrt{\bar{P}_n(1-\bar{P})}$	$\bar{P} = \frac{\sum p_n}{k}$
p	$\bar{P}$	$\bar{P} \pm 3\sqrt{\frac{\bar{P}(1-\bar{P})}{n}}$	$P = \frac{r}{n} = \frac{P_n}{n}, \bar{P} = \frac{\sum r}{\sum n} = \frac{\sum P_n}{N}$
u	$\bar{u}$	$\bar{u} \pm 3\sqrt{\frac{\bar{u}}{n}}$	$u = \frac{c}{n}, \bar{u} = \frac{\sum c}{\sum n}$
c	$\bar{c}$	$\bar{c} \pm 3\sqrt{\bar{c}}$	$\bar{c} = \frac{\sum c}{k}$

(5)在控制图坐标系上绘制中心线和上下控制限。

(6)点绘。当开始使用控制图进行过程质量分析时,应把相应数据在已经画有控制界限的控制图上点绘,确认生产过程处于稳定状态,就可以把上述控制图用作控制用控制图,以控制生产过程中过程质量的变化。

(二)控制图的观察和分析

控制图能迅速地反映生产过程是否处于控制状态,一旦发现失控,检验人员或操作者可发出信号,停止生产,查明原因,采取相应调整措施。

一般说来,控制图上的“点”反映工艺过程的受控程度。有的控制图,点分布反映得比较明显。为了判断工艺过程是否处于受控状态,需要制订出一定的判断规则。通常,控制图的工艺过程状态判断规则是:在控制图上的点满足不超出控制界限,排列没有缺陷。

满足上述条件时,可以判断工艺过程是处于统计的控制状态。如果点落在控制界限之外,应判断工艺过程发生了异常变化;如果点虽未跳出控制界限,但排列有下列缺陷,也应当判断工艺过程有异常变化:

(1)点在中心线的同一侧连续出现9次以上。

(2)连续6个以上的点递增或递减。

(3)点在中心线一侧多次出现,如连续11个点中至少有10个点(可以不连续)在中心线的同一侧。

(4)连续3个点中,至少有两个点(可以不连续)在上方或下方 2σ(即标准差,可用 s 代替)横线以外出现。

(5)点呈周期性的变动。

(6)其他异常情况。

画控制图并不是质量管理的目的,利用控制图判断生产过程的稳定性,预防废品的产生和改进生产过程,从而提高产品质量,这才是目的。

例:某服装企业在质量检验中,期限3天,时间从9时开始,每隔1小时取5个数据,共取20组。把时间按数据顺序和测定顺序排列填入数据表7-3中,试做出 $\bar{X}-R$ 控制图。

具体操作步骤如下:

(1)求各子样平均数($\bar{X}_i$)的平均值($\bar{\bar{X}}$)和极差(R_i)的平均值($\bar{R}$)。

$$\bar{\bar{X}} = \frac{\bar{X}_1 + \bar{X}_2 + \cdots + \bar{X}_k}{k} = \frac{71.64 + 72.20 + \cdots + 72.46}{20} = 71.898$$

式中:$\bar{X}_1, \bar{X}_2, \cdots, \bar{X}_k$ 为各子样的平均数;k 为子样数。

$$\bar{R} = \frac{R_1 + R_2 + \cdots + R_k}{k} = \frac{0.6 + 1.5 + \cdots + 2.5}{20} = 1.28$$

式中:$R_1, R_2, \cdots, R_k$ 为各子样的极差。

(2)确定 $\bar{X}$ 图的中心线及上、下控制界限。

$$CL = \bar{\bar{X}} = 71.898$$

$$UCL = \bar{\bar{X}} + A_2\bar{R} = 71.898 + 0.577 \times 1.28 = 72.640$$

$$LCL = \bar{\bar{X}} - A_2\bar{R} = 71.898 - 0.577 \times 1.28 = 71.156$$

式中:UCL 为上控制限;LCL 为下控制限;A_2 为系数,其大小取决于子样内样品数目(表7-4)。

(3)确定 R 图的中心线及上控制界限。

$$CL = \bar{R} = 1.28$$

表 7-3　$\bar{X}-R$ 控制图数据表

<table>
<tr><td colspan="3">产品名称</td><td colspan="2">西服</td><td colspan="2">加工编号</td><td>ZH861</td><td colspan="2">时间(月/日)</td><td>9/8～10/12</td></tr>
<tr><td colspan="3">质量特性</td><td colspan="2">衣长 72cm 的检验</td><td colspan="2">车间</td><td>三车间</td><td colspan="2">机器编号</td><td>FM04075</td></tr>
<tr><td colspan="2" rowspan="2">控制界限</td><td>最大</td><td colspan="2"></td><td colspan="2" rowspan="2">日产量标准（件）</td><td rowspan="2">300</td><td colspan="2" rowspan="2">作业员</td><td rowspan="2">李鸿</td></tr>
<tr><td>最小</td><td colspan="2"></td></tr>
<tr><td colspan="3">测量单位</td><td colspan="2">cm</td><td colspan="2" rowspan="2">试样间隔</td><td rowspan="2">1h</td><td colspan="2" rowspan="2">检验员</td><td rowspan="2">孙娟</td></tr>
<tr><td colspan="3">规格编号</td><td colspan="2"></td></tr>
<tr><td rowspan="2">时间(d—h)</td><td rowspan="2">组编号</td><td colspan="5">测定值</td><td rowspan="2">合计
$\sum X_i$</td><td rowspan="2">平均值
$\bar{X}$</td><td rowspan="2">极差
R</td><td rowspan="2">备注</td></tr>
<tr><td>X_1</td><td>X_2</td><td>X_3</td><td>X_4</td><td>X_5</td></tr>
<tr><td>8—9:00</td><td>1</td><td>71.6</td><td>71.4</td><td>72</td><td>71.5</td><td>71.7</td><td>358.2</td><td>71.64</td><td>0.6</td><td></td></tr>
<tr><td>10:00</td><td>2</td><td>72</td><td>72.1</td><td>71.1</td><td>72</td><td>73.2</td><td>361.0</td><td>72.20</td><td>1.5</td><td></td></tr>
<tr><td>11:00</td><td>3</td><td>71.3</td><td>71.2</td><td>71.4</td><td>71.7</td><td>71.3</td><td>356.9</td><td>71.38</td><td>0.5</td><td></td></tr>
<tr><td>12:00</td><td>4</td><td>71.6</td><td>72.6</td><td>72.1</td><td>71.1</td><td>71.8</td><td>359.2</td><td>71.84</td><td>1.5</td><td></td></tr>
<tr><td>14:00</td><td>5</td><td>71.9</td><td>71.8</td><td>71.8</td><td>71.0</td><td>71.8</td><td>358.3</td><td>71.66</td><td>0.9</td><td></td></tr>
<tr><td>15:00</td><td>6</td><td>72.6</td><td>71.8</td><td>71.2</td><td>71.6</td><td>73.5</td><td>360.7</td><td>72.14</td><td>2.3</td><td></td></tr>
<tr><td>16:00</td><td>7</td><td>71.7</td><td>72</td><td>71.9</td><td>71.4</td><td>71.1</td><td>358.1</td><td>71.62</td><td>0.9</td><td></td></tr>
<tr><td>17:00</td><td>8</td><td>71.2</td><td>73</td><td>72.6</td><td>70.9</td><td>70.8</td><td>358.5</td><td>71.70</td><td>2.2</td><td></td></tr>
<tr><td>9—9:00</td><td>9</td><td>71.9</td><td>71.6</td><td>71.6</td><td>71.7</td><td>71.5</td><td>358.3</td><td>71.66</td><td>0.4</td><td></td></tr>
<tr><td>10:00</td><td>10</td><td>71.8</td><td>71.2</td><td>72.9</td><td>71.7</td><td>71.8</td><td>359.4</td><td>71.88</td><td>1.7</td><td></td></tr>
<tr><td>11:00</td><td>11</td><td>72.6</td><td>71.3</td><td>71.5</td><td>72</td><td>71.6</td><td>359.0</td><td>71.80</td><td>1.3</td><td></td></tr>
<tr><td>12:00</td><td>12</td><td>72.1</td><td>71.6</td><td>71.4</td><td>73.3</td><td>73.4</td><td>361.8</td><td>72.36</td><td>2.0</td><td></td></tr>
<tr><td>14:00</td><td>13</td><td>71.8</td><td>72</td><td>72.1</td><td>72.3</td><td>72</td><td>360.2</td><td>72.04</td><td>0.5</td><td></td></tr>
<tr><td>15:00</td><td>14</td><td>72.3</td><td>72.3</td><td>71.4</td><td>71.5</td><td>71.3</td><td>358.8</td><td>71.76</td><td>1.0</td><td></td></tr>
<tr><td>16:00</td><td>15</td><td>72.2</td><td>71.8</td><td>71.6</td><td>72.4</td><td>71.6</td><td>359.6</td><td>71.92</td><td>0.8</td><td></td></tr>
<tr><td>17:00</td><td>16</td><td>71.7</td><td>71.6</td><td>72.3</td><td>72.3</td><td>72.3</td><td>360.2</td><td>72.04</td><td>0.7</td><td></td></tr>
<tr><td>10—9:00</td><td>17</td><td>71.2</td><td>72.3</td><td>72.1</td><td>72.3</td><td>72</td><td>359.9</td><td>71.98</td><td>1.1</td><td></td></tr>
<tr><td>10:00</td><td>18</td><td>71.3</td><td>71.4</td><td>73.1</td><td>71.3</td><td>71.5</td><td>358.6</td><td>71.72</td><td>1.8</td><td></td></tr>
<tr><td>11:00</td><td>19</td><td>71</td><td>72.6</td><td>72.5</td><td>72.6</td><td>72.7</td><td>361.4</td><td>72.28</td><td>1.7</td><td></td></tr>
<tr><td>12:00</td><td>20</td><td>71.5</td><td>71.3</td><td>73.3</td><td>73.8</td><td>72.6</td><td>362.3</td><td>72.46</td><td>2.5</td><td></td></tr>
<tr><td colspan="8">合计</td><td>1437.96</td><td>25.6</td><td></td></tr>
</table>

表 7-4　用于寻求控制界限的系数表

N	A_2	D_4	D_3	E_2	M_3A_2
2	1.880	3.267	—	2.659	1.880
3	1.023	2.575	—	1.772	1.187
4	0.729	2.282	—	1.457	0.795
5	0.577	2.115	—	1.290	0.691
6	0.483	2.004	—	1.184	0.549
7	0.419	1.924	0.076	1.109	0.509
8	0.373	1.864	0.136	1.054	0.432
9	0.337	1.816	0.184	1.010	0.412
10	0.308	1.777	0.223	0.975	0.363

注　D_3 栏中的"—"表示不考虑控制下限。

$$UCL = D_4\overline{R} = 2.12 \times 1.28 = 2.71$$

$$LCL = D_3\overline{R}$$

式中：D_3，D_4 为系数，其大小取决于子样内样品数目。

本例，因为极差 R 的下控制限为负值，可不画出极差 R 的下控制限，极差 R 的下控制界限可用横轴代替。

(4)绘制控制图(图 7-3)。

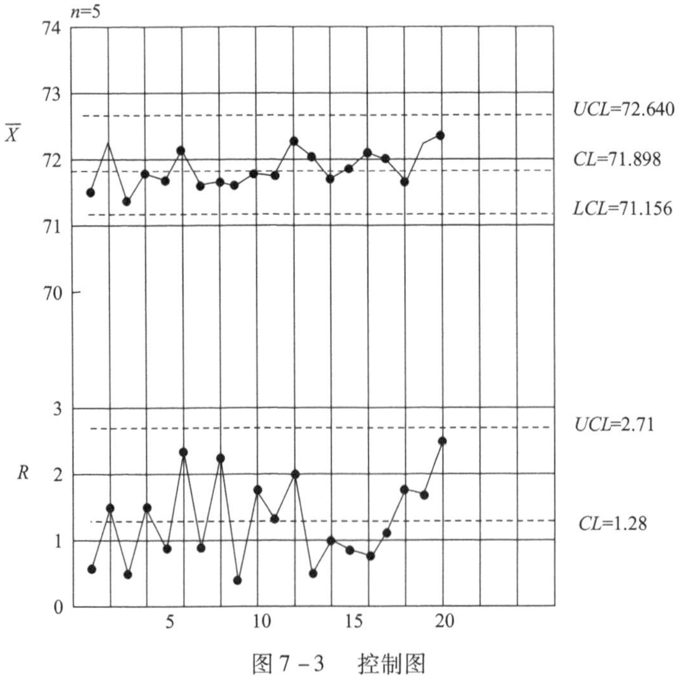

图 7-3　控制图

(5)控制图的分析。根据判断准则，从图中点的分布可以判断此工艺过程处于统计的受控状态。

第二节　过程能力分析

一、过程能力

(一)过程能力基本概念

过程能力(Process Capability)也被称为工序能力，是指过程的加工质量满足技术标准(处于稳定状态)的能力，是用来衡量过程加工内在的一致性的标准。过程能力不同于生产能力，后者是指生产加工的产出数量，而前者是用于描述质量水平，取决于人、机、料、法、环等质量影响因素，与规范无关。

过程能力的测定主要用来衡量生产过程的稳定性，即连续生产状况下产品质量是否稳定，且产品质量精度是否足够。用 3σ 来确定分布范围，这时产品的计量质量特性值有 99.73%落在了 $\mu\pm3\sigma$ 的范围内。其中 μ 为质量特性值的总体平均值，σ 为质量特性值的总体标准差，在这 6σ 的范围内几乎包括了全部产品的特性值。用 6σ 为标准来衡量过程的能力具有足够的精确度和良好的经济特性，故常用 6σ 来描述过程能力。

事实上，过程能力并不能够始终保持稳定状态。在控制良好的状况下可以具备某种程度的稳定性，但这并不是绝对的和恒定的。如加工刀具的自然磨损、缝纫设备的老化、工人上班时的工作状态等因素都会引起过程能力的变化。因此，可以把过程能力进一步分为短期过程能力与长期过程能力。短期过程能力是指在任一时刻过程处于稳态的过程能力，往往是由于偶然波动引起的质量变异而形成的过程能力，反映的是短期变异。长期过程能力则考虑了一些可预期的异常波动，即由偶然波动和异常波动所引起的质量变异而形成的过程能力，反映了长期变异。本书后面所介绍的过程能力指数与过程能力分析指短期过程能力。

(二)过程能力的影响因素

对质量过程中的引起质量变异的原因按照来源通常概括为“5M1E”。

(1)人(Man)。包括操作的质量意识、技术水平及熟练程度、身体素质等，也就是人的技术素质和思想素质。不同的人操作同一台机器，工作效率和工作质量会有较大的差异。现在很多纺织服装企业采用现代化数字设备，虽然投入成本较高，但大大的减小了个人技术水平差异对产品质量的影响力。

(2)机器(Machine)。机器设备，包括服装厂的平缝机、裁剪机等常规设备以及各种特种机械设备。机器设备的型号、使用年限、可靠性、稳定性、维护水平等因素的差异会对过程能力造成较大的影响，因此生产企业应当重视设备管理对质量的影响。

(3)材料(Material)。包括材料成分、物理性能和化学性能等。有的材料容易脱色、粘灰，有的不耐高温，有的过于柔软等材料问题都会影响产品质量和过程能力。

(4)方法(Method)。包括加工工艺、操作规程等。科学合理的加工工艺和操作规程是质量稳定的基本保障。

(5)测量(Measure)。包括测量设备、测试手段、测试方法等因素。同一个测量对象,测量方法或设备不同会造成结果上的差异,因此测量要保证准确、公平、稳定,才能保证过程的稳定性。

(6)环境(Environment)。包括工作现场的温度、湿度、照明、噪声和清洁条件等。纺织服装生产对环境的清洁度要求较高,污渍、水渍都会造成不合格;一些特殊材料对湿度和温度也有要求,因此企业要注意加工环境对产品质量的影响。

二、过程能力指数

过程能力指数(Process Capability Index)是指过程能力与过程目标相比较的定量描述的数值,即表示过程满足产品技术或质量标准的程度。技术标准是指加工过程中产品必须达到的质量要求,如标准规范、公差、允许范围等,用符号 T 来表示。过程能力用 B 来表示,过程能力指数是一般以 C_P 或 C_{PK} 表示。

(一)无偏移双侧规范的过程能力指数

这种状况下技术标准具备双侧公差,如裁剪部规定在裁剪时要保持每床的布长在标准值的两侧范围内允许一定的波动,且产品质量特性值的分布中心与规范中心重合。

过程能力指数的计算公式为:

$$C_P = \frac{T}{6\sigma} \approx \frac{T_U - T_L}{6\hat{\sigma}} \tag{7-1}$$

式中:T_U 为质量标准的上限;T_L 为质量标准的下限;标准范围 $T = T_U - T_L$。由于总体标准差 σ 的值是未知的,通常用估计值 $\hat{\sigma}$ 来代替。当过程稳定时,$\hat{\sigma}$ 可用样本数据的标准差 s 来进行估计。其中:

$$s = \sqrt{\frac{\sum_{i=1}^{n}(X_i - \bar{X})}{n-1}} \tag{7-2}$$

则:

$$C_P = \frac{T_U - T_L}{6s} \tag{7-3}$$

也可以用控制图中极差的均值 $\bar{R}$ 和标准差的均值 $\bar{s}$ 来估算。另 $\hat{\sigma} = \bar{R}/d_2$ 或 $\hat{\sigma} = \bar{s}/c_4$。

由 C_P 的计算公式可以看出,其反映了过程加工质量满足产品技术要求或质量标准的程度,即产品的控制范围满足客户要求的程度。根据 C_P 的结果,可以分为三种情况:$C_P < 1$,$C_P = 1$,$C_P > 1$。图 7-4 表示了三种情况。

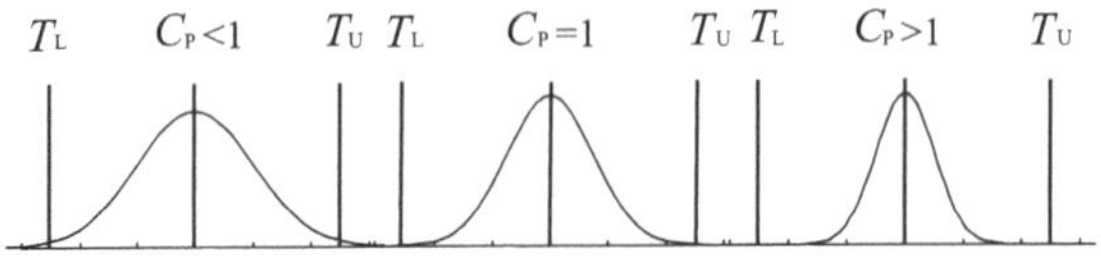

图 7-4 C_p 值与不同的分布

由图 7－4 可以看出，当 $C_P<1$ 时，质量数据的分布比较分散，方差较大；而当 $C_P>1$ 时，质量数据向均值集中，说明质量比较稳定。

实际上，C_P 值越大表明过程能力越高，但同时对技术、人员和设备的要求也较高，带动了加工成本的上升；而小的 C_P 值则意味着过程能力不足，难以满足客户需求，因此要实现恰当的过程能力达到合理化的技术经济性。加工过程总是波动的，这时分布中心一旦产生偏移，不合格品率就要增加，因此通常取 $C_P>1$。对一些高质量、高可靠性要求的产品如电子元器件的控制情况，有时甚至要求 C_P 要大于 2，而服装产品的精密度并没有那么高，一般介于 1 与 2 之间。

例：某款布料要求每个裁片的裁剪长度为 15m，上下不超过 0.2m，抽取 100 个样本，测得样本标准差（s）为 0.085m，求该裁剪过程能力指数。

解：当该过程处于稳定状态时，可以通过标准差计算能力指数。

本题中，标准上限 $T_U=15.2$，标准下限 $T_L=14.8$

过程能力指数：$$C_P=\frac{T_U-T_L}{6s}=\frac{15.2-14.8}{6\times0.055}=1.21$$

（二）无偏移单侧规范的过程能力指数

这种情况是指只有上限或下限的要求。如果只有上限要求而对下限没有要求，则上单侧过程能力指数用 C_{PU} 表示，计算公式为：

$$C_{PU}=\frac{T_U-\mu}{3\sigma}\approx\frac{T_U-\overline{X}}{3\hat{\sigma}} \tag{7-4}$$

式中：$\overline{X}<T_U$。

如果只有下限要求而对上限没有要求，则下单侧过程能力指数用 C_{PL} 表示，计算公式为：

$$C_{PL}=\frac{\mu-T_L}{3\sigma}\approx\frac{\overline{X}-T_L}{3\hat{\sigma}} \tag{7-5}$$

式中：$\overline{X}>T_L$。

例：某布料加工厂要求生产的某款布料单位面积的疵点数不超过 4 个/10m，抽检 1000m 该款布料作为样本，样本标准差是 0.048 个/10m，样本均值为 3.82 个/10m，求过程能力指数。

解：该题中，只有上限要求而没有下限要求，上限 $T_U=4$，均值 $\overline{X}=3.82$，标准差 $s=0.048$。

过程稳定时，用标准差替代方差，则过程能力指数：

$$C_{PU}==\frac{T_U-\overline{X}}{3s}=\frac{4-3.82}{3\times0.048}=1.25$$

（三）有偏移的过程能力指数

在实际过程能力的分析中，过程能力分布中心与规范中心完全重合的情况是比较理想化的，很少见，大部分情况下都存在一定量的偏差。

当产品的质量特性值分布的平均值 μ 与规范中心 M 不重合时，属于有偏移的情况，如图 7－5 所示。

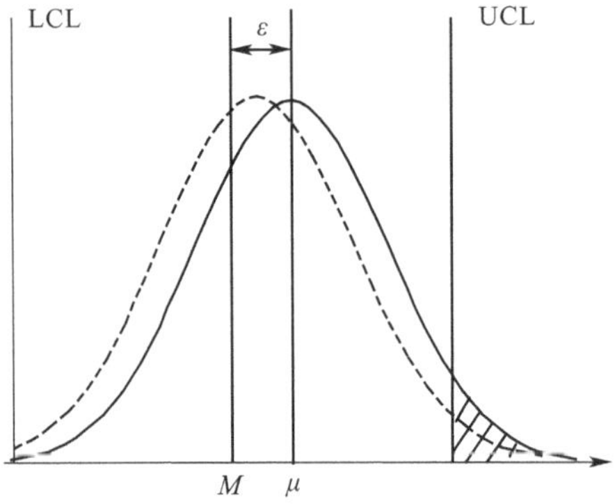

图 7－5　均值 μ 与规范中心 M 不重合

图 7－5 中均值偏离规范中心，偏差为 ε，阴影部分为实际产品不合格品率。这种情况下过程出现不合格的几率就会增大，C_P 值降低，因此要对式（7－1）进行修正。

定义分布中心 μ 与规范中心 M 的偏移度为 $\varepsilon = |M - \mu|$，定义偏移系数 K，有：

$$K = \frac{\varepsilon}{T/2} = \frac{2|M - \mu|}{T} \tag{7-6}$$

已知在式（7－6）中，规范中心：

$$M = \frac{T_L + T_U}{2} \tag{7-7}$$

在有偏移情况下，对过程能力指数修正为

$$C_{PK} = (1 - K)C_P = \frac{(1 - K)T}{6\sigma} \approx \frac{(1 - K)(T_U - T_L)}{6\hat{\sigma}}, (0 \leqslant K < 1) \tag{7-8}$$

容易看出，当质量特性值分布的平均值 μ 与规范中心 M 重合时有：$K = 0$，式（7－8）与式（7－1）相同，即 $C_{PK} = C_P$。当 $K \geqslant 1$ 时，$C_{PK} = 0$。

例：已知某产品的长度要求为 100cm，偏差上下不超过 2cm，抽取样本测得均值 $\bar{X} = 100.08$ cm，标准差 $s = 0.7$ cm，求该过程能力指数。

解：据题意，可知 $\varepsilon = 0.08$ cm，$T = 4$ cm 则：

$$K = \frac{\varepsilon}{T/2} = \frac{2|M - \mu|}{T} = \frac{2 \times |100.08 - 100|}{4} = 0.04$$

有偏移情况下的过程能力指数为：

$$C_{PK} = (1 - K)C_P = \frac{(1 - K)T}{6\hat{\sigma}} = \frac{(1 - 0.04) \times 4}{6 \times 0.7} = 0.91$$

（四）过程能力指数与不合格品率

当质量特性的分布呈正态分布时，过程能力指数与不合格品率 P 有一定的关系。

1. ***无偏移时过程能力指数与不合格率的关系***　由概率分布函数的计算公式可知，在上下控制界限之间的分布函数值就是合格品率，1 减去合格品率就是不合格品率。无偏移情况下，分布中心与规范中心重合，标准差为 σ，均值为 μ，上下控制界限为 T_U 和 T_L，则合格品率的计算如式（7－9）所示。

$$P(T_L \leqslant X \leqslant T_U) = \int_{\frac{T_L-\mu}{\omega}}^{\frac{T_U-\mu}{\sigma}} \frac{e^{-\frac{t^2}{2}}}{\sqrt{2\pi}} dt = \Phi\left(\frac{T}{2\sigma}\right) - \Phi\left(-\frac{T}{2\sigma}\right)$$

$$= 1 - 2\Phi\left(-3 \times \frac{T}{6\sigma}\right) = 1 - 2\Phi(-3C_P) \quad (7-9)$$

因此,不合格品率为:

$$P = 1 - P(T_L \leqslant X \leqslant T_U) = 1 - [1 - 2\Phi(-3C_P)] = 2\Phi(-3C_P) \quad (7-10)$$

由上式可以看出,过程能力指数 C_P 与不合格品率是相对应的,只要知道 C_P 的值,就可以求出该过程的不合格品率。

例:某款布料要求每个裁片的裁剪长度为 15m,上下不超过 0.2m,抽取样本测得样本标准差(s)为 0.085m,求批裁片的不合格品率。

解:该过程的能力指数:

$$C_P = \frac{T_U - T_L}{6s} = \frac{15.2 - 14.8}{6 \times 0.055} = 1.21$$

不合格品率:

$$P = 2\Phi(-3C_P) = 2 \times \Phi(-3 \times 1.21) = 2 \times 0.00014 = 0.00028 = 0.028\%$$

例:如上例的过程,当该过程的能力指数 $C_P = 0.87$ 时,其不合格品率是多少?

解:$P = 2\Phi(-3C_P) = 2 \times \Phi(-3 \times 0.87) = 2 \times 0.00453 = 0.00906 = 0.906\%$

对比这两例可以看出,当 C_P 值降低时,其不合格品率就会上升;反之,当 C_P 增加时不合格品率就会下降。

2. ***有偏移时过程能力指数与不合格率的关系*** 前面已经介绍,当分布中心与规范中心不重合时,要通过偏移系数 K 来进行调整计算调整过程能力指数 C_{PK}。同样,也要用偏移系数调整过程能力指数 C_P 来计算不合格品率。

如果分布中心向上控制界限的一方偏移,不合格品率的计算公式如式(7-11)所示(推导过程省略)。

$$P = 2 - \Phi[3C_P(1 - K)] - \Phi[3C_P(1 + K)] \quad (7-11)$$

要注意的是,上式的 C_P 的是没有经过调整的过程能力指数。

例:已知某产品的长度要求为 100cm,偏差上下不超过 2cm,抽取样本测得均值 $\bar{X} = 100.08$ cm,标准差 $s = 0.7$ cm,求该批产品的不合格品率。

解:

$$C_P = \frac{T}{6\hat{\sigma}} = \frac{4}{6 \times 0.7} = 0.95$$

据题意:

$$K = \frac{\varepsilon}{T/2} = \frac{2 \times |M - \mu|}{T} = \frac{2 \times |100.08 - 100|}{4} = 0.04$$

有偏移情况下不合格品率为:

$$P = 2 - \Phi[3C_P(1 - K)] - \Phi[3C_P(1 + K)]$$
$$= 2 - \Phi[3 \times 0.95 \times (1 - 0.04)] - \Phi[3 \times 0.95 \times (1 + 0.04)]$$
$$= 2 - 0.99693 - 0.99846 = 0.00461 = 0.461\%$$

三、过程能力分析

(一)过程能力指数分析

一般情况下,C_p 的值越大,表明过程能力越好,越能满足技术标准的要求,但对机器设备和加工人员的素质要求均较高,相应的加工成本就会提升。因此,从经济角度考虑 C_p 的取值并不是越大越好,但通常要大于1。

过程能力指数的判断标准如表7－5所示,表中的结果对 C_P 与 C_{PK} 均适用。

表7－5 过程能力指数 C_p 值的评价参考表

C_P 值的范围	级 别	过程能力的评价参考
$C_P \geq 1.67$	Ⅰ	过程能力高(视具体情况而定)
$1.33 \leq C_P < 1.67$	Ⅱ	过程能力充分,表示技术管理能力已很好,应继续维持
$1.0 \leq C_P < 1.33$	Ⅲ	过程能力较差,表示技术管理能力较勉强,应设法提高为Ⅱ级
$0.67 \leq C_P < 1.0$	Ⅳ	过程能力不足,表示技术管理能力很差,应立即采取措施改善
$C_P < 0.67$	Ⅴ	过程能力严重不足,表示应采取紧急措施和全面检查,必要时可停工整顿

根据过程能力的计算公式,在无偏移双侧规范的情况下,当标准的界限范围是 $\pm 3\sigma$ (即 6σ)时,过程能力指数等于1,可能出现的不合格品率为0.27%,过程能力基本满足设计质量要求。如果标准界限范围是 $\pm 4\sigma$ (即 8σ),过程能力指数为1.33,这时的过程能力不仅能满足质量要求,而且能有一定的富裕能力。如果标准界限范围是 $\pm 5\sigma$ (即 10σ),过程能力指数则为1.67,这时过程能力非常充分。需要注意的是,随着科学技术的进步和人们对产品要求的提高,对于过程能力的要求也越来越高,对 $C_P \geq 1.67$ 时过程能力是否过高也应当视具体情况而定。

(二)过程能力调整

根据表7－5,当过程能力小于1时,说明过程能力存在不同程度的不足,需要采取措施予以调整。

1. **减小过程偏移** 在实际过程中,过程能力的分布中心与规范中心完全重合的情况是比较理想化也是比较少见的,大部分都存在一定量的偏移。偏移程度用偏移度 $\varepsilon = |M - \mu|$ 来衡量。根据式(7－8)可以看出,偏移度越大对过程能力的影响就越大,因此,首先要减小过程分布中心的偏移量。根据偏移的方向和幅度,调整过程分布中心来减小和削弱偏移度,从而提高过程能力。

2. **提高过程稳定性,减小标准差** 根据公式(7－1)可以看出,标准差与过程能力指数成反比,因此提高过程稳定性,可通过减小标准差实现。可以通过一系列质量改进措施来达到提高稳定性的目的,如更新设备、改进工艺水平、提高操作人员的技术水平、加强现场管理水平等方法。

3. **调整规范标准**　过程能力指数的计算与规范标准相关，当过程能力指数偏低，且实际生产现场没有找出改进途径时，要考虑标准制订得是否太高。如果标准太高，不仅过程能力指数计算结果偏低，而且对操作人员的工作积极性形成打击，这时可以考虑适度调低标准。

第三节　六西格玛管理

一、六西格玛管理概述

（一）六西格玛管理的产生与发展

20 世纪 70 年代，摩托罗拉公司已经成为全球无线通信产品的领导者，并与得克萨斯仪器公司和英特尔公司一起争夺半导体产品的最大销售商的位置。随着竞争企业越来越多，摩托罗拉公司半导体业务的经营业绩逐渐下滑，在这种情况下时任首席执行官的罗伯特·高尔文（Robert Galvin）意识到企业必须寻求突破，并亲自领导一个特别工作组开始为摩托罗拉公司的发展进行调研，提出了六西格玛的理念。经过几年的实践，六西格玛理念取得了很大的成功，并在全公司得到了广泛实施和推广。从开始实施的 1987 年到 1997 年的 10 年间，摩托罗拉公司的销售额增长了 5 倍，利润每年增加约为 20%，通过实施六西格玛管理所带来的收益累计达到 1 亿美元。摩托罗拉公司还专门成立了六西格玛大学，为实施六西格玛管理培养和储备人才。

真正把六西格玛这一高度有效的质量战略变成管理哲学和实践，从而形成一种企业文化的是杰克·韦尔奇。杰克·韦尔奇领导下的通用电气公司（General Electric Company，GE）在 1996 年初开始把六西格玛作为一种管理战略列在其公司三大战略举措之首（另外两个是全球化和服务业），志在在公司全面推行六西格玛的流程方法。六西格玛管理也逐渐从一种质量管理方法成为世界上追求管理卓越性的企业最为重要的战略举措，而这些企业迅速将六西格玛的管理思想运用于企业管理的各个方面，为组织在全球化、信息化的竞争环境中处于不败之地建立了坚实的管理和领导基础。

继摩托罗拉公司、通用电气公司等先驱之后，几乎所有的财富 500 强的制造型企业都陆续开始实施六西格玛管理战略，如 ABB（Asea Brown Boveri）公司、柯达（Kodak）公司、西门子（Siemens）公司、诺基亚（Nokia）公司、索尼（SONY）公司、东芝（Toshiba）公司、三星公司、LG 公司等。六西格玛管理不仅为制造业带来了巨大的业绩改进，在服务业中也得到了广泛的应用。

（二）六西格玛的基本原理

六西格玛意味着过程的缺陷率为百万分之三点四。从统计意义上讲，一个过程具有六西格玛能力意味着过程平均值与其规格上下界限的距离为 6 倍标准差，此时过程波动减小。西格玛水平代表了质量水平，水平越高，过程满足顾客要求的能力就越强；反之，水平越低，过程满足顾客要求的能力就越弱。在样本均值与规范中心无偏移情况下，同一规范区间内，不同西格玛水平的分布如图 7－6 所示。由图可以看出，西格玛水平越高，缺陷率就越低。

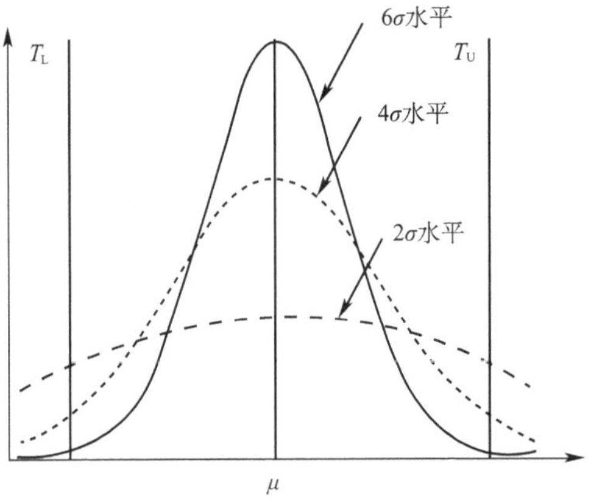

图 7-6　无偏移情况下不同西格玛水平的分布

表 7-6 显示了西格玛水平与合格率及缺陷数之间的关系。从表中可以看出,西格玛水平每提高一个,合格率则大幅度提高。

表 7-6　无偏移情况 σ 水平与合格率及缺陷数之间的关系

σ 水平	合格率(%)	每百万次机会缺陷数
1σ	68.27	317300
2σ	95.45	45500
3σ	99.73	2700
4σ	99.9937	63
5σ	99.999943	0.57
6σ	99.99999983	0.0018

实际过程中,过程的均值与规范中心一般不能完全重合,总会存在一定的偏差。考虑均值往规范中心两侧各移动 1.5σ 情况下,来计算过程的西格玛水平,如图 7-7 所示。

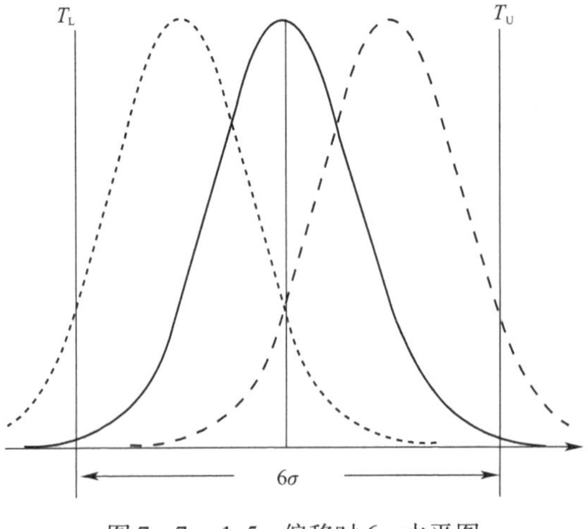

图 7-7　1.5σ 偏移时 6σ 水平图

西格玛质量水平代表过程每百万次操作的缺陷机会(考虑均值移动 $\pm 1.5\sigma$ 情况后),西格玛水平越高,缺陷率就越低,但西格玛水平与缺陷率之间并不是线性关系。在六西格玛水平下,每100万个测量单位仅有3.4个落入规格限以外,其缺陷率为 3.4×10^{-6}。

在均值与规范中心偏移 1.5σ 的情况下,西格玛水平与合格率及缺陷数之间的关系如表7-7所示。

表7-7 偏移 1.5σ 情况下 σ 水平与合格率及缺陷数之间的关系

σ水平	合格率(%)	每百万次机会缺陷数
1σ	30.23	697700
2σ	69.13	308700
3σ	93.32	66810
4σ	99.3790	6210
5σ	99.97670	233
6σ	99.999660	3.4

六西格玛是一套管理方法,主要强调消除错误,减少浪费,它建立可测量的方式,并有一套包含财务评估工具的一整套战略性解决问题方案,通过提高顾客的满意度,最终大幅度提高公司的业绩。因为它是基于统计数据的决策方法,解决了在日常管理中缺少精细的科学统计数字的缺陷。

六西格玛管理注重流程的分析,它不但可应用于产品的质量控制和改善,也可应用于电子商务和服务的改善,它还提供了流程创新的方法,从根本上防止缺陷和错误的发生。它广泛适于ERP、精益生产、JIT生产方式、战略性业务同盟、知识管理、作业管理、以流程为中心的组织结构、全球化管理等领域。

(三)六西格玛管理的原则

1. **以顾客为中心** 以顾客为中心是获得高的顾客满意度的基础,也是六西格玛管理中最为重要的一项原则。例如对六西格玛绩效的评估就是从顾客开始,其改进程度与效果也是由顾客满意度来衡量的。

2. **基于数据和事实的管理** 六西格玛强调基于事实的管理,通过收集、统计数据分析关键变量,并在此基础上发现、分析和解决问题,使决策更具科学性。

3. **关注流程改进** 六西格玛关注过程,主要改进流程。设计产品和服务、绩效测评、改进效率和顾客满意度等都是流程,也是六西格玛的改进对象。

4. **主动管理** 六西格玛强调在问题发生之前进行管理,即积极主动进行管理,而不是被动的处理问题。主动管理意味着确定目标并进行评审,设定工作的先后次序,注重预防而不是事后补救。

5. **无边界合作** 六西格玛管理需要加强企业内部跨层级、跨部门的团队合作,并加强企业与供应商和顾客之间的密切协作,实现目标的统一。

6. **追求完美，容忍失误** 企业要不断改进问题，追求卓越，主观上要向着近乎完美的方向而努力。但同时也要清楚地意识到变革和改进不可避免地会伴随着风险和失误，因此企业要以积极的心态面对这一切。

二、六西格玛管理的组织

(一)六西格玛管理的领导作用

1. **六西格玛管理与企业文化变革** 企业文化是指企业在自己特殊的环境条件和历史传统下形成的自己独特的哲学信仰、意识形态、价值取向和行为方式，每个企业都有自己特定的企业文化。企业文化具有独特性、相对稳定性、融合继承性和发展性的特点，影响着企业员工的行为习惯和工作态度。

六西格玛的目的是持续改进企业的运营绩效，如果六西格玛的文化与企业固有文化相吻合，实施会相对顺利；相反，如果与企业文化背景相矛盾，则需要很长时间来使之磨合一致。但事实上，六西格玛是企业文化变革的巨大推动力，它强调高效迅速的工作方式，目标就是要让企业持续发展。六西格玛为企业带来的不仅仅是工作过程的改善，更重要的是改变了各个层面员工的工作方式，即怎样确定工作目标、怎样测量工作绩效、如何处理内部关系、如何处理与顾客和供应商的关系等。这些变革将涉及企业上下所有部门的所有人员，势必带来文化上的变革。

2. **领导的作用** 从六西格玛的产生和发展过程可以看出，领导层的支持与参与对项目的成败起着决定性作用。只要高层管理人员能够亲自积极参与决策，企业在贯彻实施六西格玛的过程中必将取得更好的成绩。最高管理层的作用主要体现在以下 4 个方面：

(1)确立实施目标。明确实施六西格玛项目的目的对管理人员制订实施该战略决策的企业至关重要。实施目标包括渐进式目标与变革式目标。渐进式目标是基于持续改进的思想，逐步实现目标，如提高员工文化水平与劳动技能。变革式目标是从根本上短期内改变企业的某些工作方式，如人员与组织部门的重构等。

(2)安排基础工作。最高管理层要确定企业的进步方案与方向，并要使各级人员在观念和认识上保持一致，不偏离公司的核心经营理念。为了激励员工积极实施六西格玛，管理层要制订合理的激励制度，激励员工积极主动进行改进。管理层要为项目实施提供资源支持，保证项目顺利完成。进行六西格玛人员的任免，并任命优秀的六西格玛领导，组建实施团队。确立衡量收益的标准，严格控制和管理好成本。

(3)全面制订和实施战略。如果没有切实的落实，再好的计划也是虚设的。高层管理人员应当负责制订六西格玛的全面战略规划，并亲自监督战略的实施情况。部署的每一项工作是否到位、负责人是否明确、绩效衡量标准是否公平公正、实施的资源支持是否到位等问题决定了全面实施的效果。

(4)风险管理。高层管理者有责任处理和规避每一个阶段可能存在的风险。风险总是变化的，要通过有效预测将风险损失降到最小。

（二）六西格玛管理的角色

1. **高级管理者**（Senior Executive）　高级管理者为六西格玛活动的成功实施提供推动力和必须的指导，并提供相应的资源支持。高级管理者通常是企业的最高层领导者或领导团队，他们首先自己要学习并接受六西格玛管理的理念与方法，将六西格玛项目与企业目标联系起来，并亲自参加项目小组。高级管理者还必须要具有长期发展的眼光，全局把握，坚持信念，始终如一地倡导和支持六西格玛管理，并正确的主持对六西格玛项目重要环节的审查和评价。只有在高级管理者的积极参与并扮演领导者角色的情况下，六西格玛管理才有可能取得较大的成功，否则得不到足够支持的下属很快就会半途而废。

2. **管理团队成员**（Executive Committee）　管理团队成员是指来自组织中的高层领导者。他们在六西格玛管理中应该承担与高级管理者相同等级的角色，负责在整个组织中实施六西格玛管理。主要工作是管理和区分六西格玛项目的优先次序，给六西格玛项目分派倡导者、黑带和绿带，在其职责范围内与高级管理者一起主持六西格玛项目的审查和评价，改进六西格玛过程，清除障碍，为六西格玛管理提供必需的资源。

3. **倡导者**（Champion）　倡导者应该是管理团队成员或者至少是一个可以信任的向管理团队成员直接汇报工作的人员，他应该有足够的影响力去清除障碍或提供必要资源，而不用向上级组织申请。倡导者与管理团队成员密切合作，任命六西格玛项目的黑带和黑带大师来监督这些项目的实施。倡导者要帮助小组成员统筹安排他们的资源，并进行预算控制和进度控制，参与对六西格玛项目重要环节的审查和评价。

4. **黑带大师**（Master Black Belt）　黑带大师作为六西格玛过程的管理者起领导作用，具有丰富的成功领导六西格玛项目的经验，是行政领导或商业管理者的顾问，通过协调由黑带或者绿带领导的项目提升自身技能。黑带大师要与高级管理者共同讨论六西格玛管理，识别项目，持续改进和创新组织，将六西格玛应用于产品生产和交易过程，并指导教授黑带和绿带相关理论、工具和方法。黑带大师通常身兼多个六西格玛项目的实施。一个黑带大师一次可指导 10 个黑带。

5. **黑带**（Black Belt）　黑带是一个全职的变革执行者和改进领导者，必须是一个高素质的专业人员，由黑带大师指导。成为一个六西格玛黑带不需要特殊的专业背景，但黑带会成为组织改革的推动者。他们可以使管理层更新观念，能够寻找新的思路，挑战保守思维，寻找新的工具和方法，建立创新的战略，并推动组织前进。黑带不仅要领会管理层的意图（如资金、周期和组织推动力等），还要理解员工的工作方法（如质量工具、数理统计方法和问题解决方案等）。

黑带必须具备良好的管理和领导技能，领导六西格玛项目组，组织会议和后勤，帮助成员进行试验设计和分析，为项目组成员提供相关培训，为倡导者和管理团队成员对六西格玛项目的审查和评价做准备，并指导绿带限制项目范围。一个黑带一次可指导 4～8 个绿带。

6. **绿带**（Green Belt）　绿带只利用部分工作时间完成六西格玛项目，通常是兼职的。在复杂的六西格玛项目中，绿带与黑带紧密合作，以保证项目在各个不同阶段的项目组功能和进度。绿带的主要职责是确定并与倡导者一起审查项目目标，选择项目组成员，推动项目组各个阶段的工作，组织会议和后勤协调，对项目各个阶段数据进行分析，在各个阶段为项目组成员进行六西格玛工具和方法的培训。

7. **过程所有者**(Process Owner)　过程所有者是过程的管理者，他对某个过程负责，可以通过其签字授权改变过程。过程所有者应该被确定和加入属于自己管理范围内的六西格玛项目，并应当为该过程取得最好的结果而努力。

(三)六西格玛管理的团队建设

六西格玛团队形成的关键是团队领导和成员的选择以及团队成员达成共识。在团队组建初期，找出合适的突破性项目，并针对项目组组建团队。高级管理者、黑带大师和黑带都是推进六西格玛管理的领导人，必须要具备较强的综合管理能力，才能建设高效的六西格玛团队。

组建六西格玛团队时，要审慎选人，团队成员必须要对该项目抱有极大的热情，并且具备专门知识。组建团队成员必须要确定一些必备要素，如表7-8所示。

表7-8　六西格玛团队组成要素

组成要素	要　　求
使命	六西格玛团队成立和存在的目的和意义
基础	团队的使命如何与企业目标相一致
目标	对流程现状及绩效的挑战
角色	团队成员(黑带、绿带)
职责	根据项目分配每位成员的职责和任务
主要里程碑	项目活动时间表、项目报告日期

六西格玛团队通常由项目负责人或项目组长、项目核心人员、项目扩展人员、业务负责人、项目指导人等人员构成。项目负责人负责整个六西格玛项目的计划和实施，控制目标、调配资源、跟踪监督、评估和沟通。项目核心人员主要负责支持并完成负责人的指令、提出建议，并保持良好的沟通，为其他成员提供帮助。项目扩展人员是指根据六西格玛项目的需要，部分参加项目工作的人员，如财务核算人员、供应商代表、某些技术专家等。业务负责人一般由管理者担任，他们的职责主要是指派项目负责人、对团队组成审批、对项目计划审批、监督资源使用情况。项目指导人是为团队成员提供六西格玛方法、工具使用指导的人，直接对项目负责人负责，通常也为团队成员提供相应的培训。

六西格玛团队建设要与企业的运营目标相一致，团队成员可以来自企业内部，也可以从企业外部获得。要重视团队文化的建设，保持团队的创新性，为六西格玛变革提供源源不断的精神动力。公平公证的绩效考评制度与有效的激励制度同样是团队建设必不可少的条件，但同时要注意对六西格玛团队成员的激励薪酬不宜比其他员工距离过大，否则容易引起其他员工的不满，不利于开展工作。

三、六西格玛管理推行与改进

(一)六西格玛管理常用术语

1. **单位**(Unit) 指六西格玛项目研究的对象,或过程加工的对象,如交付给顾客的一个产品及一次服务。

2. **缺陷**(Defect) 指产品或服务没有满足顾客的需求或规格标准。

3. **缺陷对象**(Defective) 包含缺陷的单元,如一件有缺陷的产品或服务。

4. **缺陷机会**(Defect Opportunity) 单位产品上可能出现缺陷的位置或机会,一般在确定缺陷机会数时,要先列出可能的缺陷类型的清单,然后判断哪一种缺陷是顾客特别关心的真实发生的缺陷,最后用其他标准来复核产生缺陷机会的数目。

5. **单位缺陷率**(Defects Per Unit,DPU) DPU是一个通用的度量单位,反映了各种类型的缺陷在抽取的全体样本中所占的平均比率,计算方法如式(7-12)所示。

$$DPU = \frac{缺陷数}{单位数} \tag{7-12}$$

6. **机会缺陷率**(Defects Per Opportunity,DPO) DPO是指每次机会中出现缺陷的概率,表示每个样本量中的缺陷数占全部机会数的比重,DPO的计算方法如式(7-13)所示。

$$DPO = \frac{缺陷数}{单位数 \times 机会数} \tag{7-13}$$

7. **百万次机会缺陷数**(Defects Per Million Opportunity,DPMO) DPMO是用于六西格玛过程改进行动中的一种计算方式,表示过程中每100万次机会中出现的缺陷数。通过百万次机会缺陷数的计算,可以将数字扩大,从而给人还有很大改进空间的感觉。DMPO计算方法如式(7-14)所示。

$$DPMO = DPO \times 1000000 = \frac{缺陷数 \times 1000000}{单位数 \times 机会数} \tag{7-14}$$

(二)六西格玛改进方法——DMAIC

DMAIC是指定义(Define)、测量(Measurement)、分析(Analysis)、改进(Improvement)和控制(Control),代表六西格玛改进方法的不同阶段。

1. **定义阶段** 该阶段的目的主要是识别和建立六西格玛项目,确定项目核心。主要工作内容包括:描述项目实施的标准和目的,确定人员与岗位安排,建设六西格玛实施团队,制订工作计划与预算标准,风险管理与影响因素分析,准备文件和过程程序。

2. **测量阶段** 该阶段主要通过测量基准绩效并对过程做好记录来揭示过程的特征。测量阶段有两个主要目的:一是收集数据,确认问题和机会并进行量化;二是数据处理,为查找原因提供线索。

3. **分析阶段** 在分析阶段项目团队必须要分析以往和当前的绩效数据,以发现改进空间。六西格玛团队认真研究相关的数据资料,增强对过程和问题的理解,并且在此基础上,通过分析来寻找问题根源。有时,造成问题的基本原因一目了然,团队很快就完成了分析工作。但在多数情况下问题根源可能深埋于文件堆和旧的程序中。DMAIC解决问题的方式则综合考虑各种类型的因素，不会让偏见或经验左右团队判断。

4. **改进阶段** 改进阶段项目团队必须要努力去确定因果关系，以便使过程绩效能够得到预测、改进和优化。它是DMAIC过程显示效果的关键步骤，该步骤要获得解决的方案。在改进阶段，关键是对潜在问题的原因进行分析，并且使解决方案的提议易为具体操作者所接受，而且一旦发现新建议，就必须进行测试和实施。改进阶段要提出科学的、切实可行的问题解决方案后，方可进入控制阶段。

5. **控制阶段** 控制阶段项目团队必须设计和记载必要的控制，以确保一旦实施变革，就能够保证从六西格玛改进活动中获益。控制的含义包含了对实际情况的测量，并将其与期望实现的目标进行比较，然后根据两者之间的差异采取措施。控制阶段是六西格玛项目团队保持改进成果的重要步骤。控制阶段的主要目的是巩固成果，避免“突然”回到旧的习惯和程序上来。为防止问题再一次发生，就要对人们的工作方式形成长期的影响并持续下去，要想保持改进过程中取得的成果，不仅要对结果进行测量、监视和验证，还得不断对六西格玛观念进行宣传和“推销”。

(三)企业推行六西格玛的步骤

1. **确定是否需要推行六西格玛管理** 对企业现阶段是否需要推行六西格玛管理及推行六西格玛管理的可行性进行调研和论证。如果现阶段不适合或可行性不具备，则停止，否则进入第二步。

2. **获得最高领导人的推动与支持** 企业最高领导人出面进行倡导和推行，并表示高度关注，以使大家认识到推行六西格玛管理的重要性。最高领导人的参与与支持还能为员工带来极大的推动力，为成功实施六西格玛保驾护航。

3. **成立专门委员会，选择技术骨干** 这个过程要组建六西格玛项目团队，首先要任命过程负责人，确定黑带大师。黑带大师可以从黑带中甄选，通常每30个黑带产生一个黑带大师。黑带大师与负责人一起遴选黑带，并要作为教练培训黑带，且黑带必须是专职的。根据企业的具体情况来确定是否需要绿带，如果需要可以从企业的部门选择合适的人员来兼职完成。通常要求一个黑带完成至少四个改进项目，且其中至少有一个改进项目改进幅度较大；一个绿带只要完成一个改进项目，改进项目一般以3～6个月完成。一个黑带可以带领100位员工，一个绿带可以带领20位员工。

4. **全面培训** 培训是六西格玛管理的一个重要内容，不仅包括六西格玛技术培训还包括管理培训。企业可以派人到外部参加培训班，也可以在企业内部将团队成员集中起来进行培训。培训后即可上岗完成改进项目，当黑带或绿带出色完成所要求的改进项目，则可获得进一步晋升的机会，反之则有可能被降级。在六西格玛管理中通常由黑带大师培训黑带和绿带，或者由资深黑带培训绿带和业务执行人员。

5. **过程绩效评估** 评估时，要选择本企业最重要的产品或服务的过程和统计量，且是便于度量的，评估对象包括设计过程、制造过程、运输过程、售后服务等重要环节，把度量结果综合到六西格玛度量体系中，成为一个统一的数值，以便于进行比较。通常取百万次机会缺陷数DPMO作为度量单位，可以明显的测量到变化。

6. **确定改进目标并实施改进**　根据DPMO的评估结果,提出DPMO的六西格玛长远目标并把其分解到按年度的年改进率,确定目标。其后,必须得到高层领导的支持并亲自监督,所有的六西格玛管理的成果必须向整个单位通报。

7. **持续改进**　改进必须要持之以恒,不能满足于现状,这样企业方能发展为常青树。目前,我国许多纺织服装企业忽略了可持续发展的目标,追求短期利益,以至于企业过快遇到发展瓶颈。如有的企业为了占有市场,不考虑安全性提供低质低价的产品或采取不正当竞争手段获得客户,但这种行为只会透支企业的未来,为自身的良性发展埋下隐患。只有通过持续改进,提升自身的运营能力,方能获得长远发展。

案例

六西格玛管理在纺织服装企业中的应用

一、公司概况

Textured Jersey(简称TJ)是一家为服装企业生产螺旋横向纤维织物的公司,在英国和斯里兰卡开展业务,年销售收入1800万英镑。它每年为经营男女休闲装、正装及内衣的高端市场服装企业提供超过600万米的产品。TJ的主要客户Marks and Spencer是一家著名的服装零售企业,对产品质量有极其严格的要求。TJ的主要供应商是杜邦公司。TJ的经营目标是将公司建成为向服装制造及零售业提供横向纤维织物产品的国际化供应商,经营规模属于中小型。公司的理念归纳为:以顾客为中心,在生产流程中实现差异最小化,坚持既定目标,根据实际情况管理企业,在所有工作中保持高水准,重视员工。

TJ在生产中实现"流程卓越化",使TJ在过去十年的市场竞争中立于不败之地。公司的客户普遍认为TJ的产品质量稳定且价格合理。然而,TJ也开始面临新的困难:新的竞争对手以更低的市场价格对TJ形成冲击,而追求流程卓越化所带来的成本的攀升需要企业自己消化掉。

因此,TJ认为自己必须要在具体的问题解决和总体科学管理上下大工夫,以避免为了响应市场需求降低成本而丧失竞争力。TJ认为实施六西格玛管理是势在必行的策略,并准备以此为依托来提升经营业绩,希望六西格玛可以成为应对日益恶化的纺织品市场的良方。实施六西格玛的外部成本相当于TJ当年预期利润的1/3,这一点充分显示了TJ对实施六西格玛的执着与信心。

二、成功实施六西格玛的重点

在实施六西格玛过程中,与其他企业类似,TJ也遇到了一些问题,为此,需在以下这些方面进一步得到加强。

(一)赢得高层管理人员的支持

在六西格玛实施之前,TJ安排了一个为期一天的高级经理管理教育研讨会以支持公司在行为方式上的变革。但这个研讨会在高层管理者接受新思维以及如何正确承担推进改进实施的领导者角色上没有做深入的探讨。

高层管理者的最有效的支持主要是体现在领导参与组建一个高效的项目实施团队，且能够成功地完成任务。

（二）选择适当的合作伙伴提供培训以及选择适当的人员对其进行培训

TJ 选择了外部的合作伙伴提供六西格玛的培训并帮助制订实施计划。为了缩减成本，所有的培训在工作现场进行。公司还鼓励供应商也来参加培训以便进一步降低成本，但效果并不理想。选择适当的合作伙伴对员工进行培训对成功实施六西格玛项目是很有帮助的，因为好的合作伙伴经验更丰富从而可以减小出错的机会。选择合作伙伴时，关键是要找那些了解本公司文化并能提供实际帮助的人，而不是仅依靠统计数据进行学术研究的人，因为后者往往实施 DMAIC 时容易脱离公司实际状况，生搬硬套。

在选择黑带时，TJ 通过考察员工的工作经验和个人能力来选择人才，这种方法在一定程度上是成功的，但是如果能有一个正式的申请程序来吸引那些有潜力成为黑带的毛遂自荐者，六西格玛在员工中的声望将会获得提升。如果员工可以申请参加六西格玛的培训，则能加快公司文化变革的速度。

TJ 的目标是按照六西格玛的方式，培训尽可能多的公司员工成为黑带、绿带等不同层次人员以使公司实现组织文化的持续变革。经过公司三轮不同层次的员工培训，受训者已涵盖了 20% 的管理人员。第一轮、第二轮的黑带培训由外部合作者主持，第三轮绿带培训则由第一轮黑带的内部受训者主持，这样可以在扩大培训面时节约成本。

（三）发展适当的人员结构来管理和实施六西格玛

对于 TJ 这样的小公司来说，动用人力、物力对整个实施流程进行全天候的管理是不切实际的。在这种情况下，外部合作者不再直接处理日常的各类问题，他们主要担任指导倡导者的工作。倡导者要负责商业决策的制订和六西格玛的实施，因此对倡导者的挑选和任命可以反映出公司对开展新方法的执着程度。

与 TJ 的运营结构相对应的六西格玛项目人员安排如图 7－8 所示。

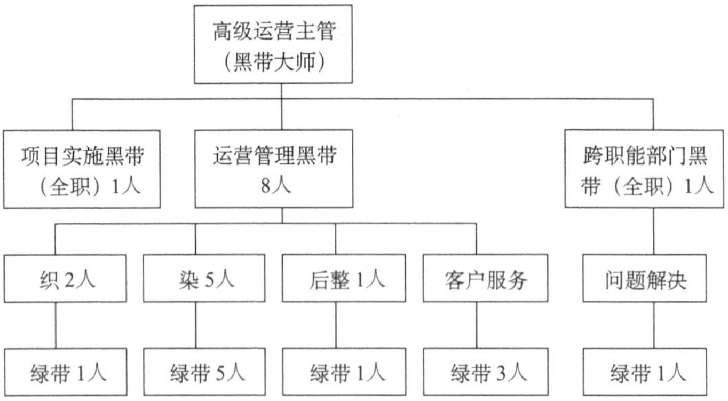

图 7－8　TJ 六西格玛项目人员结构图

在 TJ 公司，设立全职黑带是非常成功的，为企业节约了大量成本。不同的黑带大师、黑带、绿带所扮演的角色也是有所不同的。

（四）在可行的时间框架下选择可行的项目

由于像TJ这样的纺织企业规模较小，资源有限，项目选择对企业保持实施动力和确保获得最大收益至关重要。高层管理人员必须参与项目选择的流程，以确保六西格玛项目与公司的战略保持一致。财务部可参与进行成本的排列分析，这样可以帮助发现节约成本的机会，并在有限的资源配置下发掘可优先发展的低成本项目。

TJ最初选定的一些六西格玛项目由于过于庞大，以至于实施后无法达到当初预期的效果。公司认为实施六西格玛项目至少需要6～12个月，这一观点使得许多在同一时期内可以完成的很多其他小项目被忽视而没有进行，实际上多个小项目的总成果有可能比单个大项目的成果更加显著。

后期附加实施的项目比最初开展的几个项目节约了更多的成本，因为经理们已经对实施流程逐渐熟悉起来，并且对何时使用某种工具更有信心。

（五）保持六西格玛实施的动力

TJ的所有经理都被要求至少参加绿带培训，并且将他们未来的升迁机会和待遇与实施效果结合在一起，经理们实施六西格玛的热情被调动起来了。

三、实施效果

TJ所实施的六西格玛项目主要从运营角度关注单个项目来应对目前市场存在的问题。实施了六西格玛管理后的TJ公司与以前一样，面临着诸多问题，但不同的是问题很快就会被更强大的管理团队迅速地、永久地解决了。

六西格玛的实施使公司节省了近1亿英镑的成本，近十倍于其最初的投资。其改进成果主要是节约主要原材料20%，各类文件批复时间从1小时转为即时批复，使瓶颈工序的生产能力提升30%之多，生产循环周期缩减了15%，节约用水25%，节约能源15%，产成品关键参数提高了50%，无附加值的生产环节的成本被消除，对难以销售的老产品进行改造，新技术应用能力的提高节约了成本。

TJ公司在实施六西格玛过程中获得了更强更大的竞争力。

思考题

1. 质量波动的含义是什么？
2. 质量分布的概念是什么？
3. 试举例说明纺织服装企业如何应用控制图实施过程质量控制。
4. 过程能力指数分析的意义是什么？
5. 过程能力指数的计算方法是什么？
6. 纺织服装企业的过程能力指数是稳定不变的吗？如果要变，如何变？为什么？
7. 六西格玛指的是什么？他的原理是什么？
8. TJ公司实施六西格玛管理的效果如何？像TJ这样的小型纺织原料供应商是否适合实施六西格玛？

第八章 纺织服装企业生产质量管理流程

本章知识点

1. 企业流程管理。
2. 企业流程分析与流程细化。
3. 企业流程图的类型。
4. 流程图绘制。
5. 企业质量管理体系的流程构建。

第一节 企业流程管理

一、流程再造

(一)流程再造的概念

流程再造就是通过对企业内部和外部各级各类流程进行逐步地、系统地梳理、诊断,不断优化,在达到一定临界条件时,完成从量变到质变的过程。

流程再造并不仅仅只是针对企业而言,流程再造的目的是要整合与企业相关和可能相关的一切资源,构建流程通畅的价值链,建设资源高效共享的产业结构,尽一切可能最及时、最全面、最准确地满足客户的需求和潜在期望,为利益相关人创造最大利益。只有以产业的形势形成集群竞争力,抗风险能力才能得到有效增强。如果只是以单一的企业,与一个实力强大的价值链,甚至成熟产业相抗衡,取胜的几率将大大降低。这就好比海战,即使单舰船坚炮利,也难以与舰队展开决战。

流程再造的核心就是对生意模式的再造。企业能够继续发展,很关键的一条标准,就是看它还能否创利,或者说还能否将创利水平维持在成长所需的发展规模内。如果企业赖以生存的生意模式已经不能给企业带来所需的赢利水平,不能维持企业发展,这样的生意模式就必须变革,必须使之贴近客户需求,跟进市场变化。而这种变革是离不开流程再造的。因为,如果不变革企业运营的具体模式,不对流程进行调适,生意模式不可能实现根本性的变革。就是那些声称已完成的生意模式变革的企业,如果支撑生意模式的运营模式没有相应完成变革,这种变革也是可疑的,很可能是换汤不换药。

企业的管理应该是流程驱动的管理。一贯实施流程管理,而且管理得比较得当的企业,确实可以在日常的管理过程中,适时对流程进行修正、调适。这种企业的流程往往适应性比较强,流程的设置和运行也要科学得多,但这并不意味着它们不需要对流程进行再造。如果客户的需求和市场发生了巨大的变化,企业的生意模式要实现根本性的变革,流程就必须再造。例如，戴尔公司推行的直销模式，如果在IBM公司的传统流程上套用，恐怕就难以产生预期效果，但是IBM公司的传统流程对于自身奉行的生意模式却是有效的。另外，流程再造的目的也是要通过对企业和产业流程的梳理、精简，来实施流程化管理。也只有在流程经过优化的企业里，实现流程导向，推行流程管理才可能成为现实。

（二）企业流程再造

企业流程再造（Business Process Re-engineering，BPR），是指由组织过程重新出发，从根本思考每一个活动的价值贡献，然后运用现代的资讯科技，将人力及工作过程彻底改变，重新架构组织内部关系。在管理学上，企业流程再造是将在20世纪80年代出现的各种再造思路和方法与资讯技术结合起来。Michael Hammer和James Champy于1993年出版的经典著作*Reengineering the Corporation*中强调，企业流程再造应包括四方面要素：根本（Fundamental）、彻底（Radical）、显著（Dramatic）和流程（Process）。

企业流程再造的原则为：整合工作流程、由员工下决定、同步进行工作、流程的多样化、打破部门界限、减少监督审核、减少扩充协调、提供单点接触、集权分权并存。

企业流程再造专注于流程和结果，不注重组织功能。在方法上以结果为导向、以小组为基础、注重顾客，要求严格衡量绩效，详细分析绩效评估的变化。

（三）流程再造成功的关键

1. 遵循循序渐进的原则

（1）建立一个良好的信息工作平台。利用IT手段建立信息共享平台，实现信息从以往的纵向传播转向纵横向的结合传播，以信息为动力实现企业资源的整合。

（2）要实现企业管理思想的转变。必须树立具有个性的管理思想，打破以条块分割的职能管理思想，实现整体流程的再造和管理。

（3）具备系统的观点，把握整体流程的最优化。企业在流程再造的过程中，必须追求企业整体流程最优化，但并不要求每个环节都是最优的。

（4）充分发挥个人在群体中的主观能动性。企业应充分调动员工的积极性，支持企业的变革。

2. 吸纳全体组织成员的参与　企业往往会聘请外部的咨询人员，利用其丰富的专业知识和客观公正的立场来设计和推动方案实施。但是最好的办法是吸纳全体组织成员参与变革，以获得大多数人的支持，减少抵制，使员工自觉地改变工作方式、行为规范和价值观。

3.“严刑峻法”　在组织比较保守的情况下，流程的变革往往是因为外界环境发生了巨大变化，迫使组织不得不采取相应的措施来进行改进，此时的变革方式往往是被动应变式、强制式、自上而下。因此，必须打破传统的感情因素，由人治转变为法治，这也是流程再造能否成功的最关键性因素。

二、企业流程管理的概念和意义

（一）企业流程管理的概念

企业流程管理主要是对企业内部改革，改变企业职能管理机构重叠、中间层次多、流程不闭环等,使每个流程可从头至尾由一个职能机构管理,做到机构不重叠、业务不重复,达到缩短流程周期、节约运作资本的作用。

(二)企业流程管理的意义

建立企业内部质量管理体系是现代质量管理发展的需求。一方面,随着社会化大生产和国际技术交流与合作的深入,各个合作组织之间质量水平的差异越来越成为合作的障碍。于是,各企业对其供应商提出"质量的无缝连接"的要求,希望寻求在质量水平上相当的更适合的合作伙伴。对流程的规范管理是实现"质量无缝连接"的有效方法。另一方面为了最终保证顾客对产品与服务的满意,也越来越需要对产品与服务形成的全过程进行严格的管理与控制,接近零不合格过程的提出更加促进了超严格流程管理的发展。因此,企业内部质量管理体系的建立必将引起人们越来越多的重视。

企业内部质量管理体系实现了企业运作的全面管理,实现了对流程的规范管理。通过对流程的逐层细化分解,可以把对企业运作的控制落实到每一个工作岗位,而不仅是某一个笼统的部门。经过流程的分解和细化,使得企业成员对流程有了更清晰的了解和把握,有助于流程控制和改进工作在各级员工中推行。经过流程的分解和细化,使流程趋于简单,流程的控制和评价指标、模型、方法等也会随之简化。这样,一方面,有利于流程控制的展开,有利于统计控制方法在质量管理中的应用;另一方面,也大大降低了员工学习和使用流程控制方法的难度,提高了全员参与流程控制和改进的积极性。

在企业内部质量管理体系建立时,第一,要充分识别企业流程。流程的识别可以以企业内部质量管理框架为基础,同时需要通过企业上下全体成员的共同努力来完成。第二,根据操作规程和实际工作经验对流程的操作进行总结和规范。第三,在企业内部质量管理体系中补充有关流程控制的程序和内容。第四,在所有流程规范化的基础上,识别流程控制关键点。第五,识别流程控制和改进需求。第六,为流程制订可供参考的各种质量控制和改进方法,对流程实施控制。第七,建立内部质量管理体系文件。其中第二点至第四点内容会在有关流程文件中具体体现。通过内部质量管理体系的建立和运行,能实现对企业流程的全面控制,流程操作规范化,指导流程控制和改进,流程控制和改进方法具体化。

第二节 企业流程分析

企业内部质量管理体系的建立目的是规范流程操作、指导流程控制和改进、促进流程量化管理在企业中的应用。所有这些都建立在对流程的仔细分析和深入了解的基础之上。企业内部质量管理体系归根到底是对企业运作所有流程的优化,这种优化不一定是流程管理中所谓的业务流程重组(BPR),而是以现有流程为基础,对现有流程的完善。因此,建立以流程为基础的企业内部质量管理体系的前提是对企业现有流程的准确识别、充分认识和全面把握。对现有流程的分析需要企业全体成员的共同参与,由从事各级流程操作和控制的人员具体完成。

一、流程分析

流程分析可以以企业内部质量管理框架为基础进行，在这个框架的基础上，根据企业实际情况添加相关的辅助流程。

（一）流程结构分析

根据企业内部质量管理框架，将企业流程分为核心业务流程、辅助业务流程、其他辅助流程和流程管理流程。

核心业务流程包括：设计开发流程、采购流程、生产运作流程、销售流程和产品管理流程。辅助业务流程包括：人力资源管理流程、基础设施管理流程、设备管理流程、资源管理流程、财务管理流程、合同管理流程、顾客管理流程、供应商管理流程。其他辅助流程包括：策划流程、评估审核流程、文件控制流程、行政管理流程、内部沟通流程和管理体系运行流程。流程管理流程包括：流程控制流程、流程改进流程、策划执行流程和量化控制流程。

（二）流程的层次展开（流程细化）

通过对流程结构的分析，可以对企业流程有一个总体把握，然而，对于质量控制和质量改进而言，仅仅停留在流程大体结构的层面上还无法深入分析流程。还需对企业流程以层次展开。所谓流程的层次展开，是将上述各个流程作为一级流程，这些一级流程是由若干个流程步组成的，将每一个流程步看作一个二级流程。同样可以将二级流程的各个流程步分解为若干个三级流程，依此类推，一直细分到最末级流程的每个流程步已经不能再分解为止。在进行流程分解的时候，可采用流程→职能→流程→职能→流程……的分解模式。这一流程分解程序可以分为以下三个步骤：

（1）明确第 n 级流程的职能。

（2）描述出完成这个职能所需的所有流程步。

（3）明确每个流程步的职能。

重复上述步骤。经过流程分解，将企业运作活动全部归结为一个个最小单元——末级流程。企业的质量控制和质量改进的实质就是对这些最小单元的控制和改进。这些最小单元内容相对于高级流程较为简单，控制和改进指标简单且易于识别和设定，这就为量化控制和改进提供了可能，使数理统计技术在质量管理中得以推广。在实际操作中，各级流程的内容还应该配以流程图加以说明。流程图是企业内部质量管理体系进行质量控制和质量改进的重要环节，是识别质量控制关键点和识别质量改进项目的平台。流程图可以形象、清晰地反映出流程的工作内容、流程运作中的重点和难点，是流程分析的基础平台，可以帮助流程控制人员更快更好地找到主要控制点和改进点。同时，流程图还是不同流程之间协调与合作的接口，是跨流程部门之间交流与合作的接口。由以上分析可知，流程分析是企业质量控制和质量改进的基础，流程图是流程分析结果的载体。

以流程为基础的企业内部质量管理体系归根到底就是要把企业的各项工作内容流程的形式逐步细化，并以流程图的形式反映出来，从而形成层次化的流程结构，使企业的每一个事件、每一个工作方法、每一个操作都有与之对应的流程步，并可以在相应的流程图中找到。企业成员的每一项操作都出自流程图，企业的质量控制和质量改进被具体到对企业流程的控制和改进,企业对流程的控制和改进又进一步形象化为对流程图的控制和改进。流程图是企业进行质量管理的基础平台。

二、流程职责分配

有效实施流程控制和改进必须明确流程职责。企业要为每一个流程指定直接责任人。大到总流程,小到每个作业点的动作流程,每一个流程都有被指定的流程运作负责人。根据“谁管理,谁改进”和“谁操作,谁改进”的原则,每个流程的运作都至少会接受流程制订和流程实施两组人员的监督和改进意见。例如,财务规划流程会受到企业决策层管理者和财务部门负责人员的监督,并接受他们的改进;成本核算子流程会受到财务部门负责人员和成本会计人员的监督,并接受他们的改进等。而一些跨部门流程还将接受跨部门相关人员的监督和改进意见。经过流程的职责分配,每个员工都能够清楚地了解自己的责任流程,每个员工也都会被分配到一定的责任流程。每人对自己的责任流程负有监督职责,并根据实际工作情况总结经验,识别流程中的不足,对流程提出改进意见和建议。这些改进意见和建议将经由各个流程的最高直接责任人审阅,并针对各条改进意见和建议的重要性和可行性等因素予以采纳和立项。

三、确定质量控制和质量改进项目源

流程分析的目的是为了实现对企业运作流程的全面控制。对流程的控制和管理需要流程图的帮助。在构造了完善、清晰的企业流程以后,就可以进行质量控制和质量改进项目源的挖掘工作了。确定流程中存在或潜在的控制点和改进点的时候,一般要从“人、机、料、法、环、测”,即 SMEI 这六个方面分析。柱图、直方图、散点图等图形可以很直观地反映出被控对象的一些定性或定量特征,往往是质量改进项目源确认的有效工具。在仔细分析其运作活动流程的企业中,这些流程或流程图对于项目源确认和分析的有效性立刻显露出来。一般项目源确认渠道会有两种,即自上而下的确认分析和自下而上的确认分析。

(一)自上而下的确认分析

自上而下的确认和分析方法一般适合于与企业战略有关联的重大项目的改进,也可以说是对 6J 项目的改进。这样的问题可能来自于不断地顾客抱怨,或者困扰企业已久的难题。在遇到这种情况时,如果企业没有一套经过仔细分析的流程和流程图,这个问题将永远只停留在问题发现的层面,无法挖掘出问题的本质。因为遇到问题的人可能对这个问题并没有很深的认识,那么把它交给谁去处理就成为问题。如果接收问题的人并不是最适合的,问题的解决就会发生偏差,甚至不能解决。然而一个流程分析清楚、完善的企业在同样遇到问题时,可以从总流程开始先找到与这个问题有关的高级流程的负责人,再由这一个或几个流程负责人调用相关的下一级流程和流程图,从而依靠一套完整的流程和流程图将问题归结到其最根本的地方。

(二)自下而上的确认分析

自下而上的确认和分析方法一般适合于企业内部日常项目的改进,也就企业中经常采用的 QC 小组项目的改进。这些问题的发现一般是从低层流程开始的。这样的问题发现后一般易于分析，易于解决。但是在遇到这样的问题时，如果企业没有一套经过仔细分析的流程和流程图，问题仍将停留在低端解决层面，而无法回溯到与该问题有关的高端层面。因为每个人只是对与自己有关的流程有较好的了解，如果没有流程描述和流程图的帮助，要想清楚地找出上级流程，以及上级流程中出现的与此有关的问题是非常困难的。相反，一个流程分析清楚、完善的企业在同样遇到问题时，不仅会在低端层面解决问题，而且会考虑与问题相关的高级流程中可能出现的问题的改进。这样的企业可以依靠一套完整的流程和流程图，将在低级流程中解决了的问题的结果返回到与之相关的高级流程，对相关的高级流程做进一步改进。与此同时，明确的流程职责分配体系也可以为问题在各级流程中的有效解决提供可靠保障。

可见，企业运作的流程化，其直观性为问题的深入分析和回溯提供了清晰的线索和思路。以流程为基础的企业内部质量管理体系的建立和运行需要企业全体成员的充分参与，因此在实际操作中，企业可以先选择一个或几个关键流程，或者选择那些流程分析较为简单的流程作为试点，并将这些流程的运作情况及时向企业成员展示。

这样，一方面可以降低内部质量管理体系建立和运行的难度和阻力；另一方面，当企业成员亲身感受到这个内部质量管理体系带来的优点以后，很容易就可以使他们接受这种管理方式。

第三节　企业流程的识别与流程图

一、企业流程的识别与命名

（一）企业流程的识别

企业的流程是企业的工作方式。现行的企业表面上是以部门的分工为基础而进行运作，实际上，部门的分工只是在特定的历史条件下，为了管理的方便而实行的。企业中的绝大多数工作都是通过部门之间的合作而完成的。不同部门之间的合作而共同完成的工作就是一种流程。但通过对这些不同流程的研究，可以看得出，企业中若某项工作要由不同的人来做，无论这不同的人是隶属于同一部门还是归属于不同的部门，甚至于涉及企业外的有关单位，如果必须由他们的共同努力才能完成该项工作，那么，这些人的工作只能算一种活动，这些不同活动的定向流动，就是一个特定的流程。由此准则，可以很方便地识别出企业中的各类流程。

现行企业的员工都是工作在各个不同的职能部门中，各个部门都有自己的名称，如研究开发部、人事部、战略策划部、生产部、销售部、财务部等。一看这些名称，就能知道各部门员工的大体工作。

由此可见，名称对一个事物的界定来说是很重要的。要再造流程，就得改变思维习惯，树立企业运作的流程观，对识别出来的企业各种流程要给予不同名称，以便人们一看到这个名称，就能了解到它的来龙去脉以及整个流程的内容。

(二)企业流程的命名

流程就是工作。流程是由活动组成的。基本活动是由单个人或单个团体来完成的,它不需要进行其他基本活动的转化,如财务工作意味着从事与账目、资金有关的活动,这里的财务工作就是名词,它是一个静态概念。从这一概念中并不能看出它从何而来,又向何方去。相反,流程是由多个活动的集合,活动之间有着特定的流向,它包含着明确的起始活动与终止活动。这里流程看做是工作,就是当作动词来使用,是一个动态概念。因此,对流程命名时,就要突出这种动态特性,给它一个能表示出先后状态变化的名称。如制造工作,它是一个包含有多种活动的综合概念,若是作为部门的名字,它是名词,一听就知道这里是与某一产品的生产有关,至于该部门各活动之间有什么样的关系,这个名字中并没有体现出。若以此作为流程的名字就不合适。因此,要想给流程起一个好的名字,不妨先分析一下:这一流程中包含着哪些活动,各活动之间是一种什么关系,至少要弄清楚,哪个是起始活动,哪个是终止活动。同样是制造工作,稍一分析就能得出:它首先要有物料,再进行生产转换,生产出的成品要运出生产地。最粗的分析也能知道,它至少包含了采购、生产转换和出货三种活动,并且以采购为始,以出货为终。因此,作为流程的名字,就可以称之为采购—出货流程,这里就突出了制造工作的动词意味。

同样,对于企业中的产品开发工作,就不妨称之为构思概念—试制样品流程。销售工作可以命名为开发潜在顾客—订货流程,订单交易工作可以命名为订货—付款流程,热线服务工作则称之为查询—解答流程等。各工作所包含的活动,就可从流程名称了解清楚了。

二、企业流程图的特性

为了更好地认识流程、分析流程以及对流程进行重新设计,必须有比较直观的图形表示,这就是流程图。通过流程图,可以清楚地看出活动之间的关系如何,流程与流程之间又存在着什么样的关系。这样,在进行再造时,就能很方便地识别再造的关键所在,以及其他流程对将被再造的流程有何影响。流程图使得大家在讨论流程时,有了共同的语言。流程图的特性为:

1. **表达完整性** 表达完整性指的是流程图要能充分地描述出企业流程的主体——流程的各组成活动及其相互关系。

2. **简洁明了性** 流程图的简洁明了性要求流程图一目了然,不拖泥带水。

3. **可计算机化** 所谓可计算机化,指的是企业的有些流程图应该能够便于计算机辅助建模,且能够让计算机模拟,这样在再造过程中,就可用计算机来优化流程,从而提高流程再设计的效率和效果。

三、企业流程图的类型

企业是以流程为基础来进行运作的,企业中存在着形形色色的、难以计数的、大大小小的流程。企业的流程图一方面反映每一流程中各活动之间的关系,另一方面用来反映各流程之间的关系。因此,企业的流程图就其整体来说可分两大类:单体流程图与综合流程图。

(一)企业的单体流程图

企业的单体流程图主要是反映单个流程中各活动的组成及活动之间的逻辑关系。企业中大量的流程图都是单体流程图。根据研究需要的不同,常用以下三种类型的流程图来表示单个流程。

1. **流程的工艺视图** 企业流程的工艺视图是按时间的先后顺序或依次安排的活动步骤,用标准化的图形形式表达的流程模型。这种图形表达之所以称为工艺视图,是因为它和制造工艺有类似之处。在ISO 9000系列中,要求企业的运营流程和管理流程就用这种方式来表达,这种模型在企业中也称为“业务流程图”、“管理流程图”或“作业流程图”。企业流程的工艺视图的形式可以是框图形式,也可以是表格形式。

一般来说,从业务流程图上可以体现:明确的活动,各个活动所涉及的部门或岗位,明确的工艺步骤和时间顺序,各活动之间的主要信息联系。

流程的工艺视图的特点是:比较形象、直观,易于理解。

2. **流程的系统视图** 企业流程的系统视图是利用系统论的思想、方法和术语来分析和表达企业的流程。企业流程是一个复杂的人造系统,是一个多元的复杂的集合。用系统的观点来看待企业,往往关注的是企业流程的活动、活动之间的结构和流程的状态变化等。因此,在这种视图中,有两种建模方法:流程结构建模法和流程状态建模法。

(1)流程结构建模。流程的结构模型反映流程中活动与活动之间的相互作用的邻接关系。结构模型是利用系统分析方法研究企业流程的基础,流程的结构模型也可以用流程结构矩阵来表示。

(2)流程状态建模。流程结构建模是从企业流程整体来考虑活动之间的邻接关系,反映了流程的静态特性。当某个活动被执行以后,流程就由一个状态转化为另一个状态。流程状态模型就反映了企业流程中这种活动的状态变化,反映了流程的动态特性。常见的流程状态建模方法有:PERT、GRAI和Pertri网等。

3. **企业流程的信息视图** 信息是企业流程处理的一个主要对象,企业流程的信息视图着重刻画了企业流程中信息流程的变化过程。信息视图的主要建模方法有:结构化方法和面向对象法。这两种方法的专业性都是很强的。

(二)企业的综合流程图

企业的综合流程图反映的是企业众多的流程中,流程与流程之间的关系。它不是以活动为基本单位,相反,它以一个个活动的集合——流程作为基本单位。它反映了构成一个个流程的群体与群体之间的关系,而不是企业的个体与个体之间的关系。

企业综合流程图具有以下几个特点:

1. **简洁明了性** 通过一张简单的企业综合流程图,就能一目了然地勾画出一个复杂的公司的运作程序:战略制订流程为企业制订发展战略,产品开发流程则创造出整体的产品设计,顾客特定设计与辅助流程满足了顾客特殊的设计要求,生产能力发展流程创建了工厂,顾客沟通流程解答了顾客的问题与要求,而订单落实流程则把顾客所需要的产品送到顾客手中。

2. **顾客特性** 在这张企业的综合流程图中会出现单体流程图和企业的组织图上都未

曾出现过的对象:顾客。在综合流程图上,顾客占据重要位置,它体现了企业的本质:企业是通过流程的运作来满足顾客的需要。因而,顾客不仅能出现在企业的流程图上,而且还处于中央位置。另外,顾客在这种企业综合流程图中,不仅是企业流程运作的最终接受者,而且是企业运作流程中的一部分。这里,不是个体组成的群体概念,而是与概念的形成、产品开发以及制造这三个关键流程互动的要素。

3. **非顾客特性** 在综合流程图上,还有一个概念——"市场",它实际上是公司全部潜在顾客的通称,这对公司目前来说还只是"非顾客"的概念。这种"非顾客"为企业战略的制订流程提供了非常重要的输入。这种"非顾客"特性更显示出了综合流程图的不同一般之处。它使企业的决策者能一览无遗地看出:公司真正的服务对象是谁,谁是它的目前服务对象,谁又是它的未来服务对象。这为企业制订正确的战略决策提供了清晰的方向。

4. **层次特性** 流程有一个重要的特性是其层次性,也就是说,组成复杂流程的一个或多个活动本身就是一个流程。结果,使得流程中往往还包含着一个或多个流程。同样,在企业综合流程图中,尤其是高阶层流程图中,各个流程可能就是由多个流程组成的复合体。其中的很多流程,如战略制订流程、生产能力发展流程等都可以派生出多个子流程。企业综合流程图正是通过这种高度综合,利用其层次特性,使各流程安排得错落有致,层次分明,从而使得综合流程图简洁明了。

企业综合流程图利用其层次特性,使得企业能够不必将企业事无巨细的流程全部展示在一张图上。在高阶层的综合流程图中,几乎每一个流程都可以分解出许多次阶层的流程,直到不能分解为止。总之,正是通过这些多阶层的企业综合流程图,清楚醒目地展示出任何一家企业究竟在做什么。

四、流程图绘制

(一)流程图绘制目的

为了规范流程图的绘制,使之可以清楚的表现过程中的各环节,同时寻求过程改进的机会。

(二)流程图绘制工具

流程图绘制工具为:Microsoft Office Visio 2003。

简单流程图模板用:流程图→基本流程图。

其他流程图模板用:流程图→跨职能流程图。

(三)名词解释

(1)流程:由各种类型节点和连线组成,抽象描述一项工作任务的组成步骤和相关内容。

(2)流程图:用标准图形模块描述流程的逻辑图及其说明文档。

(3)分支:流程图中由判定产生的多个流向,每个流向就是一条分支。

(4)节点:组成流程的各种类型的单元。

(5)绘图人:流程图的绘制人员。

(6)责任人:步骤(节点)责任人,一项任务中的多个不同步骤可以分属不同的责任人。

（四）流程绘制图例

流程图由许多图形节点和连线组成，常用图形如下表所示：

流程图常用图一览表

图　形	说　明	规　则
	进程：流程步骤，可以定义详细的步骤说明	多个入口，1个出口（连接阅示节点除外）
	判定：处理程序中必须做出决策的点	多个入口，至少2个出口
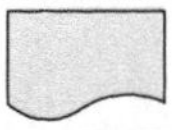	文档：阅示任务或公文	一个入口，无后续节点
	数据：流程数据输入或者输出	一个入口或者一个出口
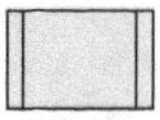	预先定义的进程：特定的进程，如子例程或模块	多个入口，1个出口（连接阅示节点除外）
	终结符：表示流程的开始点或者结束点	只有一个入口或者出口
→	连接线：箭头表示流向	两段必须连接节点

（五）流程图式样

下图展示了几种最常用的流程图式样，包括普通结点流程，判定分支流程，预先定义的进程和文档等。

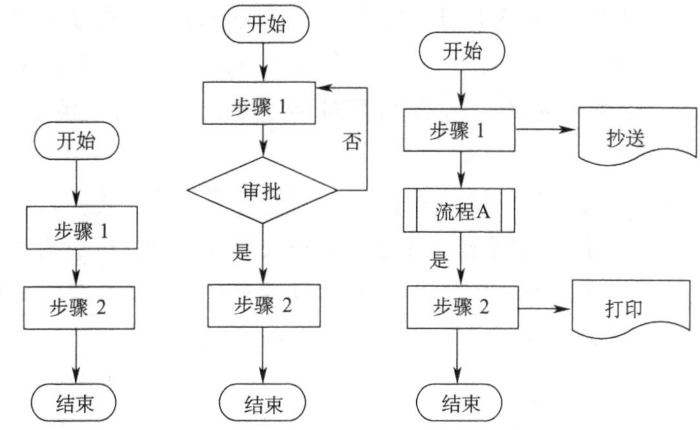

(a)普通结点流程　(b)判定分支流程　(c)预先定义的进程和文档

流程图样例

（六）其他说明

（1）在绘制前请先考虑：流程所需的步骤，关键决策点，相关负责人。

（2）流程图一般使用串行过程，尽量不要用并行过程。

（3）文字说明：文字字体为新明细体，大小为12pt，字体以中文为主。

（4）框图背景：背景以空白色为主，可以使用银灰色等淡色，不要使用很鲜艳的颜色。

(5)连接线:线条为实线,一般只用水平线和垂直线,并且为直线。

(6)链接:文字如果有链接要在文字下面加下划线。

(7)责任人:责任人或责任单位要用职能带区表示。

(8)执行阶段:执行的阶段或者时间表要用分割符表示。

(9)如果流程图中涉及子流程,那么子流程要一起作为附件。

(10)建议流程图以终结符开始和结束。

(11)署名:如果是基本流程图,在右下方要用标题块进行署名;如果是跨职能流程图,要在标题中进行标注。

案例

服务中心全面质量管理与流程改进

某服装企业的客户服务中心高级管理人员在管理当中遇到的一连串的问题,诸如客户对电话的投诉率升高,服务人员对客户服务中心的支持抱怨不断等。他想得到一记“灵丹妙药”,最后,选择了实用的管理工具TQM——全面质量管理。

其实,TQM已经不是什么新话题了,它曾使日本产品一度在全球市场上咄咄逼人。美国人为缩小这种差距,在20世纪80年代中期设立了马尔科姆·鲍特里奇国家质量奖,鼓励美国企业实行质量管理。后来,TQM的理念应用在各个行业、各种类型的公司。

TQM核心思想体现在三个步骤上:了解流程,检讨流程,改进流程。

在整个质量管理当中,最关键的部分在于第三步改进流程。在很多管理优秀的服务中心,流程定义得比较清楚,执行得也还不错,可是由于外部环境或业务的变化导致现在的流程不能很好地实现服务中心的目标。因此,TQM的着重点完全在于第三步:针对所遇问题如何改进现有流程。

为做好第三步:改进流程可以组成一个工作小组,并需要再走七步,即可完成流程改进。为此,客服中心成立一个小组,该小组主要由三部分人组成:负责人(公司的高层,副总经理,有相当的决策权,他可以不参与具体的讨论,但他是保证改进措施得以实施的重要力量),组长(有过TQM经验,负责项目组织工作)和组员(来自于各个相关领域)。然后,客服中心做了以下七步。

(1)选题。小组成立后,面临的第一个问题是选取一个合适的要解决的问题。选题工作按照三个原则:服务中心要迫切解决的问题,项目小组可控的问题(即不能大大超过项目小组可控的资源、权限)和在时间上可控的问题(不能是在遥遥无期后才能见效的问题)。

(2)收集与分析数据。选题之后,项目小组严格按照统计理论组织了客户抽样调查来寻找原因。

(3)原因分析。通过汇总的数据进行分析,会发现客户不满意的原因很多,可选取最大的五个原因,用“柏拉图”或其他方法进行分析。

(4)寻求解决办法。项目小组接下来对列举的众多原因合并、归类,用“可控性”、“实施预期效果”、“实施费用”、“是否可以由项目小组做决定”、“优先级”等几个方面对可以采取的行动进行逐项分析,最终确定关键问题。然后,指定相应的实施负责人,制订相应实施计划及其时间表,实施时长为三个月。

(5)评估实施效果。三个月之后,各项改进措施已经实施完毕,并运行了一段时间。项目组又组织了一次客户满意度调查,结果发现满意度大幅上升,达到92%,超过了服务中心最初订立的指标。

(6)流程标准化。通过对相关流程的调整,新的流程又被添加到服务中心的流程手册上,并对相关的人员做了相应的说明和培训。

(7)重复下一个问题。项目小组的工作表现得到了公司高层的高度赞扬,项目小组也总结了在整个TQM改进流程的过程中的经验和教训,确定了下一步的改进目标。

至此,一个完整的改进流程的七步完全完成,这是整个TQM中最复杂也是最重要的一步。服务中心运用这种全面质量管理的方法和概念来进行管理,或许最终将发现它是一剂真正的“灵丹妙药”。

思考题

1. 企业流程管理的概念是什么?
2. 企业流程分析的方法是什么?
3. 如何确定质量控制和质量改进项目源?
4. 企业流程的识别的含义是什么?
5. 企业流程图的特性包含哪些?
6. 企业的综合流程图是什么?
7. 描述流程图绘制的方法。
8. 试以流程图的形式对纺织服装企业质量管理体系某个程序进行流程构建。

第九章　纺织服装企业QC小组的活动组织

本章知识点

1. QC 小组概述。
2. QC 小组的组建。
3. QC 小组的活动。
4. QC 小组成果的整理与发表。
5. QC 小组活动的评价与奖励。

第一节　企业 QC 小组

一、QC 小组概述

（一）QC 小组的定义

QC 小组又称 QCC 品管圈（质量管理小组），其定义为：在生产或工作岗位上从事各种工作的员工围绕企业方针、目标和现场存在的问题，以改进质量、降低消耗、提高经济效益和人的素质为目的而组织起来，并运用质量管理的理论和方法开展活动的小组。

这个定义，可以从下面四个方面来理解：

1. **小组成员**　凡是企业的员工，不管是高层领导、中层干部、技术人员、管理人员，还是一般员工都可以自主地组织起来成立 QC 小组。

2. **活动课题**　应围绕企业的方针、目标和现场存在的问题来选择课题。

3. **活动目的**　以提高人的素质，发挥人的积极性，改进质量、降低消耗、提高经济效益为目的。

4. **活动的方法**　采用质量管理的理论和方法，强调科学性。

QC 小组不同于企业行政班组，行政班组是最基层的行政组织。而 QC 小组是自愿组织起来开展活动的小组，它可以在班组内自愿结合或组织，也可以跨班组，甚至跨车间、跨部门结合组成。

（二）QC 小组活动目的

（1）鼓舞士气，营造开朗而有干劲的工作气氛。

（2）提升解决问题的能力以及激发基层员工的潜能。

（3）提高质量水平，提高工作效率，为公司业绩做出贡献。

（三）QC 小组任务和作用

1. **QC 小组的任务**　提高质量意识，加强全面质量管理理论和方法的学习，解决实际质量问题。

2. QC ***小组的作用***　有利于提高员工的质量意识和素质;有利于开发智力资源增强创造性;有利于改变旧的管理习惯,推广科学新方法;有利于全员参加管理,加强企业文化建设;有利于改进质量,增加效益;有利于改善人际关系,增强凝聚力;有利于员工岗位成才。

(四)QC 小组的特点

1. ***广泛的群众性***　只要有明确的质量目标,掌握一定的全面质量管理方法,谁都可以提议组建专题 QC 小组,并充分发挥小组群体优势解决实际问题。

2. ***组织的灵活性***　QC 小组不是行政班组,不需要固定不变,只要完成一个目标,既可以解散,又可以开始新的目标,进行新的组合。只有这样,才能使 QC 小组具有生命力和竞争性。

3. ***明显的自主性***　QC 小组以职工自愿参加为基础,实行自我教育,自主管理,不应受行政命令的制约和班组岗位的限制。

4. ***高度的民主性***　QC 小组活动充分发扬民主,各抒己见、集思广益、各显其能,充分调动每个成员的积极性和创造性。

5. ***明确的目的性***　QC 小组活动的目的十分明确,它是以提高职工的素质、解决实际问题、创造效益为目的。如果做不到这些,QC 小组的建立是毫无意义的。

(五)QC 小组手法

QC 小组手法指新、旧 7 种工具(表 9－1)。

表 9－1　QC 小组手法的应用

工具阶段		老 7 种工具							新 7 种工具						
		排列图	因果图	调查表	直方图	控制图	散布图	分层图	亲和图	关联图	系统图	矩阵图	网络图	PDCA 法	矩阵数据分析法
P	选　题	●	○	○	○	○		○	●	○					
	确定目标	○			○	○		○							
	现状调查	●	○	●	○	○		○	●	○	○	●			○
	原因分析	●	●	○	●	●	●	○		●	●	●			
	制订对策		○								○	○	●	●	
D	对策实施	○			○	●							○	○	
C	效果检查	●		○	●	●		○							
A	巩固措施			○		○					○	●			
	遗留问题	●			○	○									

注　●表示特别有用;○表示可用。

二、QC 小组的组建

(一)QC 小组组建的原则

QC 小组组建应坚持“自愿参加,自愿结合,自愿组建”的三个“自愿”原则。但需注意的是,虽然 QC 小组强调自发性,但并不是完全的自发。公司应成立专门的部门(如 QC 小组推进委员会)对 QC 小组的活动进行统筹规划、推进和指导。

在 QC 小组活动的开始阶段,在解决重大问题或跨车间、跨部门问题时,用行政指令规定各车间、各部门组建一定数量的 QC 小组是必须的，但仍然要坚持自愿参加的原则。对于一些大规模的公司，可先设立“种子 QC 小组”，有了经验之后再推广至全公司，切忌操之过急。

QC 小组成立之前，公司应对圈长（QC 小组组长）、种子成员进行 QC 小组活动的培训，内容包括：质量意识的教育，质量管理基本知识，新、老七种工具的应用，QC 小组推进的方法，QC 小组的管理方法等。受过培训的圈长再将所学实地运用，为圈员们详细说明。以使圈员们真正了解 QC 小组活动的一切事项，而不是强制性命令说做就做。

（二）QC 小组的组建方法

1. **自上而下** 根据企业质量工作的难点和重点，有计划、有步骤地组建 QC 小组。

2. **自下而上** 由企业基层员工提出申请，经 QC 小组管理部门审核后注册。

3. **上下结合** 由上级部门推荐课题，或将课题发表，经基层部门选择和认可，然后组成 QC 小组进行活动。

（三）QC 小组的命名与注册登记

1. QC **小组的命名** 在第一次小组会上，要给自己的小组命名。小组名称可以各取所好，如以攻关为课题的“啄木鸟”QC 小组，以安全管理为课题的“红色警报”QC 小组等。

取名时要凝聚组员的共识，可以利用头脑风暴法（脑力激荡法）。

2. QC **小组的注册登记** 小组成立后，要报 QC 小组主管部门注册登记。注册登记时要填写“QC 小组注册登记表”（表 9－2）和“QC 小组课题登记表”（表 9－3）。

应注意 QC 小组的注册登记不是永久性的，通常每年要经过一次重新登记和验收。如果 QC 小组停止活动持续半年或一年没有任何成果，都将予以注销。

表 9－2 QC 小组注册登记表

<table>
<tr><td>单 位</td><td colspan="2"></td><td>小组名称</td><td colspan="2"></td></tr>
<tr><td>车间（科室）</td><td colspan="2"></td><td>成立日期</td><td colspan="2"></td></tr>
<tr><td>工 序</td><td colspan="2"></td><td>登记日期</td><td colspan="2"></td></tr>
<tr><td>班 组</td><td colspan="2"></td><td>小组类型</td><td colspan="2"></td></tr>
<tr><td colspan="3">接受 TQM 教育情况________小时</td><td>小组人数</td><td colspan="2"></td></tr>
<tr><td>组 成</td><td></td><td>副组长</td><td></td><td>顾 问</td><td></td></tr>
<tr><td>职 务</td><td></td><td>职 务</td><td></td><td>职 务</td><td></td></tr>
<tr><td colspan="6">小组成员</td></tr>
<tr><td>序 号</td><td>姓 名</td><td>性 别</td><td>职 务</td><td colspan="2">备 注</td></tr>
<tr><td></td><td></td><td></td><td></td><td colspan="2"></td></tr>
<tr><td></td><td></td><td></td><td></td><td colspan="2"></td></tr>
<tr><td></td><td></td><td></td><td></td><td colspan="2"></td></tr>
<tr><td></td><td></td><td></td><td></td><td colspan="2"></td></tr>
<tr><td></td><td></td><td></td><td></td><td colspan="2"></td></tr>
<tr><td></td><td></td><td></td><td></td><td colspan="2"></td></tr>
</table>

续表

本年度课题名称	目　标　值
主管单位意见：	

表9-3　QC小组课题登记表

部门(车间)		班　组		班　长	
小组名称		课题名称		副组长	
登 记 日 期：　　年　　月　　日 计划完成日期：　　年　　月　　日					
问题现状				目　标	
需要协调部门				协助项目和内容	
主管签字：				年　　月　　日	

（四）QC 小组的组建形式

QC 小组组建形式可分为以下六种形式：

（1）班组内组建。

（2）跨班组组建。

（3）按生产各工序操作工人组建。

（4）按专业工种组建。

（5）以工作项目组建。

（6）联合形式组建，即在企业成立中心 QC 小组，再分层组织若干中、小型 QC 小组。

（五）QC 小组的组成

QC 小组由组长和组员构成，通常由 3～10 人组成。

1. 组长的职责和任务

（1）组织领导。组长是 QC 小组的组织者和领导者，负责组织小组成员制订活动计划，带领组员有效地开展活动。

（2）指导推进。QC 小组组长对全面质量管理知识掌握较好，又具有相当的经验，因此组长的重要任务是指导组员学好全面质量管理的理论和方法，并有效地运用于实践。

（3）联络协调。QC 小组活动经常涉及班组工作现场问题，有时又和其他部门有紧密的关系，为取得有关方面的支持和帮助，QC 小组组长要经常及时和有关部门取得联系，并进行必要的协调。

（4）日常管理。QC 小组组长要按企业制订的 QC 小组管理制度，经常组织全员开展质量活动，并做好活动记录，组织交流和整理成果及发表奖励等工作。

2. QC 小组成员的任务

（1）按时参加活动。QC 小组为自愿参加，一旦成为小组成员，就应坚持参加小组活动，积极发挥自己的聪明才智，为 QC 小组活动做出贡献。

（2）按时完成任务。QC 小组的课题需要由全体成员分担，每个人完成自己的任务后，才能保证全组课题的进度和效果，因此每个成员必须努力完成自己分担的任务。

（3）支持组长工作。QC 小组活动有时需要合理安排，每个成员都应以全组活动为主，服从组长领导，并积极配合组长工作。

（4）配合其他组员工作。在共同开展质量活动中，组员之间需互相沟通，传递必要的信息，互相帮助，共同创造协调、融洽的工作环境。

第二节　QC 小组活动

一、QC 小组的活动程序

（一）选定课题

成立 QC 小组就是要解决课题。小组通过一个一个课题的解决，充分发挥小组成员的聪明才智及潜能，提高分析问题、解决问题的能力，并在专业技术和管理技术两个方面得到锻炼,从而提高成员的自身素质,鼓舞士气,增强相互合作的团队精神,进一步调动小组成员的积极性。

1. *如何选择课题*　小组要解决课题,首先面临的就是选择什么样的课题、怎样选择课题。课题选得是否合适,会影响小组活动能否顺利进行。因此,如何选题,选什么样的课题,就成为小组能否顺利开展活动的首要问题。

2. *课题名称*　在成果发表交流时,课题的名称是给人的第一印象。QC小组活动应小、实、活、新,以实为主。课题名称也是显示整个课题是否实在的第一感觉。为此,课题名称定得如何,十分重要。课题名称的设定要简洁、明确,直接针对所要解决的问题,不可抽象。

(二)调查现状

现状调查的基本任务有两个:

1. *把握问题的现状*　QC小组活动在课题选定之后,必须弄清楚问题严重到什么程度,为此要对问题的现状进行全面、彻底地调查。只有将问题的现状彻底把握,才能制订小组的活动目标,明确从何处着手解决问题。

如果在选题时已经掌握了问题总的情况,也要按每月(或每批)将生产时所发生的具体情况弄清楚,以便从问题的具体情况中发现一些规律性的东西,从而找到解决问题的线索。

2. *找出问题的症结所在*　所要解决的问题,往往是一个带有综合性的问题。如,要解决某产品的不合格品率高的问题,而该产品从原材料投入到生产出成品要经过10道工序,每一道工序都有可能产生不合格品。但并不是每道工序产生的不合格品一样多,有的工序可能产生较多的不合格品,有的工序则几乎不产生不合格品,而每道工序所产生不合格品的原因也是各不相同的。如果笼统地针对某产品不合格品率高来分析原因,不但针对性差,而且往往会无从着手。为此,要解决该问题,就应首先找出它的主要矛盾。就要对每道工序所产生的不合格品进行统计,找出其中产生不合格品多的工序,把产生不合格品多的工序的问题解决了,则整个产品的不合格品率就会大幅度下降。因此,不合格品多的工序存在的问题,就是某产品不合格率高的主要问题,也就是我们所说的是问题的症结所在。

(三)设定目标值

在选定课题,并把现状调查分析清楚之后,就可设定目标。

1. *设定目标的原因*　做事情、解决问题,都要有目标。没有目标,就会失去方向。国家搞经济建设要制订五年规划,要确定目标;企业要制订年度方针目标,明确在生产经营上要达到一个什么水平。要解决问题,搞质量改进同样如此,不设定目标,就没有奋斗方向,一切活动将是盲目的。确定目标对QC小组活动具有重要意义。

2. *怎样设定目标*

(1)目标应与课题名称一致。设定目标,就是明确通过小组活动,把问题解决到什么程度,因此,必须针对所要解决的问题来设定目标。例如,选定的课题是“降低××产品(或零件)的加工废品率”,则目标就应该设定为:加工废品率由现在的34%降到0.5%以下。又如,选定的课题是“提高棉布优良率”,则目标就应该设定为:棉布优良率从现在的65%提高到90%以上。

反之,如果选定的课题是“降低××产品(或零件)的加工废品率”,而设定的目标却是废品损失由现在的3500元/月降低到500元/月以下;或者选定的课题是“提高棉布优良率”,而设定的目标却是创建×××优质工程,这样来设定目标就会犯逻辑性的错误。

(2)目标要定量化。量化了的目标值,称为定量目标。例如,不合格品率从平均3.4%降低到0.5%以下,单位成本从65元降低到50元以下,棉布优良率从65%提高到90%,粗纱的加工精度从$CPK=0.56$提高到$CPK=1.33$以上。只有设定的目标是定量目标,通过活动或改进后与之比较,才能明确是否已经达到既定目的。因此,QC小组设定的目标必须是定量目标。

(四)原因分析

通过现状调查及分析,弄清了问题的来龙去脉,找到了问题的症结所在,并设定目标,明确了要把问题解决到什么程度,接下来就可以分析问题的原因了。

1. ***针对什么分析原因*** 针对什么分析原因是原因分析首先要明确的问题。

一般来说,当课题要解决的问题是很具体的问题时,需针对课题所要解决的问题来分析原因。例如,课题是要解决某塑料制品注塑时顶部充不满的问题。顶部充不满是一个很具体的注塑缺陷,小组应通过现状调查弄清问题的严重程度,并设定目标后,针对顶部充不满来分析原因。

但是,有许多课题,虽然是一个比较明确的质量问题,却仍带有一定的综合性。如要降低某零件的加工不合格品率,虽然很明确但仍带有综合性。

2. ***原因分析应用的工具*** 在QC小组活动中用于原因分析的工具有:因果图、树图(系统图)和关联图。

(五)确定主要原因

在原因分析时,为避免遗漏掉真正有影响的原因,而要求展示原因的全貌,把只要有可能影响的原因都分析出来,并纳入因果图或树图或关联图中去,这样就会出现很多的原因,其中部分原因确实对问题造成了影响;也有许多原因,虽然有可能对问题造成影响,但实际状态却很好,没有产生异常。如果所有原因都要制订对策并加以实施,必然会造成人力、物力、财力上的很大浪费,延长了解决问题的时间,同时还不能清楚地知道什么原因在真正影响着问题。因此,要在诸多原因中,把真正影响着问题的原因找出来,以便对症下药,制订对策加以改进。

因果图、树图、关联图中所展示的是原因的全貌,其中有的是末端原因,有的是中间环节。中间环节虽然影响着问题,但它还受其他原因的影响,而末端原因则只影响别人,这才是根本原因。因此,对问题造成影响的真正原因,必然在末端原因之中。所以,我们要找出并确定主要原因,首先要把全部末端原因收集起来,以便逐条识别、确认。

目前有不少小组,由于对用客观事实——数据来做证据、进行识别的认识不够或还不善于用数据说话,而应用了一些不正确的方法来判定主要原因,从而使所确定的主要原因证据不足,而有的主要原因却被漏掉,在制订对策进行改进后,成效不大或对取得的效果不能很好巩固。对此,要加以注意。

（六）制订对策

制订对策就是对已经确认的主要原因，逐条提出改进的措施及计划。

1. **对策的提出与确定**

（1）对策的提出。针对每一条主要原因，必然会有各种各样的解决方法。就方案的实效而言，有的方案是临时性的解决办法，有的是永久性的改进方案。就方案的解决时间而言，有的方案解决起来需要花费很长时间，有的则短期即可见效。就方案的解决过程而言，有的方案小组自身无法实施，要靠上级决策或其他部门去做才能实现，有的是小组自身的努力就可实现。就方案的需用资金而言，有的方案需花费很多资金，有的则花费很少资金，本小组即可筹措解决。

为此，制订对策的首要问题，就是要针对每一条主要原因，提出尽可能多的对策，以供选择确定。常用的方法是头脑风暴法，让小组全体成员根据其相应知识、有关经验及各种信息，互相启发、补充，提出各种各样的对策方案。

（2）评价和选择对策。QC小组成员针对每一条主要原因，充分提出各种对策（方案）之后，就需要对每种对策（方案）进行综合评价，进而相互比较选出最令人满意的对策，作为准备实施的对策。

对每一对策（方案）进行综合评价，可从有效性、可实施性、经济性、可靠性、时间性等方面进行评价。

2. **制订对策计划**

（1）策划实现对策（方案）的措施对策。对策（方案）确定之后，如何去实现这个对策，采用哪些具体措施才能达到对策的要求，是在制订对策计划时，必须要考虑到的问题。应该重视措施的研究，以追求对策的效果。因此，必须在制订对策计划时就应认真策划实现对策的措施，以使制订的对策计划能更好地去指导实施。

（2）设定对策的目标。制订对策就是要使该原因（因素）通过改进，回到规格范围以内。因此，要对每条对策设定目标，而且在一般情况下，应以确定主要原因时的判别标准，作为制订对策时的目标。

针对这条主要原因，通过所制订对策的实施，确认这条主要原因是否已得到改进，就是要把对策实施的结果与该对策设定的目标进行比较。如果达到了对策的目标，就说明这条主要原因已经得到解决，回到标准要求的规格范围以内。

（3）制订对策表。QC小组活动中的对策表，是对所有影响问题的主要原因进行的对策计划，该计划必须能够指导实施，也就是说，负责执行计划的小组成员，按对策表的要求就可以明确如何去实施操作。要做到这点，就应按5W1H的原则来制订对策表。

3. **制订对策表常见的问题**

（1）对策和措施混在一起。一些小组在制订对策表时，分不清对策和措施的区别，而是把对策和措施合在一个栏目中。

（2）目标栏中没有定量的目标值。许多对策表的目标栏中只有定性的内容，没有定量的目标值。

(3)在对策表中使用抽象的词语。在对策表中,不能使用加强、提高、减少、争取、尽量、随时等抽象词语。这些抽象的词句、含糊的要求,不符合小、实、活、新,以实为主的精神,无法指导实施。因此在制订对策表时,一定要做到目标明确,措施具体,特别是在目标栏和措施栏中应杜绝这些抽象的词语。

(4)不是针对每一条主要原因逐条制订对策。有少数小组在制订对策时,不是针对每一条主要原因逐条制订对策,而是把确定的主要原因又进行了归纳,又按人、机、料、法等类别归纳到一起,统一制订对策。这样做,主要原因与对策脱节,给解决问题的思路及逻辑性上造成中断或混乱,因此,这类对策表也必须予以纠正。

(七)按对策实施

1. *怎样实施对策*

(1)按对策表的要求逐一实施。由于所确定的主要原因的性质是各不相同的,而每条对策都是针对不同的主要原因制订的改进方案,通过改进方案的实施,使所针对的要因,达到受控状态,因此,必须一个对策、一个对策地实施,以显示其针对性和逻辑性。如果不是针对性的一个对策、一个对策地实施,就会使对策与实施脱节,造成逻辑上的混乱。

(2)每条对策的实施,要按照对策表中的措施栏目逐条实施。在制订对策时,针对确定的最佳对策(方案),策划了为实现该对策(方案)的具体措施。因此,每条对策的实施过程,就是这些具体措施落实过程。这些具体措施都落实了,该改进对策才能实现。

此外,在实施过程中,是如何具体进行的,遇到了什么困难,努力克服的情况,要做好活动记录,以便为最后整理成果报告时提供依据。

(3)每条对策在实施完成后要立即确认其结果。在每条对策实施完成之后,应立即收集改进后的数据,与对策表中每条对策应达到的目标进行比较,以明确对策的有效性。如果已达到目标的要求,说明此项改进对策已有效地改变,该要因的现状,使其达到受控状态,从而不会再对问题造成影响,这时该对策才可以说已经实施完毕。

每条对策实施完成后,立即确认其结果十分重要。如果没有逐条确认对策结果,而是直接检查课题的总效果,如果达到了课题的设定目标,则皆大欢喜;如果没有达到课题的设定目标,须重新检查活动的各个阶段是何处出现问题时,就会增加查找问题的难度。

(4)如果确认没有达到对策表中所定的目标时,要评价措施的有效性,必要时要修正所采取的措施当对策(方案)。

在实施后进行确认时,没有达到预定的要求,说明制定的措施不得力,使该要因尚未达到理想状态,就必须重新检查每条措施是否已彻底实施,为达到目标要求,必要时要修正措施的内容。

(5)每条对策实施后,除确认该条对策的目标外,还需对是否影响安全及环境、是否影响相关处的质量等方面进行检查。

如果说,每项对策实施后,都满足了预期对策目标,但却给上述情况带来负面作用,就应该重新评价该条对策的综合结果,决定其是否需要追加措施予以弥补,还是需要重新考虑更恰当的对策。

2. **对策与实施过程常用的方法**　QC小组活动进入对策与实施的阶段。就是对所存在的问题进入实质性的改进阶段。这个阶段很大程度是发挥专业技术的特长,按对策计划去实施改进。但在很多情况下,仍需借助于统计技术,使专业技术得到更好的发挥,起到事半功倍的效果。

(八)效果检查

决策全部实施完毕,并逐条确认都已达到对策表中目标栏的要求后,说明所要实施的改进也全部完成,对问题造成影响的要因已全部解决,应在改进后的条件下进行的生产(工作),并从中收集数据,以检查改进后的总体效果。

1. **如何进行效果检查**

(1)与小组设定的课题目标进行对比。QC小组活动的全部对策实施完成之后,就要检查QC小组活动的效果。检查效果最主要的内容就是与小组设定的课题目标进行对比,看是否达到了预定的目标。为此,应把在改进后的生产(工作)条件下进行生产(工作)所取得的数据,与小组设定的课题目标进行对比,以明确是否已实现小组的预定目标。

对比时常用一些工具,以其简明的图形,一目了然地展示出对策实施前的水平、小组设定的目标以及对策实施后所达到的水平,使人一看就知道是否已达到了小组设定的课题目标。

(2)与对策实施前的现状对比。当小组在现状调查中,通过调查分析,找出了问题的症结,并针对这一症结着手分析和找出主要原因,制订并实施对策。在效果检查中,首先应对症结的解决情况进行调查,以明确改进的有效性。

检查的方式,可根据现状调查的情况而定。如果现状调查时,只简单地用具体数据来描述,则检查时可简单列表,把对策前、后的数据进行对比。如果现状调查时用排列图找出问题症结,则检查时同样用排列图来比较。

2. **效益的计算**　小组通过改进活动实现了自己所制订的目标,凡是能计算经济效益的,就应该计算经济效益,以明确小组所做的具体贡献和自身价值,以鼓舞小组成员的士气,更好地调动小组成员的积极性。

计算经济效益一定要实事求是,不要拔高夸大,或加长计算的年限,更不要把还没有确立的费用,作为小组取得的效益来计算。

(九)制订巩固措施

1. **怎样制订巩固措施**　通过改进,达到了小组预定的目标,使课题得到解决,就需要巩固已经取得的成果,并防止此问题再发生,为此要制订巩固措施。

(1)把已被实践证明了的有效措施纳入有关标准。这里所说的已被证明了的有效措施,是指对策表中列入的、经过实施,证明确实能使原来影响问题的要因得到解决,使它不再对问题造成影响的具体措施。

这里所说的标准是广义的标准,它可以是图纸、工艺文件、作业标准,也可以是管理制度等。

就是说，为了巩固成果，防止问题再发生，就要把对策表中能使要因恢复到受控状态的有效对策与措施，该纳入什么标准，就纳入什么标准，便于以后的执行及进行日常的管理。

(2)关于标准的修订。要将有效对策或措施纳入标准，就需修订原标准。由于QC小组没有修订标准的权利，为此，必须按规定程序向标准的主管部门申报，由主管部门认可、批准后执行。

2. 效果的巩固

(1)经修订并被批准的新标准必须正确执行。已被解决的问题，几个月后又再次发生，这种现象时有发生，其主要原因是巩固措施没有被严格执行。

因此，小组成员要在巩固期及其以后的时间内经常到现场进行检查，以确认修订过的新标准已被正确执行，这样才能使已取得的成果真正得到巩固。

(2)巩固期内要及时收集数据，以确认效果是否能维持在良好的水准上。在巩固期中，能正确执行已经纳入了有效措施的新标准，并能把效果维持在良好的水准，才能认为该课题已彻底得到解决。

(十)总结

没有总结就没有提高。为此，小组在本课题得到解决之后，要认真回顾活动的全过程，成功与不足之处是什么，哪些地方做得是满意的，哪些地方还不够满意。肯定成功的经验，以利于今后更好地开展活动，接受失误教训，以使今后的活动少走弯路。通过总结，鼓舞士气、增强自信、体现自身价值，提高分析问题和解决问题的能力，更好地调动小组成员的积极性和创造性。在现状调查分析问题症结时，找出来的关键少数问题已经解决，原来的次要问题就会上升为主要问题，把它作为下次活动的课题，继续解决它们，将使质量上升到一个新的水平。

(十一)QC小组活动成果报告的整理

1. 怎样整理成果报告　QC小组活动成果报告是小组活动过程的书面表现形式，是小组活动的真实记录。整理成果报告一般应按以下步骤进行。

(1)QC小组全体成员开会总结分。整理成果报告应是QC小组全体成员的事情。应该由QC小组长召集小组全体成员开会，让大家一起回顾本次课题活动的全过程，一步一步地分析总结活动中的成功经验和存在的不足。

(2)分工整理成果报告文稿。QC小组成员按照总结会议上的分工，分别收集、整理小组活动的原始记录和资料。这些原始记录和资料包括小组开展集体活动的会议记录，本课题现状调查的有关数据和调查记录，主要原因确认和对策实施过程中进行试验、检测、分析的数据和记录，以及课题目标与国内外同行业的水平对比资料，与本企业历史最高水平的对比资料，活动前后的对比资料等。然后，将这些整理好的有关资料，包括数据表和运用的方法(包括其图示)，按时交给执笔人。再由执笔人根据总结会上大家谈的意见、体会，以及上述有关资料，按照QC小组活动的程序整理成果报告，形成初稿。

(3)讨论、修改、定稿。执笔人整理出成果报告初稿后，首先要由QC小组全体成员审查，也可以说QC小组全体成员是该课题成果报告的第一听众和评审者。在QC小组全体成员会议上，由执笔人把成果报告初稿读给大家听，让人家对报告充分讨论，提出修改意见。

最后由 QC 小组长和执笔人共同归纳大家的意见，对报告初稿进行修改、补充、完善，完成本课题成果报告的定稿工作。

2. **整理成果报告应注意的问题**　整理出来的 QC 小组活动成果报告的表现形式，可以根据实际需要，采用最简单的所谓一张纸的形式，或者是较详细的几张纸的形式。

所谓一张纸式的活动成果报告形式，就是把 QC 小组活动的各步骤概要地整理在一张纸上。这样既便于交流，又便于保存。

所谓几张纸式的活动成果报告形式，则是在全国各省（市）、行业发表交流时，普遍采用的，但繁简程度差异较大。有的只有五、六页纸，能简明、清晰地显示出活动全过程的基本事实、主要数据和运用的方法；有的则是十几页，几十页纸，虽然反映了 QC 小组活动的全过程，但有的把发表人要解释的话也全部写入了成果报告，甚至加进些与成果报告主题无关的内容和漫画等。后两方面的内容是没有必要写进成果报告中去的。

（十二）QC 小组成果的发表

QC 小组成员经过共同努力，使课题活动取得了成果。不管该成果是否有直接经济效益，也不分经济效益的大小，组织都应该给他们提供发表成果的机会。这种成果发表，可以是在组织的基层单位发表，也可以是在组织的高层范围发表。组织不同层次的 QC 小组活动成果发表，是 QC 组活动的一个特色，具有其他形式难以取代的独特的作用。

二、QC 小组活动的评价与奖励

（一）评价方式

QC 小组活动的评价方式有：日常评价、现场实地评价、成果发表评价。

1. **日常评价表**　根据 QC 小组活动的时间、成员出度情况和活动内的进展情况，每周测评一次。日常评价表如表 9－4 所示。

表 9－4　QC 小组日常评价表

评价人：　　　　日期：　　年　月　日

评价项目	活动时间（每周至少一次）				成员出席率				计划进度执行状况				会议记录及时性				上级主管关心程度			
评价	A	B	C	D	A	B	C	D	A	B	C	D	A	B	C	D	A	B	C	D
小组	按时召开	延迟一日	延迟二日	没开	90%以上	89%~75%	74%~60%	60%以下	完全依计划进行	延迟一周	延迟二周	未执行	规定日期内完成	延迟一日	延迟二日	三日以上	列席会议有指导	列席会议没指导	平时有指导	未曾参加会议没有指导

注　1. 每周考核一次；
2. 打分标准：A5 分，B4 分，C3 分，D1 分；
3. 满分为 30 分。

2. **现场实地评价** QC小组每完成一课题后，应通过现场实地评价一下，了解该小组的成绩及优缺点。现场实地评价表如表9－5所示。

表9－5 QC小组现场实地评价表

小组名称： 日期： 年 月 日

项次	评价项目	优	良	中	差	评分
1	小组注册及时	5	4	3	2	
2	活动情况	6	5	4	3	
3	计划与活动协调一致	6	5	4	3	
4	组长的积极性	6	5	4	3	
5	组员对活动的参与程度	7	5	4	3	
6	充分收集并运用资料数据	7	5	4	3	
7	对策具体、有效	7	5	4	3	
8	思考问题的科学性	6	5	4	3	
9	创造力的发挥程度	6	5	3	2	
10	成员对本次活动课题方法运用的认识程度	7	5	4	3	
11	成员对活动全过程的了解程度	7	5	4	3	
12	标准化程度	7	5	4	3	
13	小组活动的持续性	7	5	4	3	
14	活动后自身环境的改变	4	3	2	1	
15	成果交流的次数与范围	5	4	3	2	
16	活动成果对本部门贡献大小	8	6	5	4	
优缺点说明					得分	

评审人：

3. **企业内部成果发表评价** 表9－6为企业内部成果发表评价表。

表9－6 企业内部成果发表评价表

企业名称：			类 别：	
小组名称：			发表日期：	
课题名称			分值范围（分）	评 分
活动程序		（1）选题理由	9～15	
1	选题	（2）现状调查及分析的程度		
		（3）目标设定的理由和及适应性		
2	原因分析	（1）掌握问题的因果关系	13～20	
		（2）分析问题的努力程度		
		（3）把握主要原因的程度		
		（4）适当地运用技法		

续表

3	对策与实施	(1)正确制订对策	13～20	
		(2)实施对策的努力程度		
		(3)适当地运用技法		
4	效果	(1)效果确认和改进目标达到的程度	13～20	
		(2)改进前后有形、无形效果的比较		
		(3)效果的维持巩固情况		
5	发表	(1)发表内容通俗易懂,以图表为主,文字为辅,清晰简明	8～15	
		(2)发表人员思维清晰		
		(3)发表人员仪表端正,态度诚恳,口齿清楚,交流效果好		
6	特点	(1)课题具体、务实	5～10	
		(2)具有启发性之特色		
总体评价			总得分	
评审委员				
注:成果评审表中各项内容的具体说明附后				

(二)奖励办法

奖励办法如表9－7所示。

表9－7　QC小组奖励办法

序　号	奖励项目	奖　　金		奖　　杯
		生产线QC小组	非生产线QC小组	
1	会议经费	5元/人/月	5元/人/月	—
2	活动课题完成奖	150元	150元	—
3	公司内部发表奖	第一名:400元 第二名:300元 第三名:200元 第四名:50元	第一名:200元 第二名:100元 鼓励奖:50元	—
4	公司外部发表奖	第一名:500元 第二名:400元 第三名:300元	第一名:500元 第二名:400元 第三名:300元	有
		鼓励奖:100元	鼓励奖:100元	—
5	绩优部门奖	2000元	2000元	有
6	积极分子奖	30～100元	30～100元	—
7	推进者奖	—	—	有

三、QC 小组活动的推进和管理

（一）建立行之有效的推进组织

QC 小组推进委员会应该是一个行之有效的组织。该组织组成结构参见下图。

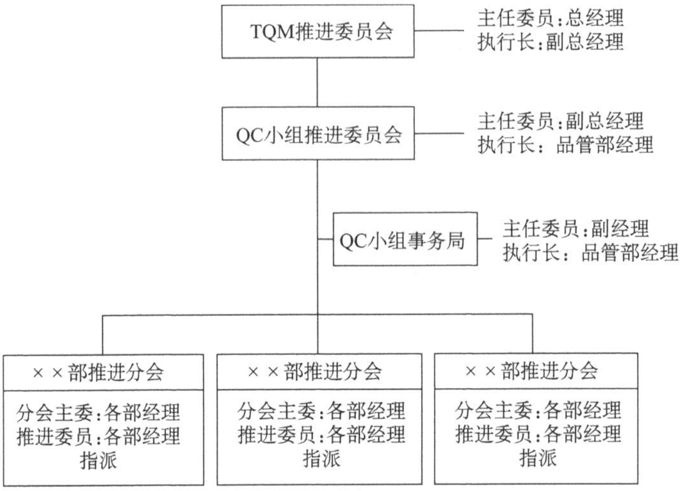

QC 小组推进委员会组成结构图

（二）投入适宜的活动经费

适宜的活动经费的投入是 QC 小组活动顺利进行的基础。由于 QC 小组活动是体现职工自我表现、自我完善和自我提高的一项有效的活动形式，对积极参加 QC 小组活动或取得成果的小组要进行相应的激励，以调动职工积极性。

（三）制订行之有效的推进计划和教育培训计划

表 9－8 为 QC 小组活动推进计划表。

表 9－8　QC 小组活动推进计划表

推进事项		2007/10	2007/11	2007/12	2008/01	2008/02	2008/03	期限
1	组　图	——						
2	题目选定	——						
3	活动计划	——						
4	现状把握	——	——					
5	目标设定		——					
6	原因分析		——	——				
7	对策拟定			——				
8	对策实施			——	——	——		
9	效果确认				——	——		
10	标 准 化					——		
11	反省课题					——		
12	内部发表					——	——	

表 9－9 为 QC 小组教育培训计划表。

表 9－9 QC 小组教育培训计划表

序号	课程名称	教育对象	授课内容		授课时间	授课时数	计划日期	实际日期	班别	讲师
1	活动实务演练班	圈长种子人员	1	QC 小组活动制度、圈会召开、QC 小组活动 12 步骤	9:00—11:00	2h	10/07		A	张三
						2h	10/08		C	
						2h	10/10		B	
			2	1～4 步骤	8:30—12:00	3.5h	10/11		A	李四
						3.5h	10/12		C	
						3.5h	10/16		B	
			3	5～8 步骤	8:30—12:00	3.5h	11/07		A	
						3.5h	11/08		C	
						3.5h	11/13		B	
			4	9～12 步骤	8:30—12:00	3.5h	12/20		A	
						3.5h	12/21		C	
						3.5h	12/25		B	
2	活动推进辅导员训练班(2h)	辅导员推进委员	1	QC 小组活动宗旨、定位	9:00—11:00	2h	10/17		A	王二
			2	方针与 QC 小组相结合						
			3	QC 小组展开方针与评价	9:00—11:00	2h	10/18		B	
			4	推进委员与辅导员职责						
3	QC 七大手法(12h)	圈长种子人员	1	查检表、甘特图层别法、鱼骨图	9:00—16:00	6h	10/20		A	王五
						6h	10/23		C	
						6h	10/24		B	
			2	直方图、散布图管制图及其他图表	9:00—16:00	6h	11/15		A	
						6h	11/16		C	
						6h	11/20		B	

案例

D 棉纺股份有限公司依托 QC 小组建设创佳绩

D 棉纺股份有限公司在质量管理活动中，始终奉行“我的努力是为了您的满意”的企业宗旨，并采取全员参与、全过程控制的方法，为公司产品质量的稳定和提高做出了突出的贡献。几年来D棉纺股份有限公司先后有50余个QC活动小组荣获国家、行业和省、市级优秀质量管理小组称号。其中，细纱车间常白班QC小组年连续三年荣获“全国纺织行业优秀质量管理小组”称号。

一、机制建设推进成果成效

多年来，公司领导将开展和支持QC小组活动作为全心全意依靠职工办好企业的一项重要措施常抓不懈，在人力、物力、财力等方面给予充分的保障。为此，公司设立了QC管理科和专职管理人员，把QC小组活动纳入公司总体质量工作计划，并制订了《全面质量管理规定》、《QC小组活动管理规定》等制度，对QC小组的组建，小组和课题的注册登记，小组活动的程序、要求、培训及管理、成果资料的总结、发表、评选和激励等都有明确的规定。几年来，每年在公司注册的QC小组达到30多个，攻关课题200余项，参加群众性质量攻关活动的人数达1000余人，QC小组的普及率、活动率、成果率处于同行业领先水平。公司领导也因此多次荣获全国纺织行业群众性质量管理活动卓越领导者、优秀推进者、优秀质量管理工作者等称号。

二、质量文化提升产品品质

公司投资建设了职工培训学院，聘请有关专家从原料、工艺、设备、操作、现场管理、全面质量管理、QC小组资料总结和各种统计工具的运用与分析等方面进行全员培训。为提高选题的针对性，公司还定期召开质量分析会，使全体员工了解公司生产中的产品质量状况和本部门存在的质量问题，使得QC小组的选题与公司总的质量要求相一致。

QC小组来自于生产，服务于生产，并以其自动自发、经济灵活的形式，运用PDCA模式不间断地寻求改进机会，建立了高效闭环的质量信息反馈系统，有效地促进了公司产品质量的循环上升，营造了特有的质量文化。“精纺细织，用户至上”；“产品质量经过我的手，不准带疵放它走”；“严格执行操作法，不准执行自由法”等质量理念正在变成公司每一员工的自觉行为。

三、创新为本动力之源

公司每年召开两次QC成果经验交流会，建立了一套有效的QC小组激励机制，设立了“优秀质量管理小组奖”、“导师奖”、“新人奖”，凡是在全国、全省取得优异成绩的QC小组主要成员，在岗位提升、职称评定、评选先进时都优先考虑。在给予精神激励的同时，公司还不断加大物质奖励的力度，激发了各级人员参与QC活动的积极性和创造能力，在公司内部形成了人人谈创新、人人懂创新、人人会创新的良好氛围，为QC活动注入了不竭的动力之源。仅2007年，公司就取得群众性质量创新系列成果410项，小改革113项，冠名活动1项。

公司群众性质量管理活动的蓬勃开展，提高了公司的整体质量水平和市场竞争力。长期以来，公司棉纱一等一级以上品率和出口商检合格率始终保持在100%，棉布入库一等品率达到99.8%以上，2008年1季度实现销售收入22370万元，实现利润800余万元，为企业从优秀走向卓越奠定了坚实基础。

思考题

1. QC小组的定义是什么?
2. QC小组任务和作用是什么?
3. QC小组的组成是怎样的?
4. QC小组的活动程序是什么?
5. QC小组成果的整理与发表是怎样的?
6. QC小组活动的评价与奖励。
7. 试结合你班级学习的情况设计出构建QC小组提高学习质量的解决方案。

第十章　纺织服装企业卓越质量经营模式与社会责任

本章知识点

1. 世界三大质量奖。
2. 中国质量管理奖。
3. 环境和职业健康安全。
4. 企业社会责任。

第一节　各国质量管理奖简介

日趋激烈的全球竞争现在已经引起了人们对质量的加倍关注。为了适应经济全球化和国际贸易发展趋势的需要，帮助组织提高竞争力，更好地满足顾客的需求，很多国家和地区都设立了质量奖。在这些质量奖中最具影响力和代表性的就是世界三大质量奖：美国鲍德里奇国家质量奖（MBNQA）、欧洲质量奖（EQA）和日本戴明奖。

一、美国鲍德里奇国家质量奖（MBNQA）

20 世纪 80 年代，美国在产品质量和过程质量方面的领导地位受到了国外竞争对手的严重挑战，劳动生产率的增长也落后于日本等竞争对手。许多有远见的美国工商界人士和一些政府领导认识到美国企业必须重新强调质量。当时担任里根政府商务部长的马尔科姆·鲍德里奇（Malcolm Baldrige）为提高美国产品的质量和质量管理水平做出了很大的努力。为了表彰他的杰出贡献，在 1987 年美国国会决定设立全美质量奖时就将该奖命名为马尔科姆·鲍德里奇全美质量奖（Malcolm Baldrige National Quality Award）。

依据美国《1987 年马尔科姆·鲍德里奇国家质量提高法》（又名《100 ~ 107 公共法》）中对设立鲍德里奇奖的目的做了明确的阐述：企业荣获国家质量奖是一种自豪和骄傲，企业在追求国家质量奖的过程中会不断提高质量和劳动生产率，进而提高利润水平和竞争力；在提高产品和服务质量方面取得卓越成绩的优秀组织会给其他组织树立典范；确立指导方针和制订评价标准，能够使各种组织对其质量改进的效果进行自我评价；对其他想要学习如何利用详细资料来加强管理提高质量的美国企业和组织提供特殊的指导。

1999 年 11 月 23 日，美国总统克林顿在 1999 年度鲍德里奇奖颁奖大会上指出："马尔科姆·鲍德里奇国家质量奖在使美国恢复经济活力以及在提高美国国家竞争力和生活质量等方面起到了主导作用。"鲍德里奇奖的评选固然提高了那些获选企业的管理业绩，更重要的是在评奖过程中汇集了众多的质量管理专家，他们对每一份申请都会进行评审，并且指出该企业的优势和有待改进的地方,并提供反馈报告。因此,美国很多企业参加评选的目的并不都是为了得奖,而更多的是为了进行咨询、改进和提高。这也正体现了鲍德里奇奖设立的初衷。自从美国国家质量奖创立以来,每年向社会上扩散评奖标准数十万份,特别是近几年,由于 INTERNET 的应用,这种扩散的速度更是无法估量。1998 年鲍德里奇奖基金会曾对全国 2500 家税收超过 1 亿美元的企业进行调查,其中 79% 的企业认为,美国国家质量奖及其评奖标准在很大程度上刺激了美国企业质量的提高,67% 的企业认为,在很大程度上刺激了美国企业竞争力的提高。

二、欧洲质量奖(EQA)

1998 年十四家欧洲主要公司组建了欧洲质量管理基金会(EFQM),它的目的是通过加强质量是全球竞争优势战略的观念,推动并帮助提高质量的活动来提高欧洲公司在世界市场上的地位。1992 年欧洲质量基金会设立了欧洲质量奖,它不仅是对欧洲质量工作做得最好的企业的奖励,也是对一个组织全面质量工作的系统回顾和评价。

欧洲质量奖的评选有九个标准:领导(100 分)、方针和战略(80 分)、人员管理(90 分)、资源管理(90 分)、过程管理(140 分)、顾客满意(200 分)、雇员满意(90 分)、对社会的影响(60 分)、业务成果(150 分)。其中,前五个标准被称作条件;后四个标准被称作结果。结果就是通过条件的作用而实现的。我们对比欧洲质量奖和美国国家质量奖可以发现,欧洲质量奖的评选更注重雇员满意、对社会的影响和业务成果。欧洲质量奖在处理全面质量问题时有更宽的指导原则。它的标准似乎把全面质量管理的中心概念扩展到了属于组织一般工作的许多方面,包括组织在社会和生产环境中所起的作用。

三、日本戴明奖

日本戴明奖于 1951 年由日本科技联盟(JUSE)设立,每年用来奖励在质量控制和提高生产率方面做出最大贡献的公司和个人。该奖以美国已故统计专家、质量控制技术先驱 W·爱德华兹·戴明博士的姓氏命名。它分为三个类别:戴明个人资金、戴明应用奖金和工厂质量控制奖。戴明奖与鲍德里奇奖的最主要区别是戴明奖的授奖目的,即“授奖与那些确认为成功应用了以统计质量控制为基础的全员质量控制,并可能在以后继续保持应用的公司”。所以,戴明奖的多数材料都注重统计技术的应用。而人力资源开发、顾客满意、对社会的影响等都属于戴明奖范围之外的标准。这也反映了 JUSE 考核人员对戴明奖标准的应用和说明:“高度合格和精密。”

四、中国质量管理奖(CQMA)

(一)中国质量管理奖发展历史及现状

在 20 世纪 90 年代以前中国有名目繁多的质量奖的评选活动,包括国家设立的和社会上设立的各种质量奖,但以赢利为目的的评奖活动较多,对消费者和生产者产生了误导。于是,在 1991 年国务院发布了第 65 号文件,停止了政府部门主办的质量评比活动,带有计划经济指令性质的国家质量金奖、银奖退出了市场。

但是随着新世纪的到来和全球经济一体化、信息等高新科学技术的迅猛发展，国内外市场竞争日趋激烈，质量已成为竞争的焦点。为了有效提高我国产品质量和质量管理水平，激励和引导企业追求卓越质量经营，增强国内企业乃至国家整体竞争能力，国务院决定重新设立中国国家质量奖。于是，中国质量协会根据我国《产品质量法》的有关条款及中国质量协会的七届理事会的决议，2001 年启动了全国质量管理奖评审工作。2004 年正式发布实施《卓越绩效评价准则》GB/T 19580—2004，2007 年修订了《全国质量奖评审管理办法》，规定了参加评审企业的条件和程序。为了使中国国家质量奖的评选真正能起到推动中国企业质量提高的作用，国家对这个质量奖的评选提出了明确的要求：评选标准要严、数量控制要严、审核把关要严。

（二）中国质量管理奖评奖办法及标准简述

1. **中国质量管理奖评奖办法** 在 2007 年修订的全国质量管理奖评审管理办法中明确指出"质量管理奖是对实施卓越的质量管理并取得显著的质量、经济、社会效益的企业和组织授予的在质量方面的最高奖励"。中国质量管理奖每年评审一次，由中国质量协会按照评审原则、当年质量管理实际水平，适当考虑企业规模以及国家对中小企业的扶植等政策确定授奖奖项。中国质量管理奖评审范围为：工业（含国防工业）、工程建筑、交通运输、邮电通信及商业、贸易、旅游等行业的国有、股份、集体、私营和中外合资及独资企业。评审程序包括以下几个步骤：企业申报、资格审查、资料审查、现场评审、综合评价和审定。

2. **中国质量管理奖评审标准** 中国质量管理奖主要从五个方面对组织进行考核，如表 10－1 所示。

表 10－1 中国质量管理奖评审标准

序号	项 目	子序号	子 项 目	满分	总计
1	领导和经营战略	1.1	以顾客为中心的经营理念	30	200
		1.2	领导作用	60	
		1.3	经营战略策划	60	
		1.4	企业文化	30	
		1.5	质量管理体系	20	
2	资源管理	2.1	人力资源管理	70	130
		2.2	其他资源的管理	60	
3	过程管理	3.1	产品和服务实现过程	110	210
		3.2	供方和合作过程	20	
		3.3	支持过程	80	

续表

序号	项　目	子序号	子　项　目	满分	总计
4	信　息	4.1	信息管理系统	15	60
		4.2	信息的开发和维护	20	
		4.3	信息分析和利用	25	
5	经营结果	5.1	以顾客为中心的结果	95	400
		5.2	产品和服务质量	95	
		5.3	财务和市场结果	90	
		5.4	人力资源结果	40	
		5.5	环境绩效和资源利用	30	
		5.6	供方和合作的结果	20	
		5.7	过程有效性结果	10	
		5.8	社会贡献	20	
总　分　数					1000

(三)中国质量管理奖的核心价值观

CQMA 的目的是激励和引导企业追求卓越的质量经营,因此,它是建立在一系列核心价值观的基础之上的。CQMA 评审标准充分学习和借鉴了美国的鲍德里奇国家质量奖(MBNQA),欧洲质量奖(EQA)和日本戴明奖(JDA)的内容及方法上的先进性和国际性。

CQMA 的核心价值观也充分参照了 MBNQA 的核心价值观所反映的观念、思想、意识、态度以及行为方式等主要的理论基础和观点。同时,结合中国的经济发展和市场环境等因素作了必要的调整。

1. **领导者作用**　组织的领导在质量经营获得绩效的过程中具有非常重要的作用,其作用主要不是从事直接、具体的管理工作,更不是被动地处理紧急问题。领导的作用是要运用权利和影响力引导和影响员工,使其按照组织目标的方向努力工作,保证目标实现。领导作用主要应履行四个方面的职责:

(1)创建以顾客为中心的价值观,明确组织的使命和存在的价值。

(2)制订组织的发展战略、方针目标、体系和方法,指导组织的各项活动,并引导组织的长远发展。

(3)调动、激励全体员工的积极性,为实现组织目标做到全员参与、改进、学习和创新。

(4)以自己的道德行为和个人魅力起到典范作用,形成领导的权威和员工对组织的忠诚,带领全体员工克服困难实现目标。

2. **以顾客为导向**　经济全球化为所有组织扩大了市场的空间,同时进一步加剧了市场竞争。顾客为关注焦点成为时代发展的必然要求,是组织实施质量经营的战略性概念,必将带来经营方式的变革。

(1)产品的质量和组织的绩效是由顾客来评价的,组织依存于顾客。

(2)为顾客创造价值,让顾客满意,建立稳定的关系,培育忠诚的顾客。

(3)既要了解顾客今天的需求,同时要预测顾客未来需求;在满足顾客今天的需求的同时,引导顾客未来的需求。

(4)尽全力减少失误,对万一发生的失误要迅速、热情处理好,消除顾客的不满意,挽回信誉,留住顾客。

(5)为顾客提供个性化和有特色的产品、服务,以差别化形成组织的核心竞争力。

(6)对顾客需求变化和满意程度保持敏感性,对顾客和市场需求变化给予快速和准确的反应,不断改进,增强市场应变能力。

3. **培育学习型组织和个人** 随着知识经济的到来,知识作为一种重要资源影响到组织的发展,所有的组织和个人都需要通过不断学习来掌握新的知识,以适应组织外部环境的变化和个人发展的需要。因此,人力资源的开发和管理显得更加重要。

(1)组织和个人要学习新目标、新方法,以持续改进,适应新的发展变化。

(2)组织的目的一是盈利,二是培育人。培训是组织对员工成长的投资,为员工提供发展机会,是高回报的投资。

(3)学习不再作为额外的工作,而成为员工日常工作的一部分,在企业各部门、各级别要分别进行相应的实践学习。

(4)学习内容不限于技能和岗位培训,应包括意识教育、研究开发、顾客需求研究、最佳工作方法和标杆学习。

(5)开展学习交流,在组织内做到知识共享,在岗培训是一种有效的培训方式,可结合工作需要进行。

(6)通过学习要能解决现存的实际问题,强调学习的有效性,学习可以使产品、服务质量得到改进,员工的责任感和能力增强,组织的绩效不断提高;员工获得更多发展机会。

4. **建立组织内部与外部的合作伙伴关系** 组织的成功取决于内部员工和外部合作伙伴的知识、能力、创新和工作动力。随着市场竞争的加剧,组织的内、外部环境趋于多变和越来越不稳定。为了寻求稳定的经营,保证目标的实现,组织需要建立内部与外部的战略合作伙伴关系。

在内部要提高员工满意程度:对员工的承诺、保障;创造公平竞争环境;对优秀员工的认可;为员工提供发展机会;在企业内做到知识共享,帮助员工实现目标;营造一个鼓励员工迎接困难的良好环境;

(1)在外部与顾客、供应商、批发商、社会团体等建立战略合作联盟。

(2)建立合作伙伴的原则是:实现互利和优势互补,增强双方实力和获利能力。

(3)成功的内部和外部合作伙伴关系应建立长远的战略目标,从制度和渠道上保证做到互相沟通,共同认识取得成功的关键要求。

5. **灵活性和快速反应** 市场永远不变的原则,就是市场永远在变化,而且全球经济一体化的竞争市场变化得越来越快。组织要在市场变化中取胜,需要建立应变市场、快速反应的机制和灵活性。

(1)电子商务的出现缩短了贸易距离和时间,从各个方面要求更迅速、更灵活,时间成为顾客更重要的要求。

(2)为了实现快速反应,要缩短产品更新周期和产品、服务的生产周期,精简机构和简化工作程序,实施业务流程再造。

(3)为了满足全球市场顾客多样化需求,不能满足于简单的“按规定办事”、“按标准生产”,要有更多的灵活性。

(4)培养掌握多种能力的员工更为重要,以便胜任工作岗位和任务变化的需要。

(5)时间将成为非常重要的指标,时间的改进会推动组织质量、成本和效率方面的改进。

6. **关注未来追求持续稳定发展**

(1)面对复杂多变的市场环境,组织不能只考虑和满足于当前短期的利益,要关注未来,进行战略性思维,寻求长期成功发展。

(2)组织未来持续增长和市场领先地位能给顾客、员工、供应商、股东、公众、社会以长期信心,这是与之建立战略合作伙伴的基础。

(3)要制订组织的发展战略,预测诸多因素:顾客期望、新的市场机会、市场占有率、技术发展、新的顾客、法规要求、新的目标、竞争对手战略等。

(4)依据组织战略目标,制订长、短期计划,并配置所需的资源,保证战略目标的实现。

(5)为了追求企业持续稳定发展,要重视与员工和供应商的同步发展。

7. **管理创新**　组织的技术创新和产品:服务的创新将形成其核心竞争力,同时管理的创新对于提升组织核心竞争力也具有重要的作用。

(1)创新不局限于研究开发部门的技术和产品创新,管理的创新也很重要,包括创新管理思想、组织机构、运行机制和业务流程等。

(2)管理的创新应着重组织带来新的绩效,创造新的价值。

(3)管理创新应纳入组织的文化和日常工作中,促使全体员工积极地参与变革,接受变革。

8. **基于事实的管理**　基于事实的管理不仅是指“以数据说话”来进行过程控制,更重要的是指通过基于事实的信息对过程和结果的绩效进行评价和分析,对照目标找出差距,不断进行改进,保证目标的实现。

(1)组织的运行依赖于对其绩效的评价和分析的反馈信息进行管理。

(2)依据组织的战略目标,并提供有关的过程和结果的重要数据、信息进行评价,找出差距进行改进。

(3)绩效评价所需的数据和信息包括:顾客满意、产品和服务质量、销售额、市场占有率、与竞争对手的比较、供应商、员工以及成本和财务等方面的情况。

(4)评价分析的目的在于改进决策、改进实际运作,保证目标实现。

(5)基于事实的评价、分析包括:与自己以往绩效的比较、与竞争对手的比较、与标杆的比较。

(6)制订评价指标体系要能反映顾客满意、运行过程和财务绩效的情况。

9. **社会责任与公民义务** 优秀的组织在追求自身经营绩效的同时,应自觉履行对社会发展负有的责任和公民义务。

(1)组织的领导应注重对社会负有责任,尽好公民义务。

(2)社会责任要求组织遵守职业道德、保护公众健康、确保安全和保护环境,有效利用资源。

(3)履行社会责任应从产品设计开始就要考虑到环境、资源和安全等方面的要求,不能仅满足于达到国家标准,应注重持续的改进。

(4)公民义务是指组织在资源许可条件下,积极从事公益性事业,在社会活动中起到引导和支持作用。例如:支持提高教育水平,关心社区健康,保护环境、美化环境,提供社区服务,将自己的好经验为社会分享,改善工商界风气等。

10. **重在结果和创造价值** 在竞争日益加剧的环境下,组织在重过程的同时,更加注重经营结果。在全国质量管理奖评审总分 1000 分中,其中"经营结果"一项占 400 分,足见其重要性。

(1)组织的经营结果是评价绩效的重点,而且应注意其创造性、突破性。

(2)经营结果要考虑所有受益者利益的平衡,要考虑顾客、股东、员工、供应商和社会的利益。

(3)经营结果不限于销售额和利润,还应包括顾客满意、产品服务质量、财务和市场结果、人力资源结果、环境和资源情况、供方发展和社会基础等。

11. **系统的观点** 现代质量管理强调系统的观点,系统有助于发挥组织的整体优势。质量奖的五项要求是源自组织体系的基本组成,相互之间有密切的联系,是协调一致的。

(1)将组织看成一个整体,各项要求是协调一致的,通过共同努力实现组织目标;因此要将组织各部门和各项工作作为一个整体进行管理,并实现绩效的改进。

(2)在组织的系统中,高层领导以战略和顾客为中心的价值观,带领组织实现目标。

(3)组织作为一个系统,其战略重点与关键过程要一致,与组织的资源配置要一致。

中国质量管理奖目前称为全国质量管理奖(China Quality Management Award,CQMA)。近两年获得奖该奖项公司如表 10-2 所示。

表 10-2 全国质量管理奖近两年得奖公司一览表

年 份	制 造 业	服 务 业
2007 年	中国一航成都飞机工业(集团)有限责任公司 潍柴动力股份有限公司 上海隧道工程股份有限公司 中国神华能源股份有限公司神东煤炭分公司 广东美的制冷设备有限公司 康奈集团有限公司 浙江宝石缝纫机股份有限公司	无

续表

年　份	制　造　业	服　务　业
2008	广西柳工机械股份有限公司 金川集团有限公司 莱芜钢铁集团有限公司 中建八局第二建设有限公司 波司登股份有限公司 上海市第七建筑有限公司 人民电器集团有限公司 浙江三花股份有限公司 天津港石油化工码头有限公司 中国人民解放军第五七二〇工厂	上海万科房地产有限公司

资料来源：中国质量协会网站 www. caq. org. cn　　发布日期：2007. 12. 1；2008. 11. 6

第二节　卓越质量经营模式有关环境和职业健康安全的要求

一、环境和职业健康安全

（一）环境管理

近几年，我国印染行业出现了前所未有的快速发展局面，多元化投资大量涌入，先进装备相继投产，新产品、新技术纷纷亮相，在全球的产能份额持续上升，已经成为世界印染业中规模最大的国家。在为国家创造经济效益的同时，印染行业带来的水污染压力也不容小觑。由于印染加工工艺的要求，印染布在加工过程中需要消耗大量的水，同时排放水污染物。

目前，印染废水治理以集中处理为主，部分大的印染企业单独建有污水处理设施。绝大部分印染废水经处理后达标排放，但由于各地达标排放标准不同，水环境功能要求也不一样，经处理后排放的印染水对当地环境造成不同程度的影响。

虽然近年来各地加大了对纺织印染污染的治理力度，一些地方甚至出台了比地方更为严格的污水排放标准。但由于新工艺、新原料、新染料、新助剂的不断开发和应用，使得生产过程中排放的废水污染物变得越来越复杂，处理的难度也在不断增大。总体来讲，纺织印染行业特别是染整行业集中地区污染严重。

1. *促进产业结构调整*　目前环境、资源等要素的制约，既可看成是对印染行业的严峻考验，也可看作产业结构调整的最好时机。印染企业应结合企业自身实际情况和本地区实际情况，达到资源消耗低、环境污染少、科技含量高、经济效益好，实现可持续发展。环保部门要根据当地区域水环境容量，适度控制印染产业的发展规模，促进印染行业从规模经济向效益经济过渡。可尝试在印染行业较为发达的地区开展区域纺织印染行业发展规划的试点工作。

2. *加大设备改造力度，加强新工艺、新技术的开发应用*　政府做好支持印染后整理技术改造项目，淘汰陈旧落后、能耗高、性能差的生产设备，用高新技术提升印染行业，尽可能采用先进设备，提高加工适应能力，在引进国外先进设备时，应注意对工艺技术的同时引进，使企业能适应小批量、多品种、快交货、高品质的市场要求。

3. **纺织工业推行清洁生产** 企业采用清洁高效的新技术，提高能源利用效率，节能、节水，尽量少用、不用有毒有害的原料，开展资源综合利用，采用低废、无废工艺，高效的设备和完善的管理，从源头削减废水与污染物产生量。对污染严重的印染企业，要强制实行清洁生产审核。

4. **加强对印染企业废水处理设施的监管** 促进印染产业布局的合埋化，使印染企业逐步进入印染园和开发区，便于印染废水的集中处理。为防止高浓度的印染废水未经处理直排进管，对集中式污水处理厂的正常运行造成冲击，要加强对进入集中式污水处理厂的企业废水预处理情况的监管。

（二）职业健康安全

安全第一，预防为主我们国家的长期的安全方针，也是企业的职业健康安全行动指导思想。在生产过程中，以人为本，首先要想到安全，做到安全，找到重大危险源，安全设施做到同时设计、同时施工、同时投入使用，以预防为主的方法，做到避免事故，确保安全，杜绝死亡事故。

诚信和遵守国家、行业和地方的职业健康安全法律法规，进行文明生产，是企业员工应遵守的法律义务，也是避免发生职业健康安全事故的法宝。

通过保持职业健康安全管理体系的有效运行和追求持续改进，不断降低企业的职业健康安全风险，在满足法律法规和其他相关要求的前提下，实现既定的职业健康安全管理目标，实现公司健康平稳发展，不断改进职业健康安全绩效。

1. 职业健康安全的预防对策

（1）防尘对策。

①工艺和物料。选用不产生或少产生粉尘的工艺，采用无危害或危害较小的物料，如湿法生产工艺代替干法生产工艺等。

②限制、抑制扬尘和粉尘扩散。采用密闭管道输送，密闭自动（机械）称量，降低物料落差等，对亲水性、弱黏性的物料和粉尘应尽量采用增温、喷雾、喷蒸气等措施，减少二次尘源。

③注意通风排尘。

（2）防毒对策。

①物料和工艺：尽可能以无毒、低毒的工艺和物料代替有毒、高毒工艺和物料。

②工艺设备采用具有防止泄漏功能的。

③通风净化。对有毒物质泄漏可能造成重大事故的设备和工作场所，必须设置可靠的事故处理装置和应急防护设施。

④其他措施：防毒教育、定期检测、体检等。

（3）防缺氧、窒息措施。应配备相应的检测和救护装置，按先检测、通风、后作业的原则，要有警示、标志，有相应的措施。

(4)噪声和控制措施。为有效降低噪声对环境的影响,建设单位尽量选用低噪设备;对风机的进、出风口要加装消声器;锅炉风机和鼓风机等高噪声设备需加防振垫;单机(如泵等)可设置隔音罩和消声器;对织布车间、锅炉房、污水处理站设备房等有强噪声源的构筑物的门、窗可加设隔声材料(或做吸声处理),最大限度减少噪声对环境的影响;此外,还可采取绿化隔声等措施降低对项目周围声环境的影响。

(5)职业安全卫生管理对策。

①建立职业安全卫生管理体系。

②配备职业安全卫生管理、检查、事故调查分析、检测、检验室和设备设施。

③配备职业安全卫生培训、教育设备设施。

④根据生产特点,适应事故应急计划措施的需要,配备必要的训练、急救、抢险的设备及设施。

⑤职业安全卫生管理需要的其他设备、设施。

2. **职业健康安全的监察**

(1)监察的基本原则。

① 坚持"有法必依、执法必严、违法必究"的原则。有法必依,包括执行和遵守两个方面。首先表现在劳动安全卫生监察机构和人员在工作中要严格遵守法律,依法办事。对司法机关来说,就是审理案件时必须依照以事实为依据、以法律为准绳的原则。对用人单位和劳动者来说,就是必须严格遵守劳动安全卫生法律、法规和制度。

执法必严,就是指执法机关和执法人员都必须严格地依照法律规定办事,维护法律的尊严和权威。对司法机关来说,就是在审理案件中,在定罪量刑、刑罚轻重等方面,都必须严格依照法律的规定办事。执法必严的另一层意思是不受其他行政机关、团体或个人对判定活动的非法干涉。

违法必究,就是对一切违法犯罪行为都必须认真究查,依法惩处。任何人都不得凌驾于法律之上或超越于法律之外,谁也不能享受法律规定以外的特权。坚持违法必究、法律面前人人平等,是一项重要的社会主义法制原则。只有严格地执行这一原则,才能有效地保证社会主义法制的统一性和严肃性。

② 坚持以事实为依据,以法律为准绳的原则。违法事实是进行处理或处罚的客观依据。在对检查或举报的案例进行监察和执法时,必须深入调查、收集可靠证据,查清事实。实事求是地查明、核对违法事实,使认定的违法事实有充分的证据,经得起历史的检验。

法律法规的规定是处罚的唯一准绳。劳动安全卫生监察部门在处罚时,必须依据法律法规的具体条款,准确、适当的处罚。

劳动安全卫生监察部门在执法过程中,必须尊重客观事实,同时严格依照法律规定进行正确执法。

③ 坚持行为监察与技术监察相结合的原则。国家劳动安全卫生监察工作,不仅实施行为监督(监督检查用人单位及其领导人员的管理行为,包括各项规章制度和管理活动是否符合劳动保护法规的要求),而且实施技术监督。所谓技术监察就是凭借技术手段,深入监督

检查生产工艺过程、设备、原材料和劳动环境的安全卫生状况及其防护技术条件。只有把行为监督和技术监督结合起来,突出行为监督的作用,才能在科学技术不断进步的条件下,通过法制手段,有效地实现劳动安全卫生行政监督的目的。

④ 坚持监察与服务相结合的原则。劳动安全卫生监察机构既要严肃认真地进行监督检查,及时提出强化预防措施的要求,揭露和纠正劳动安全卫生的缺陷和偏差,又要满腔热情地帮助用人单位进行宣传教育和技术培训,提供有关信息和科技情报,指导和帮助用人单位做好劳动安全卫生工作,以实现安全与生产的统一。

⑤ 坚持教育与惩罚相结合的原则。惩罚与教育相结合的原则的含义是:处罚不仅是惩治违法的武器,同时也起着教育作用。它的教育作用主要是一方面通过学习,理解和掌握法律;另一方面,通过对违法责任的处罚,达到教育别人不犯同类违法行为及当事人重犯类似违法行为的目的。

(2)监察的形式。职业健康安全监察分一般监察、专门监察和事故监察三种类型。

① 一般监察。一般监察是对企业日常生产活动常规的全面监察。

② 专门监察。专门监察是针对特殊问题进行的监察。

③ 事故监察。事故监察是指劳动安全卫生监察部门对企业在伤亡事故和职业性中毒的报告、登记、统计、调查和处理等方面进行的监察。

二、企业社会责任

在经济全球化的今天,企业的社会责任已经不单纯是影响其经济行为的道德约束,还是影响企业整体管理和运作的经营理念。它强调企业在生产经营过程中对员工价值的认同、对消费者、环境及其他利益相关者的关注。这种超越了以往以赢利为唯一目标的理念越来越多地得到国际和中国企业的认可。

(一)企业社会责任的起源和定义

1. **企业社会责任的起源** 企业社会责任概念最早由西方发达国家提出,近些年来这一思想颇为流行,《财富》和《福布斯》等商业杂志在企业排名评比时都加上了“社会责任”标准,这也反映了西方社会对企业社会责任的重视。联合国也是推动企业发挥社会责任的重要机构。1999 年 1 月,在瑞士达沃斯世界经济论坛上,联合国秘书长安南提出了“全球协议”,并于 2000 年 7 月在联合国总部正式启动。该协议号召公司遵守在人权、劳工标准和环境方面的九项基本原则,其内容是:企业应支持并尊重国际公认的各项人权;绝不参与任何漠视和践踏人权的行为;企业应支持结社自由,承认劳资双方就工资等问题谈判的权力;消除各种形式的强制性劳动;有效禁止童工;杜绝任何在用工和行业方面的歧视行为;企业应对环境挑战未雨绸缪;主动增加对环保所承担的责任;鼓励无害环境科技的发展与推广。

2. **企业社会责任的定义** 关于企业社会责任目前国际上没有统一的定义,一般认为企业社会责任就是企业在创造利润、对股东利益负责的同时,还要承担对员工、对消费者、对社区和环境的社会责任,包括遵守商业道德、生产安全、职业健康、保护劳动者的合法权益、保护环境、支持慈善事业、捐助社会公益、保护弱势群体等。

企业社会责任,从企业内部看,就是要保障员工的尊严和福利待遇,从外部看,就是要发挥企业在社会环境中的良好作用。

企业的社会责任可分为经济责任、文化责任、教育责任、环境责任等几方面。就经济责任来说,企业主要为社会创造财富,提供物质产品,改善人民的生活水平;就文化责任和教育责任等方面来说,企业要为员工提供符合人权的劳动环境,教育职工在行为上符合社会公德,在生产方式上符合环保要求。

企业社会责任超越了以往企业只对股东负责的范畴,强调对包括股东、员工、消费者、社区、客户、政府等在内的利益相关者的社会责任。企业社会责任最基本的是企业的法律责任,包括遵守国家的各项法律,不违背商业道德。在高层次上是企业对社区、环境保护、对社会公益事业的支持和捐助。企业社会责任的本质是在经济全球化背景下企业对其自身经济行为的道德约束,它既是企业的宗旨和经营理念,又是企业用来约束企业内部包括供应商生产经营行为的一套管理和评估体系。企业社会责任还强调企业对消费者、对环境和社会的价值,注重企业对社会的贡献。

(二)中国纺织企业社会责任管理体系(CSC 9000T)

1. CSC 9000T **概述**　2005 年 5 月,中国纺织工业协会正式发布中国纺织企业社会责任管理体系(CSC 9000T),该社会责任管理体系,是基于中国相关法律法规和有关国际公约,以及国际惯例上符合中国国情的社会责任管理体系,这是我国第一次在产业领域推行行业社会责任行为准则。CSC 9000T 体系对管理体系、劳动合同、童工、强迫或强制劳动、工作时间、薪酬和福利、工会组织和集体谈判权、歧视、骚扰与虐待、职业健康与安全共十个要素进行考核和评估。

2. **企业实施** CSC 9000T **的意义**　CSC 9000T 的推行致力于保障员工合法权益,员工是最直接的受益者。同时,企业也可以通过实施 CSC 9000T 改善自身的管理水平,增强人力资源管理,提升企业文化和品牌形象,提高企业核心竞争力。CSC 9000T 还会为企业的其他利益相关者带来益处,比如让采购商放心、增强投资人的信心、改善与所在社区的关系等。

CSC 9000T 是基于中国法律法规和有关国际惯例的、符合国情的社会责任管理体系。它的推行有助于改进企业社会责任管理和建设和谐社会,切实维护企业员工的合法权益,增强员工的积极性和工作效率;帮助企业改善管理水平,尤其是企业社会责任管理、职业健康与安全管理和人力资源管理,提高企业核心竞争力;有助于引导中国纺织业可持续发展,提升中国纺织业在国际上的形象,使中国纺织业更好地融入国际供应链;推行 CSC 9000T 也是中国纺织业落实“建设和谐社会”精神的具体举措。

3. CSC 9000T **适用范围**　CSC 9000T 中国纺织企业社会责任管理体系提出了企业承担社会责任及建立相应的管理体系的要求,使企业能够根据中国法律、法规和其他应遵守的国际公约的要求,制订和实施企业社会责任管理体系。

环境保护是社会责任的重要组成部分,ISO 14000 环境管理保证体系对此已做出详细规定,CSC 9000T 管理体系不再重复其内容。CSC 9000T 管理体系以纺织服装企业为适用对象。

4. CSC 9000T **定义与术语**

(1)企业社会责任。指企业除了为股东追求利润外,还应该承担对其他利益相关者的责任。其中,员工是企业社会责任中最主要的利益相关者。

(2)利益相关者。任何可能受到企业决策与活动的影响,同时又可以影响企业决策与活动的各利益群体,包括员工、客户、供应商、社会团体、各下属与分支机构、合资伙伴、投资人、竞争者以及环境因素等。

(3)可持续发展。既满足当代人的需求又不危害后代人满足其需求的发展方式,是一个涉及经济、社会、文化、技术和自然环境的综合的动态的概念。

(4)企业。任何以赢利为目的而生产产品或提供服务的组织。企业的范围包括,但不局限于:国有企业、合资企业、外资企业、合伙企业、集体企业、个人独资企业等。

(5)童工。任何未满16周岁,受雇于某企业,为获得报酬而从事劳动或提供服务的人。

(6)未成年工人。任何年满16周岁但未满18周岁,受雇于某企业,为获得报酬而从事劳动或提供服务的人。

(7)强迫或强制劳动。以任何惩罚相威胁,强迫任何人从事的非本人自愿的一切劳动或服务,但不应包括:根据义务兵役制为纯军事性质的工作从事劳动或服务;作为国家公民应尽的正常义务;在发生战争、火灾、水灾、饥荒、地震、恶性流行病等灾害,可能危及居民生存或安宁的情况下,强制付出的劳动或服务。

(8)个人特性。在本CSC 9000T中包括年龄、性别、体型、身体状况等客观因素。

(9)工会组织。员工依照国家现行法律自愿结合成的群众组织。中华全国总工会及其各级工会组织代表会员和员工的利益,依法维护员工的合法权益。

(10)PDCA。即策划—实施—检查—改进的运行模式。

关于PDCA的含义简要说明如下:P(Plan),策划即建立所需的目标和程序,以实现企业的社会责任行为准则所期望的结果;D(Do),实施即对程序予以实施;C(Check),检查即根据企业的社会责任行为准则、目标、指标以及法律法规和其他要求,对程序进行监测和测量,并报告其结果;A(Act),改进即采取措施,以持续改进社会责任管理体系的表现。

5. **企业社会责任行为准则** CSC 9000T总则是中国纺织企业公共的社会责任行为准则。企业应该在显著的位置将此张贴出来,并确保传达到所有的员工。

(1)管理体系。企业应当在相关的中国法律法规和国际公约的基础上,按照本CSC 9000T的要求,制订、实施、保持并改进企业社会责任管理体系,提出具体的企业社会责任目标和指标,形成必要的文件,确定将如何实现这些目标和指标,并审核实施结果,达到持续改进的目的。

(2)劳动合同。企业招用员工时应当订立书面劳动合同。

(3)童工。严格禁止招用童工。

(4)强迫或强制劳动。严格禁止企业使用或支持使用强迫或强制劳动。

(5)工作时间。企业应当遵守国家法律、法规有关工作时间的要求。

(6)薪酬与福利。企业应当保证向员工支付的工资、福利待遇不低于法律、法规的要求,并且以货币形式支付。

(7)工会组织和集体谈判权。企业应当承认并尊重员工组织和参加工会以及进行集体谈判的权利。

（8）歧视。严格禁止企业因民族、种族、宗教信仰、残疾、个人特性等原因使员工受到歧视。

（9）骚扰与虐待。企业应当保障每位员工的身体与精神健康，禁止骚扰、虐待与体罚。

（10）职业健康与安全。企业应基于 PDCA 的运行模式，建立、实施、保持并改进职业健康与安全管理体系，为所有员工提供一个健康和安全的工作环境。

6. **企业如何实行 CSC 9000T**　企业可以参考下列步骤来实施 CSC 9000T：

（1）与 RSCA 联系，取得具体的 CSC 9000T 实施指导文件。

（2）利用“CSC 9000T 自我评估表”对企业社会责任管理现状进行评估，了解自身社会责任管理的优势与不足。

（3）在 CSC 9000T 总则、细则及实施指导文件的基础上，根据企业自身的实际情况，策划、设计并编写企业 CSC 9000T 社会责任管理体系文件。

（4）试运行企业 CSC 9000T 管理体系并进行内部审核和管理评审。必要时，企业可以聘请专业培训或咨询机构来提供服务；RSCA 也可以提供培训或咨询服务。

（5）申请进行 CSC 9000T 管理体系第三方绩效评估，以独立地找出企业在社会责任管理方面存在的问题及根本原因，确定持续改进的机会和方向，不断改进社会责任管理的绩效，降低企业运营风险，增强企业的核心竞争力。

三、卓越绩效评价准则、质量管理体系与企业社会责任管理体系三者的关系

（一）三者的相同之处

（1）三个标准均使组织能够识别其强项和弱项。

（2）三个标准均包含对照通用模式进行评价的规定。

（3）三个标准均为持续改进提供基础。

（4）三个标准均包含外部承认的规定。

（5）三个标准均遵循质量管理八项原则。

（6）环境保护均是三个标准的重要组成部分。

（二）三者在应用范围上的不同之处

卓越绩效准则 GB/T 19580 包含了对组织业绩进行比较评价的准则，并能适用于组织的全部活动和所有相关方，提供了一个组织与其他组织的业绩相比较的基础，适用于追求卓越绩效的各类组织。如有愿景（5～10 年发展规划）的组织，有比较对象（确定标杆和竞争对手）的组织，有经验共享（不保密）的组织，有稳定的产品和市场的组织，有良好的经营环境和先进的管理理念的组织。

GB/T 19000 族标准提出了质量管理体系要求和业绩改进指南，质量管理体系评价可确定这些要求是否得到满足。如 GB/T 19001 适用于证实有能力稳定提供满足要求的产品的各类组织，GB/T 19004 适用于追求业绩持续改进而超越 GB/T 19001 的各类组织。

CSC 9000T 中国纺织企业社会责任管理体系提出了企业承担社会责任及建立相应的管

理体系的要求,使企业能够根据中国法律、法规和其他应遵守的国际公约的要求,制订和实施企业社会责任管理体系。本 CSC 9000T 管理体系以纺织服装企业为适用对象。

(三)三者在内容上的不同之处

表 10-3 列示了三者在内容上的不同。

表 10-3 卓越绩效评价准则与质量管理体系、社会责任内容对比表

GB/T 19580	GB/T 19001	GB/T 19004	CSC 9000T
比较评价的准则	要求	指南	要求
质量经营	质量管理	质量管理	社会责任
经营质量	产品质量	产品质量	责任行为
与标杆、对手比较	多方评定	满足要求的程度	自我与外部评定结合
追求卓越绩效的能力	提供产品的能力	绩效改进的能力	承担社会责任的能力
结果—与标杆比较	有效性比较	效率—与自己比较	效率—与自己比较
相关方利益平衡	顾客满意	相关方满意	利益相关者满意
经验—供相关方共享	经验供组织内学习	经验供组织内学习	经验—供相关方共享

(四)三者在实施上的不同之处

表 10-4 列示了实施上的不同之处。

表 10-4 卓越绩效评价准则与质量管理体系、社会责任实施对比表

标准 区别	GB/T 19000	GB/T 19580	CSC 9000T
定　位	基础和前提	追求质量管理的最高境界	承担社会责任
过　程	识别、职责、程序(包括实施、检查和改进)	方法、展开、学习(包括评价、改进、创新和分享)、整合	制订、实施、保持并改进
结　果	过程有效	当前绩效、对比绩效	进行自我评价和声明

(五)三者在评价上的不同之处

表 10-5 列示了三者在评价上的不同之处。

表 10-5 卓越绩效评价准则与质量管理体系、社会责任评价对比表

标准 区别	GB/T 19001	GB/T 19580	CSC 9000T
评价性质	符合性评价	诊断式评价	符合性评价
评价结果	符合/不符合	优势/弱势—比较的结果	确认/不确认
评价方式	定性评价	定性加定量评价	定性加定量评价

案例

A纺织企业社会责任管理体系(CSC 9000T)建设情况

一、企业建设企业社会责任管理体系的动机和原因

一个企业的竞争力体现在产品上、体现在品牌的影响力上,但产品和品牌的影响力,最终要以企业内部的管理做支撑。而 CSC 9000T 正是一个有效解决中国纺织企业实际问题的管理体系。

第一,它以科学有效的方式提高企业用工效率;第二,CSC 9000T 特别加强了职业健康与安全的管理规范,以切实减少生产安全事故,降低企业的运行风险;第三,CSC 9000T 增加了对劳动合同等的规定,通过有效合法的劳动合同,帮助员工切实维护自己的权益,从根本上减少劳资双方的矛盾和纠纷,提高员工的满意度,提高工作效率。

CSC 9000T 突出以人为本这一核心理念,将企业社会责任工作融入企业文化建设中,强调对员工利益负责,打造以人为本的人力资源管理体系。

A 纺织企业,近几年来,先后通过资源整合,产业配置,加强与国际合资合作,引进国际先进技术和管理,自主研发、自主创新,先后形成羊毛服装产业链、棉纺印染产业链、高技术纤维产业链,成为多元持股的大型企业集团。经过三十几年打拼,已经大大缩短了与国际的差距,特别是内部生产质量管理体系的不断提升,支撑公司把高端定位、国际品质作为企业发展战略,把集团放在全球竞争的舞台上,做全球优质面料服装的供应商。

目前,A 纺织企业 80% 产品走向国际市场。通过与国际客户的合作,尤其是欧盟客户的合作,A 纺织企业逐渐体会到,国际社会对 A 纺织企业单纯产品的关注,逐步扩展到环境保护、知识产权和企业社会责任。

CSC 9000T 是基于中国法律法规、结合中国国情特别是行业实际,参照国际惯例和借鉴国际上其他成熟的管理体系而形成的管理体系,它致力于从根本上解决中国纺织企业社会责任问题,以建立良好管理体系为出发点,促进企业实现以人为本的发展战略,从而增强企业核心竞争力。

因此,当中国纺织工业协会启动 CSC 9000T 试点工作时,A 企业紧紧地抓住了这次机遇,成为全国首批 10 家试点企业之一。

二、企业建设 CSC 9000T 管理体系过程

公司于 2006 年 5 月 11 日派员参加了 CSC 9000T 试点项目预备培训班,对社会责任管理体系有了初步的了解。2006 年 6 月 29 到 30 日,中国纺织工业协会初始评估小组四位专家,到公司进行初始评估。评估认为公司高层管理者对 CSC 9000T 管理体系非常重视,并且能从战略角度看待体系的建立和完善,公司已经初步尝试建立体系文件(手册和程序文件)。随后,评估组对公司初始评估情况出具了书面的评估报告,全面系统地指出了公司 CSC 9000T建设取得的成绩和存在的问题。公司根据初始评估报告提出的问题,专门进行整改。首先,成立集团 CSC 9000T 体系建立领导小组,在领导小组的协调和指导下,明确分工,各司其职。其次,加强对相关知识的培训。在协会组织培训之前,各部门结合《CSC 9000T

评估要点》,《CSC 9000T 总则及细则》,先组织本部门内部的了解与学习,为协会的集中培训做好基础。

2006 年 10 月 19 到 20 日,社会责任建设推广办公室张博士到公司进行体系建设培训。公司各部门主要负责人及员工代表参加了培训。通过培训,大家对管理体系有了较深入的理解,为下一步管理体系的建设打下了坚实的基础。体系建设培训后,公司根据管理层沟通的要求,对下一步体系建设做出了明确的要求,并制订了工作配档表。

根据配档表,组织有关人员进行《管理手册》、《管理程序文件》的进一步编写和完善。2006 年 11 月 18 日,公司发布了《CSC 9000T 社会责任管理手册》,制订了公司社会责任政策、社会责任行为准则、职业健康与安全方针等文件,规定了各部门的职责和权限,制订了目标、指标和管理方案等。

2006 年 12 月 8 日,组织有关人员编写了 13 个管理程序文件;2007 年 1 月 8 日,各部门《管理性作业文件》和《操作性作业文件》发布。

目前,公司体系文件共包括《管理手册》一套、《管理程序文件》13 个,各部门《管理性文件》共 84 个、各部门《操作性作业文件》共 69 个。

公司建立了法律法规识别渠道,收集并执行适用的法律法规,形成法律法规汇编(电子版)。各部门组织对体系文件进行了解、培训、学习。并按照文件要求进行试运行。根据集团公司策划,于 2007 年 4 月 18 至 24 日对集团公司各部门进行内部审核。根据集团公司管理评审计划,结合公司职工代表大会的召开,公司进行了管理评审,初步建立完善了社会责任管理体系。

A 纺织企业在建设 CSC 9000T 管理体系时,将社会责任管理纳入集团的战略规划,融入企业文化当中。公司在制订集团发展战略时,充分考虑了社会责任的要求和带来的效益。在追求经济效益的同时,加强企业对社会责任的建设,这也同时反过来促进了经济效益的提高。因此,在制订社会责任政策时,明确提出了公司秉承"从严求实、至诚至善"的核心价值观,以"德载品质、竞显卓越"作为企业精神。要求公司各部门在生产、经营、服务活动全过程,把核心价值观贯穿于管理的每一个细节。

公司致力于成为"百年企业",在保持企业发展的同时,公司意识到经济的增长不能以牺牲社会的利益和环境为代价,致力于社会和环境的可持续发展。

公司注重改善工作环境,投资 300 多万元改造服装生产线空调装置;更新消防安全设施,组织对集团管理人员的安全教育培训,加强对生产现场的安全规程的培训和检查;强化危险化学品的管理,为员工提供了一个安全舒适的工作环境。

公司充分调动全体员工的积极性,不断提高员工的薪酬福利水平,建立大病救助基金、员工共有基金等,解除员工的后顾之忧。公司还提出创建"和谐如意"五年建设规划纲要,建立完善员工福利保障体系,建设温馨企业家园。这些措施大大加强了员工的凝聚力和归属感。

思考题

1. 美国鲍德里奇国家质量奖是什么?
2. 欧洲质量奖(EQA)是什么?
3. 日本戴明奖是什么?
4. 结合实例就环境管理的重要性谈谈你的体会。
5. 在纺织服装企业的如何落实企业社会责任应尽的义务?
6. 论述卓越绩效评价准则、质量管理体系与企业社会责任管理体系三者的关系。

第十一章　某毛衫企业质量管理流程设计与再造案例分析

本章知识点

1. 毛衫企业基本知识。
2. 了解控制流程图的画法。
3. 掌握工作标准的作法。

第一节　毛衫企业工艺流程与质量控制

一、毛衫产品特点、工艺流程简介

(一)毛衫产品特点

1. **人的因素**　在毛衫的整个生产过程中,编织、缝合、洗烫、检验以及包装都是人工完成的,所以人的因素对毛衫的产品质量有着至关重要的影响。

2. **工艺参数众多**　毛衫产品从原材料到衫片,再到成衣以及后整理,每一道工序都有众多的工艺参数标准,需要严格控制质量,一旦出现问题会造成很大的人力和物力的浪费。

(二)毛衫生产工艺流程简介

1. **生产流程安排**　总生产工艺流程为:编织→缝合→洗、烫→检验、包装。

(1)编织工序流程为:提毛→络筒→编织→验片。编织工序流程如图11－1所示。

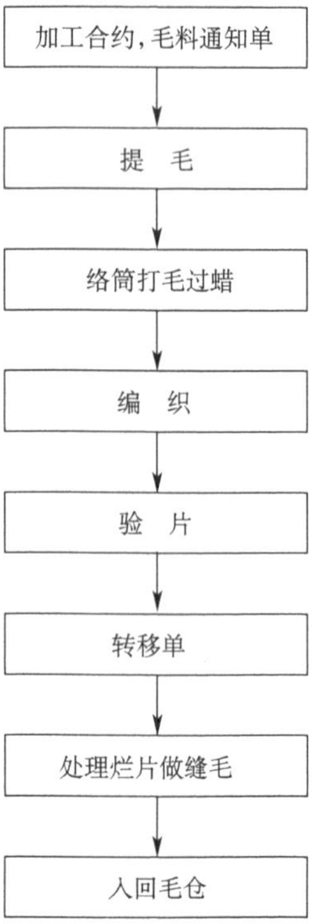

图11－1　编织工序流程

(2)缝合工序流程为:机缝→检验→手缝→检验→洗前灯检。缝合车间流程如图11－2所示。

(3)洗、烫工序流程为:洗水(有时需要浸泡、缩绒)→脱水→烘干→烫整→度尺。

(4)检验、包装工序流程为:洗后灯检→检验→钉标→(拍毛、验针)→包装→装箱→出厂检验。

洗、烫工序及检验、包装工序合称为后整理工序。后整理工序流程如图11－3所示。

2. **车间的划分**　按照工艺特点和设计要求,拟将工厂分为编织、缝合和后整理三个车间进行管理。编织车间负责按照工艺要求把纱线织成衫片;缝合车间负责衫片的机缝和手缝;后整理车间负责成衣的洗、烫、查补、车位、包装。

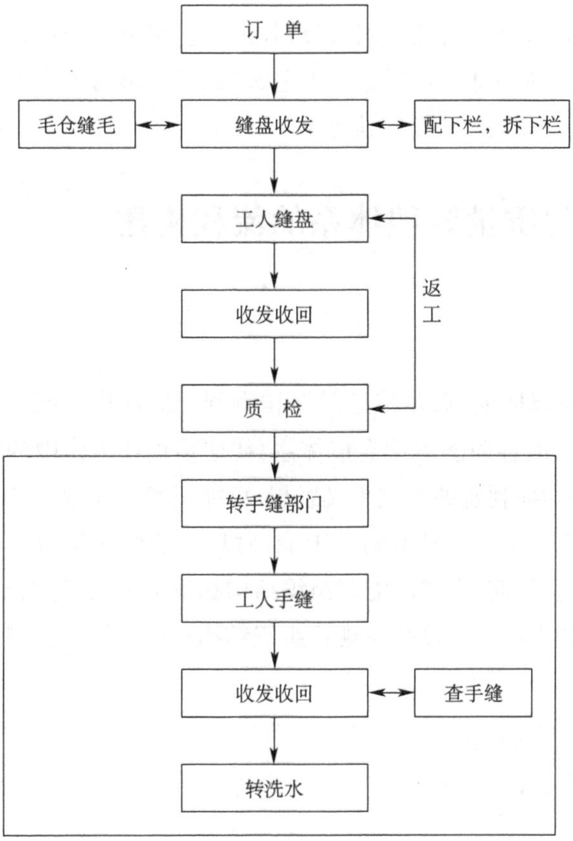

图 11－2　缝合工序流程

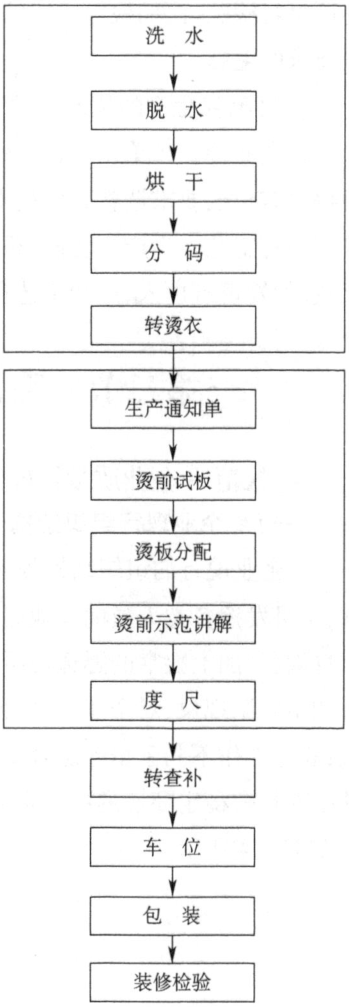

图 11－3　后整理工序流程

3. **各车间、工序之间的配合**　各车间和工序之间的生产配合和产品交接是通过由专人负责的产品收发来完成的。收发员的工作内容是负责接收前道工序的产品、分发、回收，并将产品移送下道工序，跟进货期，做好收发记录与个人生产记录，做生产日报表、月报表及完工结算表。

需要注意的是每项工作都要保存相关的记录，以便产品品质的跟踪和各车间人员对生产进度的掌控。

二、毛衫生产过程中的质量控制要求

（一）毛衫主要原料要求

毛衫的原料主要为天然纤维和化学纤维两类，其中天然纤维包括：羊毛纱、兔毛绒纱、山羊绒纱、绵羊绒纱、羊仔毛纱和马海毛纱等；化学纤维包括：腈纶纱、棉纶纱及涤纶纱等。这类原料具有一定的回潮性，储存时应注意温度、湿度等条件，在投入生产之前都应经过一定的原材料检验，比如检验纱线的捻度，荧光，纱线的支数，原材料成份等以保证生产出符合客户要求的毛衫。

（二）毛衫生产的技术要求

在企业接到订单以后，应该尽快组织生产，而机器开机前要有严格的调机过程。技术人员按照客户的要求调整相应机器的针数，装机针，调字码，吊圈长。工艺室也要按照订单要求组织写工艺。生产大货前，跟单根据调好的机器，写好的工艺试机试片，再与客户要求作比较，如发现有出入，应和工艺员、调机人员及客户及时沟通。

第二节　毛衫企业质量管理体系的流程构建

一、规范A企业质量管理体系

（一）A企业现行组织结构

A企业现行的组织结构为典型的直线职能制，虽然这种结构有利于保证集中统一的指挥，又可发挥各类人员的专业管理作用，但各职能单位自成体系，往往不重视工作中的横向信息沟通，加上狭窄的隧道视野和注重局部利益的本位主义思想，可能引起组织中的各种矛盾和不协调现象，对企业生产经营和管理效率造成不利的影响；对环境的变化反应比较迟钝；职能工作不利于培养综合管理人才。目前，直线职能制组织结构在我国绝大多数企业尤其是面临较稳定环境的中小企业应用较为广泛。该企业现行组织结构——直线职能制结构如图11－4所示。

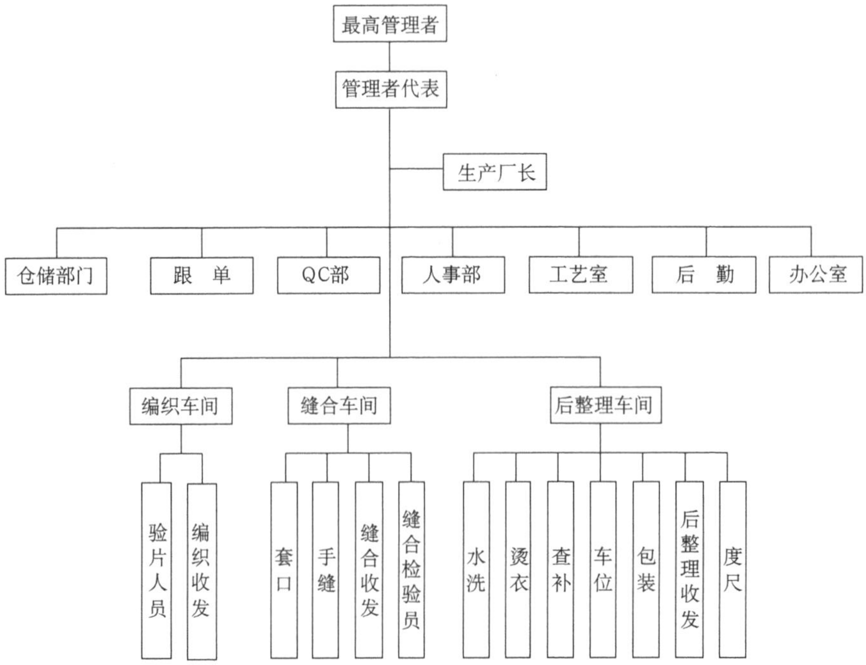

图11－4　直线—职能制结构图

(二)规范 A 企业质量管理体系结构

根据该企业现行的组织机构图,特规范该企业的质量管理体系结构,如图 11－5 所示,公司设有质量总监负责建立满足要求的质量保证计划,并确保其实施和有效运行;主持产品质量分析例会,贯彻实施与质量有关的各项制度;组织重大质量事故的评审及召开质量问题分析会;宣传贯彻本公司的质量方针和质量目标,确保质量管理体系在所辖部门的有效运行等工作。公司设有独立的 QC 部,负责产品的抽检和对质量问题进行分析的工作。每个车间都设有专门的质检人员,防止不合格品从本部门流出。

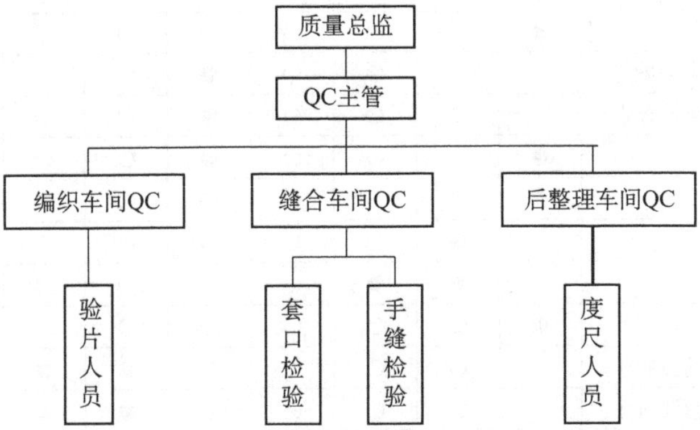

图 11－5　企业质量管理体系组织机构

二、明确 A 企业质量管理职责

企业基于以过程为基础的质量管理体系模式,即根据质量管理体系的四大过程,即:管理职责、资源提供、产品实现及测量、分析和改进,将质量管理体系各阶段质量职能进行分解,并落实到相关部门和人员身上,使得权责到位,事事有人负责。各部门职责如表 11－1 所示。

表 11－1　各部门质量管理职能

职能部门 / 质量管理体系要求	管理层	仓储部门	QC 部	工艺室	跟单	编织车间	缝合车间	后整车间	人事部门	办公室
4 质量管理体系	●	○	○	○	○	○	○		○	○
4.1 总要求	●	○	○	○	○	○	○	○	○	○
4.2.1 总则	●	○	○	○	○	○	○	○	○	○
4.2.2 质量手册	●	○	○	○	○	○	○	○	○	○
4.2.3 文件控制		○	●	○	○	○	○	○	○	○
4.2.4 记录控制		○	●	○	○	○	○	○	○	○
5.1 管理承诺	●	○	○	○	○	○	○	○	○	
5.2 以顾客为关注焦点	●	○	○	○	○	○	○	○	○	
5.3 质量方针、目标	●	○	○	○	○	○	○	○	○	○
5.4 策划	●	○	○	○	○	○	○	○	○	
5.5.1 职责和权限	●	○	○	○	○	○	○	○	○	○
5.5.2 管理者代表	●	○	○	○	○	○	○	○	○	○

续表

职能部门 质量管理体系要求	管理层	仓储部门	QC部	工艺室	跟单	编织车间	缝合车间	后整车间	人事部门	办公室
5.5.3 内部沟通	●	○	○	○	○	○	○	○	○	○
5.6 管理评审	●	○	●	○	○	○	○	○	○	○
6.1 资源提供	●	○	○	○	○	○	○	○	○	○
6.2 人力资源		○	○	○	○	○	○	○	●	○
6.3 基础设施		○	○	○	○	●	●	●	○	○
6.4 工作环境	●	○	○	○	○	○	○	○	○	
7.1 产品实现的策划	●	○	○	○	○	○	○	○	○	
7.2.1 与产品有关的要求的确定		○	○	○	●	○	○	○	○	
7.2.2 与产品有关的要求的评审		○	○	○	●	○	○	○	○	○
7.2.3 顾客沟通	●	○	○	○	●	○	○	○	○	○
7.4.1 采购过程	●	○	○	○	○	○	○	○	○	
7.4.2 采购信息		●	○	○	○	○	○	○	○	
7.4.3 采购产品的验证		●	●	○	○	○	○	○	○	
7.5 生产和服务提供	●	○	○	○	○	○	○	○	○	○
7.5.1 生产和服务提供的控制		○	○	○	○	●	●	●	○	○
7.5.2 生产和服务提供过程的确认		○	○	○	○	●	●	●	○	
7.5.3 标识和可追溯性		○	○	○	○	●	●	●	○	○
7.5.4 顾客财产	●	○	○	○	○	○	○	○	○	○
7.5.5 产品防护		●	○	○	○	●	●	●	○	○
7.6 监视和测量装置的控制		○	●	○	○	○	○	○	○	
8.1 总则	●	○	○	○	○	○	○	○	○	○
8.2.1 顾客满意		○	○	○	●	○	○	○	○	○
8.2.2 内部审核	●	○	●	○	○	○	○	○	○	●
8.2.3 过程的监视和测量		○	●	○	○	○	○	○	○	○
8.2.4 产品的监视和测量		○	●	○	○	○	○	○	○	○
8.3 不合格品控制		●	●	○	●	●	●	●	○	○
8.4 数据分析		○	●	○	○	○	○	○	○	○
8.5 改进		○	●	○	○	○	○	○	○	○

注 符号“●”表示负责部门或归口管理部门；“○”表示配合部门。

三、构建A企业质量管理体系主要流程的设计与相关文件的撰写

质量管理体系建立的过程是人员、物质资源等各生产要素在质量管理体系范围内相互联系和作用的过程，是体系结构重新整合的过程。毛衫生产企业构建质量管理体系时要充分结合企业自身的经营特点，优化资源配置，明确质量职责与权限。

以下是根据该企业一些重要的质量要素，而编写的质量管理体系文件，抽取了毛衫生产过程中两个比较主要的环节（采购管理办法以及不合格品控制程序）为例，说明应用流程编写质量程序文件的方法，并按照程序文件和作业文件以及质量记录在质量管理体系中的实际规范法，来分析处理，用于说明在质量管理体系构建过程中所应注意的主要问题及处理的方法。

(一)采购过程管理办法

1. **目的**　为了确保外购产品符合规定要求,满足本公司经营运作的需要,使产品采购过程处于受控状态,特制订本办法。

2. **适用范围**　本办法规定了为本公司提供产品供方的评价、选择、控制和重新评价的原则和方法。

本办法适用于本公司采购产品的采购过程控制,包括:采购文件的编制和审批,对供方的评价和选择,技术状态的确定和技术条件的确认,对采购产品的验证,采购过程的监督等。

3. **术语和定义**　本办法采用 GB/T 19000—2008《质量管理体系　基础和术语》中的术语及其定义。

4. **职责**

(1)采购中心负责以下工作。

①公司各类消耗性物资的采购作业。

②对采购的不合格品向供方作退货处理。

③编制并签订采购合同,并对采购价格的合理性负责。

④做好市场调研工作,积极向公司有关部门推荐更优秀的供应商。

⑤供方的选择、评价、产品采购和验证。

⑥编制采购物资技术标准。

⑦对供方提供的样品进行测试。

(2)生产厂长负责编制采购计划。

(3)仓储部门负责提供采购物资使用情况的信息。

5. **工作程序**

(1)采购产品分类。公司将采购物品分为两类。A 类:羊绒、纯毛线、棉线等;B 类:(一般类)纽扣、拉链、吊牌、水洗、商标、纸箱、塑料袋等。

(2)供应商的评价。

①评价准则包括:供方生产能力符合要求;供方产品质量符合要求;产品价格符合要求;供货及时性和售后服务符合要求;供方的信誉较好;必要时提供的样品符合要求;以往的供货业绩或服务业绩符合要求;若以上情况相同,则优先考虑通过质量管理体系认证的企业。

②对新供方的调查。采购中心根据采购物资技术标准和公司发展的需要,通过与同类物资的质量、价格进行比较,初定候选供方的名单,并将有关资料填入"供方评价表"。对 A 类物资供方,需由采购中心对其进行实地考察,依据评价准则出具合格的质量能力评估报告,或供方能提供充分的书面材料,证实其质量保证能力,方可将其列为候选供方。

③对于 A 类物资,需进行小批量试用。采购中心向候选供方提供相应产品的技术标准,要求其提供小批量的样品。样品经质检员检验合格后,交生产车间试用,填入"供方评价表"中相关栏。小批量适用不合格再允许重新送样一次,如再不合格则取消候选供方资格。小批量适用合格后的供方经生产厂长审核,列入"合格供方名单"。

④对 B 类物资,应符合相关标准,使用前由质检员对其进行目测验证,必要时供方需提

供权威机构的检测报告及合格证，经生产厂长审核，总经理批准后列入“合格供方名单”。

⑤对外包过程，除用评价准则评价外，还需由技术人员提供必要的工艺文件，对工序特殊性提出要求，与外包单位签订技术协议，协议包括产品的质量要求、供方人员资格的要求以及质量体系的要求等。必要时要求其每半年提供一次由权威部门开具的质量特性检测报告，以证实其能连续提供符合要求的能力。

⑥采购中心建立合格供方档案包括评价表、供方质量证明文件、产品介绍等资料，A 类物资需确定两家（含两家）以上合格供方。

（3）供方的质量监督。质检员负责记录其每批供货质量状况交给 QC 部。

采购中心依据评价准则，每年对合格供方（含外包供方）进行重新评价一次，评价应考虑其供货业绩、产品质量、交货期、服务、价格变动情况及市场动态等，并重新核对“合格供方名单”，经评估不合格的，取消其合格供方资格。

同一供方的同一产品，连续两批严重不合格，采购中心将向其发出通知进行整改，要求其分析原因，采取措施改善质量。两次整改后质量无明显改善的，取消其物资合格供方资格。

（4）采购信息。采购中心按采购计划，依据采购物资质量标准进行采购，采购文件中，包括下列要求：

①采购产品的名称、型号（或规格等级）、数量、交货期、质量标准、验收要求等事项。

②适当时应包括：产品质量要求、外包服务要求、提交产品的程序（如样品或试生产或批生产批准程序、见证点设置、放行方式、让步申请等）、过程要求和设备的批准要求，供方组织结构、人员资格和资源等方面的要求。

③如需要时应注明对供方的质量管理体系的要求。

（5）采购。

①制订采购计划。生产厂长根据库管员提供的库存数量和生产量，制订“采购计划”并填写“物料申购单”交采购员。

②采购的执行。采购员按照“采购计划”和采购物资技术标准在合格供方中实施采购。第一次向合格供方采购产品时，需签订采购合同，明确质量（保证）要求、技术标准、验收条件、违约责任等相关内容，采购合同需经生产技术副总经理签字加盖公章方能生效。向供方提供的技术标准应作为合同的附件予以保存。采购员记录物资到货情况，及时跟催采购进度，反馈给相关部门。

③采购物资的验证。采购物资到货后，由采购员负责接收，填写“原材料检验单”交检验员进行检验或验证。当产品不合格时，按“不合格品控制程序”进行处理，并及时通知供方。当需要到供方货源处对所采购的物资进行验证时，要在采购合同中对拟验证的安排和产品放行的方法做出规定。

（6）对服务供方的控制。为公司提供服务的供方，如运输公司、检测、培训机构等，也应经评价合格后方可向公司提供服务。对国家授权的计量试验部门，可不再做服务质量评价。

对运输公司，由财务部就运输价格、车辆状况、运输能力、运输过程及服务质量和协议履行情况等方面对其进行评估。评估合格后列入“合格供方名单”，并对其进行监控。

6. **相关/支持性文件**

(1)Q/HLJQ G02.01—2008《文件控制程序》。

(2)Q/HLJQ G02.02—2008《记录控制程序》。

(3)Q/HLJQ G02.05—2008《不合格品控制程序》。

7. **相关记录**

(1)Q/HLJQ.10—01—2008《供应商质量能力评估计划》。

(2)Q/HLJQ.10—02—2008《合格供方名单》。

(3)Q/HLJQ.10—03—2008《采购计划》。

(4)Q/HLJQ.10—04—2008《供方评价表》。

(5)Q/HLJQ.10—05—2008《原材料检验单》。

(6)Q/HLJQ.10—06—2008《物料申购单》。

8. **采购管理流程图及主要质量记录**　采购管理流程图,如图 11－6 所示;质量记录,如表 11－2 所示。

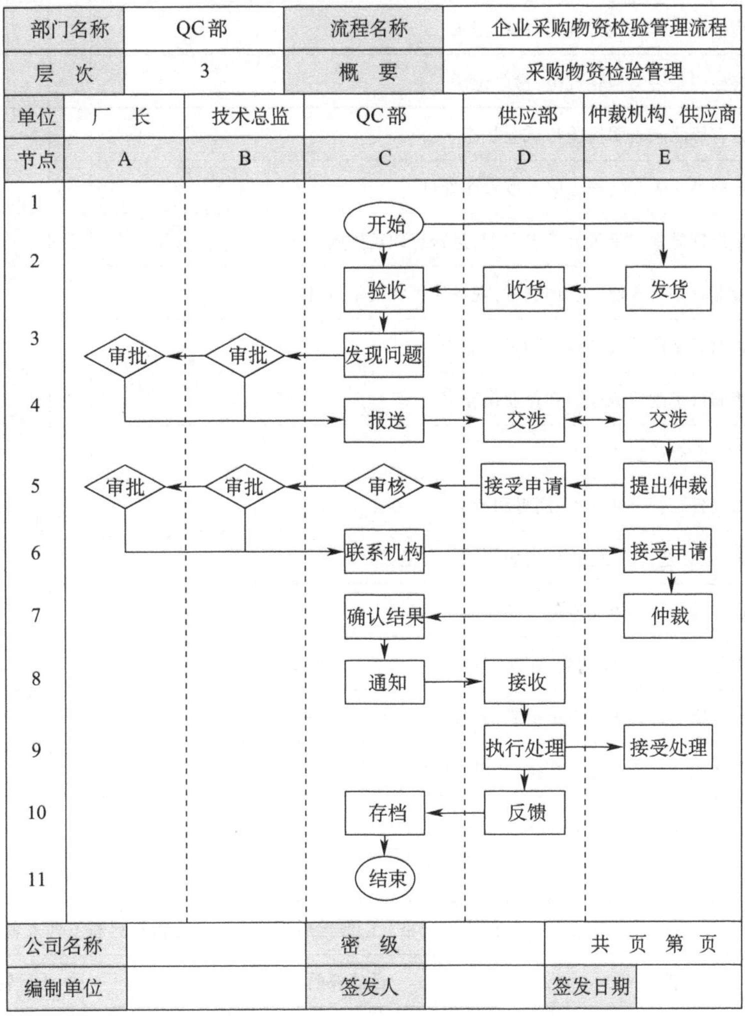

图 11－6　采购程序流程图

表 11－2 供方评价表

序号： 编号：Q/HLJQ. 10—04—2008

供应商基本情况	名 称			计划承接企业产品		
	厂 址				联系人	
	职 务		电 话		传 真	
	主要生产设备					
	主要检测工具					

评审内容		优 5	良 4	中 3	差 1	劣 0	得分
综合项	1. 质量政策是否明确，目标是否最优						
	2. 特殊岗位的操作人员是否得到适当的培训						
	3. 工作场地是否清洁、整齐，定置摆放						
检验与试验	1. 进料检验是否有检验规范、检验记录						
	2. 过程检验是否有检验规范、检验记录						
	3. 最终检验是否有检验规范、检验记录						
	4. 是否有标示来表明检验与试验状态						
	5. 不合格品是否有处理程序并按程序处理						
	6. 质量出现异常时是否有信息反馈，是否有纠正措施						
	7. 计量器具是否有检定管理制度，现场使用状况是否良好						
过程控制	1. 是否对承制产品具备足够的工序能力						
	2. 是否制订了制造流程图和作业指导书						
	3. 产品是否有适当的标示						
	4. 机械设备是否定期保养、润滑和清洁						
	5. 工装、工具是否适当保存，现场使用状态是否完好						
	6. 搬运工具是否适当能避免产品损坏						
出货安排	1. 仓库是否整洁、标识清晰、账物相符						
	2. 产品出货前是否进行出货检验，并按客户要求做标识						
	3. 生产计划是否依次交付期排定，以确保按期交付						
	4. 有无适当的紧急订单的处理方式与能力						
现场评审分数达到 70 分以上为合格		得分合计					

评审结论	□评审合格 □评审不合格 □改善后再评审 □保留资料暂不列入名单					
	采购部门		设计部门		质量管理部门	

填表人： 填写日期： 年 月 日

（二）不合格品控制程序

1. **目的**　为使毛衫生产中不合格品始终处于控制状态，防止和杜绝不合格品在未处理之前继续流转到下一程序，确保产品质量符合技术标准或合同要求，特制订本程序。

2. **范围**　本程序规定了毛衫生产和服务提供过程中不合格品的控制和处置方法。本程序适用于毛衫生产中各类不合格品的处置和验证。

3. **术语和定义**　本办法采用 GB/T 19000—2008《质量管理体系 基础和术语》中的术语及其定义。

4. **职责**

（1）QC 部负责对不合格毛衫控制的统一管理，并负责对一般不合格品的评审和处置；负责对毛衫面辅料、衫片和成衣的不合格品的标识、记录、隔离，并负责对轻微不合格品进行评审和处置。

（2）经授权的不合格品审核员负责对重大的不合格品且不能明确界定的不合格品进行评审和处置。

（3）质量总监负责对重大不合格品的评审，提出处置建议后报总经理批准后实施，并负责对让步接收做出处置决定。

（4）各车间质检人员负责毛衫生产过程中发现的不合格品的标识、记录和隔离，负责把不合格品的质量信息反馈给 QC 部，并负责对不合格品实施处置。

（5）责任车间（即产生不合格品的主要原因及实施纠正措施的部门）负责参与不合格品的评审，对一般不合格品提出处置建议，并负责制订和实施纠正措施。

（6）各车间收发部门负责统一对不合格品进行转移管理并保留相关部门的沟通记录，参与并督促不合格品的控制。

5. **工作程序**

（1）不合格品的识别、标识和隔离。在对毛衫产品进行检验时，对发现的不合格品要进行确认，经确认的不合格品，进行隔离，填写“不合格报告单”或“质量信息反馈单”并做好记录。凡已确认为不合格品不得任意放行，检验员或相关部门人员应填写“不合格品报告单”，上报 QC 部。

（2）不合格品的报告。对于毛衫面辅料不合格品由 QC 部检验人员报告，若需让步放行的产品，由采购部门根据备货周期、供应商数量、生产需求情况等要素，提出面辅料让步接收申请，填写“让步申请单”进行报告。对生产过程中出现的一般不合格，由发现的部门及时向 QC 部报告，QC 部接到报告后应及时进行相应的处置，并保存好处置记录。

（3）不合格毛衫的处置。不合格品由 QC 部负责组织处置，有以下 4 种方法：

①进行返工以达到规定要求。

②不经返工作为让步处置。

③降级或改作他用。

④拒收或报废。

经返工的毛衫产品必须由 QC 部检验人员或各车间检验人员进行检验验证，经检验确定后才允许做出处置意见。

对不作返工的毛衫可做出让步处置（不影响产品质量要求），让步使用、放行或接收应由生产车间填写“让步申请单”，经质量总监审核，由 QC 报管理者代表批准实施。

合同要求时，若要使用经返工或不经返工的不符合规定要求的产品，则应向顾客或其代表提出让步申请，同意后做好记录，由 QC 部保存让步申请记录，组织实施。

对报废的不合格品应采取措施，将废品放入废品区，防止其预期的使用，应做好标识和隔离。对采购的不合格品，由采购部门拒收或作退货处理，并与供方联系。检验员必须认真做好有关不合格品处置及采取任何措施的记录，要认真填写“检验结果通知单”，一式两联，一联由检验人员保存，一联随产品作为标识。

（4）不合格毛衫的评审原则。不合格品的评审由 QC 部组织不合格品审核员及发生不合格品部门进行。不合格品审核员由 QC 部提出，由质量总监负责授权，独立开展评审，根据评审结果决定处置。

①不合格品评审的任务：对不合格进行确认；对不合格可能产生的后果进行评估；决定如何处置，同时提供应急生产方式；对是否存在发生类似不合格的趋势进行评估。

②不合格品评审和处置应遵循“三不放过”原则：原因不明不放过；责任不清不放过；纠正措施未制订和实施不放过。

“三不放过”是指对“问题”的不放过，而不是指对产品的不放过。当造成不合格品的原因并非显而易见时，应首先评审和处置不合格产品本身，然后才是“查原因、明确责任、制订并落实纠正及预防措施”。

（5）不合格品的记录和台账管理。QC 部指定专人负责根据“不合格品处置单”，建立“不合格品处置台账”，汇总不合格品的处置情况。

6. 相关/支持性文件

（1）Q/HLJQ G02. 05—2008《纠正措施控制程序》。

（2）Q/HLJQ G02. 06—2008《预防措施控制程序》。

7. 相关记录

（1）Q/HLJQ—01—2008《不合格品处置单》。

（2）Q/HLJQ—02—2008《不合格品处置台账》。

（3）Q/HLJQ. 04—03—2008《原材料让步接收申请单》。

（4）Q/HLJQ—04—2008《检验结果通知单》。

（5）Q/HLJQ. 04—05—2008《质量信息反馈单》。

（6）Q/HLJQ. 04—06—2008《让步接收申请单》。

（7）Q/HLJQ. 04—07—2008《不合格品报告单》。

8. 不合格品控制流程、工作标准和质量记录 不合格品控制流程图，如图 11－7 所示；不合格品控制的工作标准，如表 11－3 所示，质量记录，如表 11－4 所示。

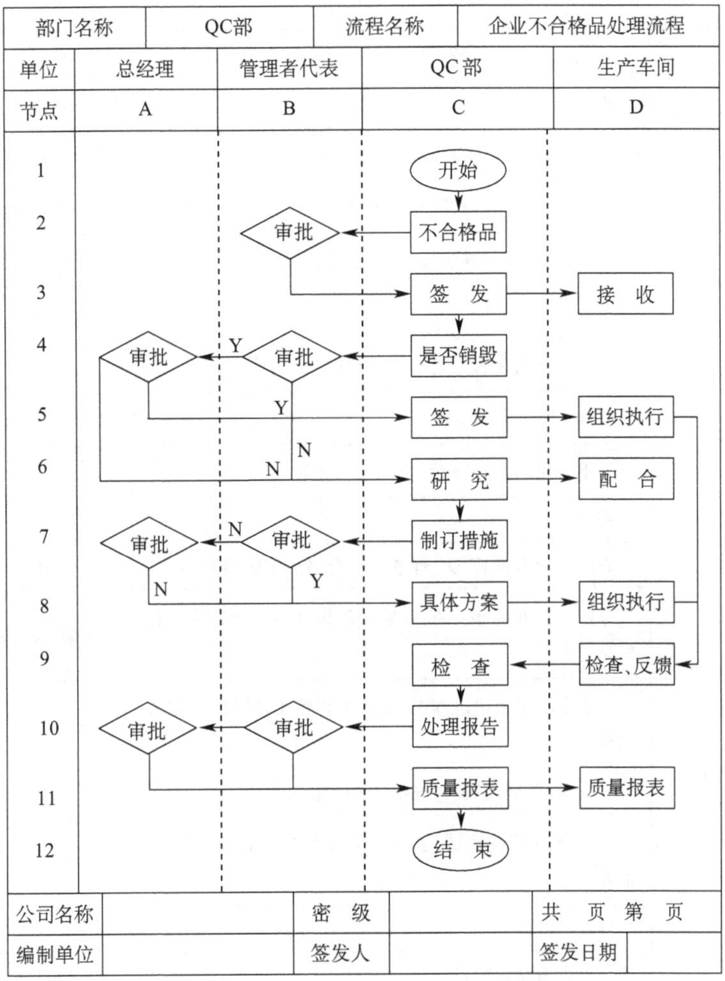

图 11－7　不合格品控制程序流程图

表 11－3　不合格品控制的工作标准

任务名称	节　点	任务程序、重点及标准	时　限	相关资料
不合格品确定	C2 B2 C3 D3	程序		公司《质量标准》，ISO 9001 质量管理体系文件
		☆QC 部在质检的过程中发现不合格品	随时	
		☆不合格品报管理者代表审批	1 个工作日内	
		☆QC 部签发不合格品通知单	1 个工作日内	
		☆生产车间接收不合格品通知单	即时	
		重点		
		☆不合格品的确定		
		标准		
		☆不合格品确定及时、准确		

续表

任务名称	节　点	任务程序、重点及标准	时　限	相关资料
是否销毁的判定	C4 B4 A4	程序		ISO 9001质量管理体系文件，公司《质量管理制度》
		☆QC 部判定不合格品是否必须销毁	2 个工作日内	
		☆按公司规定的权限有管理者代表审批是否销毁	1 个工作日内	
		☆QC 部根据领导审批意见，下发相关文件	1 个工作日内	
		重点		
		☆不合格品是否需要销毁的判定		
		标准		
		☆不合格品是否销毁判定及时、准确		
不合格品销毁处理	C5 D5	程序		公司《质量管理制度》
		☆经领导审批后，QC 部签发不合格品销毁通知单	1 个工作日内	
		☆生产车间组织不合格品的销毁工作，并销毁不合格品	按规定时限	
		☆不合格品销毁过程中，生产车间相关领导做好相关的环保工作		
		☆有关部门将销毁情况报告 QC 部	即时	
		☆不合格品被销毁后，QC 部和生产车间填写质量报表	即时	
		重点		
		☆不合格品的销毁		
		标准		
		☆不合格品销毁及时，无环保事故发生		
制订措施	C6 D6 B7 A7	程序		ISO 9001质量管理体系文件，公司《质量管理制度》
		☆如不合格品尚有利用价值，经领导审批后，QC 部组织研究处理方法	依情况而定	
		☆生产车间和相关部门配合 QC 部研究处理方法	随时	
		☆QC 部制订不合格品再利用措施	依情况定	
		☆不合格品再利用的措施按公司规定权限，由管理者代表审批	1 个工作日内	
		重点		
		☆不合格品再利用的措施制订		
		标准		
		☆措施制订及时、合理、可行		

续表

任务名称	节　点	任务程序、重点及标准	时　限	相关资料
执行措施	C8 D8 C9 C10 B10 A10	程序		ISO 9001 质量管理体系文件，QC部指定的不合格品再利用措施
		☆不合格品再利用措施经领导审批后，QC 部编制具体的实施方案	2 个工作日内	
		☆生产部门组织相关车间执行不合格品再利用措施和实施方案	按规定时限	
		☆相关部门执行不合格品再利用措施和实施方案	按规定时限	
		☆相关部门将执行情况反馈给生产部和 QC 部	随时	
		☆生产车间对处理结果进行初检	1 个工作日内	
		☆QC 部对处理结果进行正式检验	1 个工作日内	
		重点		
		☆不合格品再利用措施落实		
		标准		
		☆实施措施及时、全面、彻底		
不合格品处理措施	C10 B10 A10 C11 D11	程序		公司《质量管理制度》
		☆QC 部编写不合格品处理报告	2 个工作日内	
		☆不合格品处理报告报技术总监审核	1 个工作日内	
		☆不合格品处理报告报总裁审批	1 个工作日内	
		☆QC 部填写质量报告表	即时	
		☆生产车间填写质量报告表	即时	
		重点		
		☆不合格品处理报告		
		标准		
		☆报告及时、全面、真实、客观		

表 11－4　不合格品报告单

序号：　　　　　　　　　　　　　　　　　　　　　编号：Q/HLJQ. 04—07—2008

产品款号		批号	
生产车间		不合格数量	
不合格事实： 责任部门签字：			

续表

对不合格品处置评审意见：   生产部：　　　　　　QC 部：
不合格品处置：   批准：　　　　　　日期：
返工后重新检验的记录：   检验员签字：　　　　　　日期：

参考文献

[1]张公绪,孙静. 新编质量管理学[M]. 2 版. 北京:高等教育出版社,2003.

[2]韩福荣. 现代质量管理学[M]. 北京:机械工业出版社,2004.

[3]罗国英,林修齐. 质量管理体系教程[M]. 3 版. 北京:中国经济出版社,2000.

[4]余取民,余捻宏. GB/T 19000—2000 idt ISO 9000:2000 质量管理基础教程[M]. 北京:机械工业出版社,2003.

[5]姚根兴,腾宝红. 如何进行 ISO 9000 质量管理[M]. 北京:北京大学出版社,2004.

[6]托马斯·伯特尔斯. 六西格玛领导手册[M]. 张彦玲,胡楠,毛国良,译. 北京:电子工业出版社,2005.

[7]马林. 六西格玛管理[M]. 北京:中国人民大学出版社,2004.

[8]刘广第. 质量管理学 [M]. 北京:清华大学出版社,2003.

[9]周黎明. 质量控制技术 [M]. 广州:广东经济出版社,2003.

[10]张公绪. 新编质量管理学 [M]. 北京:高等教育出版社,1998.

[11]韩之俊. 质量管理 [M]. 北京:科学出版社,2003.

纺织高等教育“十一五”部委级规划教材

书　名	主　编
纺织导论	薛　元
纺织导论（双语）	顾　平
纺织英语（第三版）	黄　故
新型纺纱（第二版）	谢春萍
纺纱实验教程	杨锁廷
机织实验教程	朱苏康
机织物组织与设计（双语）	聂建斌
织物纹织学	金子敏
针织学（第三版）（双语）	宋广礼 等译
针织工艺概论（第二版）	赵展谊
针织实验教程	张佩华
针织工艺与设备（第二版）	龙海如
针织厂设计（第二版）	李　津
针织 CAD 原理与应用	蒋高明
针织面料 CAD	龙海如
毛衫设计与市场开发	毛莉莉
纺织品功能性设计	吴　坚
纺织品及服装外贸（第二版）	张神勇
进出口纺织品检验检疫实务	郭晓玲
非织造布技术概论	马建伟
技术纺织品	陈韶娟
纺织企业现代管理（第二版）	林子务
棉纺织工厂设计（第二版）	钱鸿彬
纺织工艺设计	张增强
纺织品检验学（第二版）	蒋耀兴
纺纱机械（第二版）	毛立民
织造机械（第二版）	陈　革
纺织厂空气调节（第三版）	周亚素
针织产品设计	张佩华
丝针织生产技术与新产品开发	陈慰来
丝绸产品设计（第二版）	沈　干
现代纺织经济与纺织品贸易	高长春
纺织服装电子商务	汤兵勇
技术经济分析	郑建国
纺织服装外贸英语函电	刘　嵩
纺织服装外贸跟单实务	倪武帆
纺织服装外贸单证实务	倪武帆
纺织品服装市场调研与预测	刘国联
纺织品服装消费科学	戴晓群
纺织服装贸易概论	王建坤
纺织服装外贸案例分析	吴雄英
纺织服装进出口操作指南	钱竞芳
纺织服装质量控制与管理	王亚超
纺织服装企业物流管理	王亚超
现代纺织企业管理（第二版）	孙明贵
纺织电测技术（第二版）	朱正锋